猴面包树

The

Susan Anderson

Journey

from

Abandonment

重新找回爱的能力

to

[美] 苏珊·安德森 著　杨海宇 译

Healing

上海三联书店

献给

我的父母

芭芭拉·露丝和德克斯特·威廉姆·格里菲斯

也献给

我的孩子

亚当和艾丽卡·安德森

“爱克如”

有一天，我随手翻阅一本日语词典，无意间看到一个词。这个词让我很激动，因为它有如此多的含义，而且所有这些含义都和遗弃有关。这个词是“爱克如”（AKERU[1]），它的词义包括：穿透、打开、终结、在……里打个洞、开始、失效（过期）、解开、移交。当一个人离开的时候，爱克如指的是这个人离开之后形成的虚空，在这个虚空处，一个新的开始就此出现。我非常惊讶，一个词语可以有这样的力量，同时代表开始和结束，即疗愈与重生这个永不停息的循环。对于这个发现，我非常激动，并且立即就将其运用到有关遗弃后恢复的研究工作中去。我很高兴看到身边的人对于这个理念蕴含的智慧所表现出的迅捷的接纳与认同。

我并非想用一个东方哲学理念来谋利，也不想创设一个新的门派。对于能够领略到这样一个源自开明文化的单词所蕴含的美妙而灵动的多维词义，我心存感激。

1　日语为明ける。——译者注

目录

我们都知道暴怒会伤人。它在自我融化了的内核里翻滚沸腾着。它也唤醒了外在儿童。让外在儿童暴露在外是恢复过程的转折点，也是达成持久改变的桥梁。

过去依然浸透在我们生活中，但是我们会发现，遗弃已经把我们带到了一个新的地方。因为我们所经历过的，我们现在已经变得更好。

前言

遗弃是什么

“遗弃是什么？”人们会问，“是不是与某人寻找他的母亲有关？还是与那些被放在别人家门口的弃婴有关？”

我的回答是：每一天都有人觉得好像生活已经把他们遗弃在了别人家门口，或者生活直接把他们给扔了出去。遗弃是关于爱的失去，关于关键性联结的断开。它通常涉及分手、背叛、孤独，有人是一次性体验到上述所有感受，也有人是在若干个月内一个接一个地经历，甚至还有人是在若干年后，如余震般刚刚感受到。

对于不同的人，遗弃也有不同的含义。它是一个极其个人化和极具个性的体验。有时候，它是一种过往的失去造成的挥之不去的悲伤；有时候，它是恐惧；有时候，它可能是一个无形的障碍，阻挡我们建立关系，阻碍我们发挥真正的潜能；有时候，它也可能表现为自我毁坏。我们会为遗弃的各种形式所困。

这本书为那些曾经努力寻找却没能找到有效方法来减轻被遗弃之痛或者想要加速恢复的人提供真正的帮助。本书引领你走过我在几十年实践中观察到的遗弃的五个普遍阶段。当你沿着这条路前行时，你也许会很惊讶地发现：当你所爱的人离开你时，你感受到的痛苦并不是一个终点，而是个人成长阶段的一个起点。

我所指的遗弃可能是分手，也可能是所有类型的失去和分离，无论是失去一份工作、一个梦想、还是一个朋友。它也可以是失去家庭、健康或者生活的目标。被遗弃是一个心理学—生物学过程。我将要和你们分享来自脑科学领域的最新研究发现，这些研究为认识我们面对失去的情感反应，以及帮助我们重建情感平衡的有效路径方面提供了有关生理和化学的新思路。

经历着失爱剧痛的人通常感觉到他们的生活已经彻底改变，他们再不会和从前一样，也不会再去爱。本书的目的是帮助你确认：尽管现在的你可能感觉完全被摧毁了，但你所感受到的绝望和无助其实是暂时的，只是人对情感关系产生悲观回应的一部分。事实上，只有当你能够坦然面对那种“你的生命已经完结”的感受时，你才能将过去和现在的伤口清理干净，才能重建生活。

那些被留下收拾残局的人们，你们可能会思念失去的伴侣，但他们已经用新生活或者新伙伴代替了你们，你们被留下来自我反省。你们是被选中来经历这个旅程的人们中的一部分。当你们继续阅读本书会发现，你们所感受到的痛苦是真实的，这些痛苦是生命的一部分，是必须经历的。

感觉到这些痛苦的每个人都处于一个合理的情感危机中。很多人感觉好像心脏被刀捅了无数个洞，以至于不知道要先补上哪一个洞才好。可是，这些让人难以承受的感受并不意味着你是孱弱的、依赖他人的，或者说没有价值的。除去强烈的情感感受，你依然如你一向认为的能干和负责任。分手经历尽管令你情感受挫，却并没有削弱你。事实上，能够产生如此深刻的感受正是对你的个人力量和坚韧品质的验证。在困难时期，人也处于最强时刻。只有让自己听从自己的感受，你才能找到走出情感困扰之路。

这是个人清算的时刻，不过，这种自我反省也可能引发极端的自我怀疑和严重自责。当我们所爱的人抛弃了我们，我们通常会把对他们的愤怒转向我们自己，认为是自己导致了爱的失去。这样的话，遗弃就使我们沦陷于无用与无助的情感沼泽中。无论情况如何糟糕，如何令人受伤和沮丧，你都不是受害者，也并非不值得爱。某人决定不和你继续走下去的事实背后，也许有你的前任，也有你在那段感情中的表现的影响。你可以在短时内感觉到受挫，但你并没有被征服。

面对这些问题，理性地看待你所经历的事情可以助你免于把愤怒加在自己头上。当你学着去抵御情感对自尊的强力拖拽时，你就获得了力量和情感的韧性。如此，你就不会被你的经历击败，而是从经历中走出来，变得更加智慧、更加自信，更能去爱。

没有指引的话，很多人不能从失爱的痛苦中完全恢复。他们的恐惧和疑惑并没有得到解决。真正的恢复需要我们直面不愉快的感受，了解这些感受是什么，最重要的是，学会处理这些感受。

有一些感受，没有人愿意谈论，因为它们涉及强烈的恐惧、绝望和自我怀疑，以至于我们很自然地就被它们所散发的羞耻感所淹没。这种羞耻感不仅仅是被遗弃而产生的难堪，更是困惑以及恐惧。它让我们以为自己很虚弱，很依赖他人，不会爱，甚至令人厌恶。

在这些令人紧张的感受被有效应对之前，人们倾向于在沉默中忍受折磨，或者干脆否认自己有这样的感受。最后，这些近乎被遗忘却深埋的感受会化作难以触及的悲伤。很多人因为这种悲伤而寻求心理治疗，却似乎并不能克服这种时常被误诊为抑郁的空洞感。（对有些人来说，在某些情况下，这种持续存在的悲伤可能会与药物治疗引发的化学物质不均衡状态有关。）

遗弃是一个极复杂的问题，造成的伤害有可能沉重持久。关键的是，你要认识到无论自己的感受有多么强烈，并不代表你没有改变的愿望或者性格懦弱。这些感受很正常，也是更新和改变过程中的寻常元素。

我将要讲述的疗愈过程并不仅限于你现在正在经历的失去，而是直指一直积累形成的伤口——那个包含了生活中所有失望和心碎的伤口；那个很久以来，也许从童年时期就开始，在生活表面不断冒泡的伤口。

没有得到应对的遗弃，可能是你过去一直与之斗争的大多数问题的潜在诱因：人际关系中一直困扰你的不安全感、抑郁和焦虑、偏执和强迫症、精神不振、一直纠缠你的使你裹足不前的自尊心缺失。最常见的是：被遗弃的人并不能够准确说出自己正在经历什么。他们也许是和有酗酒问题的父母一方长大，或者是在人生的关键节点（当他们的自我意识刚刚开始形成时）感觉到被同伴排斥。无论距离造成他们痛苦根源的时间有多长，他们都在生活中用力地与恐惧周旋，与安全感的缺失斗争。

因为已经和“伤口的根源”失去了联系，许多人转而寻求快速补救手段，沉迷于食物、酒精、购物，或者从他人处获得满足。他们也可能沉浸于有关自助的讲座、书籍和录音带中。可是，世界上所有的自我药疗与慰藉都不可能根本性消除痛苦。要真正消除痛苦，你必须踏上一个追溯痛苦根源——遗弃的伤口——的旅程。这将是一个让所有人都能够获益的旅程。

从我多年的个人经历和工作经验中，在试图了解这掌控了我们生活的痛苦过程中，我认识到走出隔绝状态并与他人合作的重要价值 。正因如此，在开设遗弃恢复工作坊之外，我还开发了一个简易支持形式，帮助求助者在全国建立遗弃支持小组，以便大家能够在所生活的社区里相聚并互相支持，增强恢复效果。（详细内容请见注释部分。）

无论你处于本书所描述的五个阶段中的哪一

个，你都不孤单。你会很惊讶地发现：痛苦会使我们之中最强大、最聪明、最具独立自主意识的人也变得脆弱；痛苦的影响遍及所有年龄、文化以及社会阶层；从根本上讲，痛苦是人类普遍的经验。

本书的目的是提供陪伴与指引，面对你们最困难的感受，让你们用科学研究发现来验证你的经验，并且提供工具，帮助你们走向重建新生活和寻找新爱的旅程。

遗弃是什么

一种感受；

一段感情关系中的孤独感；

一段感情关系结束时的一种强烈感受；

一种原初的恐惧——让人在经历失恋、离婚、分手或者丧亲之痛时受创的最初元素；

一种非自愿选择的孤单；

一种来自童年的经验；

一个被遗弃在门口的婴儿；

一次离婚；

一个老公因为别的女人而离自己而去的女人；

一个被未婚妻因为要跟随一个“更成功”的男人而抛弃的男人；

一个其母亲要离开的孩子；

一个其父亲要离开的孩子；

一个感觉被朋友抛弃的人；

一个其宠物死去了的孩子；

一个因为丧母而悲伤的小女孩；

一个希望妈妈能够到幼儿园来接他放学的小男孩；

一个认为自己被刚出生的弟弟或妹妹所取代的孩子；

一个因为父母情感缺失而感到不安的孩子；

一个认识到自己是同性恋，并预见到来自父母和朋友反应的男孩；

一个感觉到心碎的青少年；

一个害怕去接触喜欢的女孩的男孩；

一个刚刚把自己的孩子养大成人的女人感觉到空虚，好像她已经被抛弃了一样；

一个重病缠身的孩子看着他的朋友玩耍，而自己必须坐在轮椅上或躺在床上；

一个刚失去了工作的女人，感到失去了她的职业认同感、财务安全及社会地位；

一个因为年纪大而刚刚被供职的公司要求离开的男性，感觉自己好像已经脱离时代了；

一个濒死的女人对被自己所爱的人抛弃的恐惧，不亚于甚至超过她对痛和死亡的恐惧；

遗弃是指上面提到的所有情况，以及更多没有提及的。遗弃的伤口就在人类经验的核心之位。

遗弃的五个阶段

无论你现在感受到的悲伤如何，这个疗愈过程将帮助你避免落入自我压抑和逃避痛苦的陷阱。把你的情感埋葬起来，只会让它们无处安放。

当一段感情结束时，双方都会感觉到痛苦，但是这痛苦对于被遗弃的一方杀伤力更大。

“对我来说，一切都来得太突然了。”玛丽说，“有一天晚上，朗尼下班后没有回家。没有他消息一个小时后，我开始往最坏的方面想——车祸、心脏病发作……六个小时后他依然没有回到家，你都不知道这些念头有多糟糕。我最后能想到的是他和别人在一起了。他为什么会这样做？我们是一生的伴侣和夫妻、最好的朋友，并且已经在幸福婚姻中度过了二十多年。

“最后，我听到他那熟悉的走在碎石车道上的脚步声。我跑去门口迎接他进来。‘发生什么了？’我问道。我的心几乎从喉咙里跳了出来。

“时间似乎暂停了。

“‘我不快乐。’他淡淡地回答。

“‘快乐？’

“他含糊地说我们之间有不少差异。

“‘差异？’我问道。

“‘别打断我，’他说，‘这就是问题之一。你总是打断我。’

“我的脸突然变得很烫，开始有规律的鼓动。这不是朗尼。

“然后他说出了让我反胃、口干的话。

“‘我要走了。’他说。

“我的呼吸停住了。脑子乱成一团麻。我能够想到的唯一符合逻辑的想法是：他一定是在白天的时候脑袋受伤了。他为什么会说出这样的话？有一瞬间，我很认真地想到要打电话叫救护车。

“当我终于冷静下来说话时，我的声音听起来深沉而空洞，就像是别人在说话。

“‘你不是认真的。’这就是当时我用奇怪的、不稳定的陌生声音说出来的话。

“‘我这个周末就走。’

“我的身子靠在厨房桌上，以便能支撑住自己，我试着吸了口气，感觉有一把匕首插入了我的脏腑。‘你是不是有别人了？’我的声音小得像是在耳语。

“他直接愤怒地否认了。一个月之后，当他最终从家里搬出去，我还是了解到他确实有了别人——是他学校里的一个老师。这个发现让我的震惊感减少了些，但那别离的痛一点也没有改变。

“一开始的几个星期，我一直一个人待着，试图去承受和掌控这个变化带来的剧烈冲击。我曾经全身心爱着这个男人。他曾经如此温柔细致，他的善良总让人如沐春风。对于我，爱他几乎成了信仰。我曾经对他如此景仰。他也曾经是一个慈祥和有爱心的父亲，智慧又敏感。

“在夜里，我曾尝试着放下痛苦，好好睡觉，但是总睡不着。我会被身边空荡荡的位置折磨。我曾如此喜欢和朗尼相拥，我美丽的、感性的朗尼。现在我只能抱着自己的枕头，对着它哭泣，有时甚至把头埋在枕头里尖叫，因为那痛苦与折磨是如此令人难以承受。我有权利去恨他和他所做的一切，但是我能做的全部却都是想念他并且责备自己造成了这样的结局。”

遗弃的打击可以来自多样化的情境和多样性的关系。影响我们对失去所做出的反应方式的因素有很多：我们所处关系的性质和时间、情感的深浅、分手的具体情况，以及我们人生过去的关于失去的经历。被我们所爱的人遗弃可能会撕开旧的伤口，搅动和激发那些从童年起就与我们为伴的不安和怀疑等情感包袱。

我们几乎都经历过玛丽谈到的感受。某一个人选择不再和我们在一起，不再与我们“同进退”。我们突然感觉到被切断与其联系，被抛入情感冷宫，非常孤独。如果我们自己决定要一个人待着，那种孤独感并不会很强烈。但当某人决定离开我们时，情况就不一样了。糊涂、困惑、愤怒，我们感觉到好像被判了终身监禁，而这个判决又是来自某些不可见的缺陷的诅咒。我们对那些遗弃了我们的人既渴望又心痛，就像玛丽那样。

遗弃是我们产生的第一种恐惧。它是一种原初的恐惧——一个所有人类都会经历的具有普遍意义的恐惧。作为婴儿，我们在母亲离开房间时会尖叫，担心她们会不再回来。遗弃是一种恐惧，它让我们觉得自己将会永远孤单，没有人来保护我们，没有人会看到我们最紧迫的需要。对于婴儿，与其最主要的照顾者保持依附关系是生存的必要手段。任何威胁或造成这种关系受损的行为都会激发这种原初的恐惧，这是一种根植于我们大脑的恐惧，一种我们从幼年带入成年的恐惧。当儿童体验到失去联结的感受时，他们没有成人所拥有的防御机制来自我慰藉。他们的伤口可能无法恢复，于是就潜伏在生活的表面之下，一直进入到成年阶段。

如果与过往的经历形成共振，情感经验通常会让人感受到更多的痛楚；在涉及拒绝和失去时，这样的情况尤其严重。今天结束的感情关系可能是你童年时期最糟的噩梦在现实的示现。失爱的悲伤撕开了一个原初的伤口。

有人决定离你而去会唤醒你的原初恐惧，这恐惧又产生强烈的愤怒。你因为不得不忍受如此多的恐惧和绝望而感到愤怒。你因为自己感到无力，因为自己不能够保住别人对你的爱而感到困惑。对于失去这份爱，你感到彻底的无助和失败。你担心没有依附[1]的价值。

在某些情况下，你的悲伤也许不是来自于最近的一次分手；有时候悲伤源于早已失去的爱造成的残余的不安全感和恐惧感，这种感受与你当下正纠缠其中的情感关系叠加在一起。

你也许依然和你的伴侣在一起，但是你理解他/她已经不再爱你。尽管人还在一起，你已经开始为失去的爱而悲伤。这是一种让人感到失败的稳定悸动："为什么我不能维系这份感情关系？我是不是不值得被爱？为什么我不能让他爱我？"

在另一些情况下，比如玛丽的情况，伴侣为了另一个人而离开了你，这时候你的悲伤里又夹杂着背叛和妒忌。

有时候，没有第三者的介入；伴侣的离开是因为他不再想和你在一起，他需要自己的空间和生活。你的悲伤中会充满自责、焦虑和无休止[2]的痛苦。你会想：你怎会如此糟糕以至于应该承受这样的惩罚——你的伴侣竟然希望

1 在心理学中，童年时期的依附理论认为儿童和主要照顾者之间形成的依附关系对于成长具有关键意义。——译者注

2 无休止是指无法有一个妥善的处理结局。——译者注

独自生活?

或者，你们的感情关系可能已经分崩离析了——也许你还没有准备好继续下去，也许你们两人好像没办法好好相处下去。也许这感情关系如此令人痛苦，以至于一开始你对于即将到来的分手有如释重负的感觉，缺陷感则会以余震的方式出现。在这些情况下，悲伤会因一种极重度的个人失望感而变得复杂。你可能会有悔恨感，并且对自己的未来没有把握。

有时候，因为你感觉到在情感关系中被遗弃，所以你会提出分手。

或者，遗弃发生得太突然，毫无预期，震惊和难以置信的感觉淹没了你。你必须首先处理绝望的痛苦和无助的恐慌，然后才会感到悲伤。

悲伤的过程和居丧[1]很相似：失去就是失去。但是遗弃的悲伤有其独特之处，这种独特性源自造成遗弃的情况，也来自时常与遗弃相伴的被拒绝感和自我缺陷感。

遗弃的尖刀可以捅穿我们自己的内核，所以它造成的痛苦是深刻的。你不仅失去了你所爱的人，还失去了你的

1　由于近亲死亡所引起的心理反应。首先表现为茫然、不知所措；几个小时或几天后出现悲伤反应，并伴随不安、厌食、易激惹等异常心理表现；经历数周后到第三阶段时，当事人才能摆脱感伤。——译者注

核心信念。你怀疑自己作为伴侣是否值得被爱或者能够被接受。这些感受深刻于心，创造出一个无形伤口，促使你与自己对立。

有时候人因为对失去所爱的人产生极深的悲伤而开始从根本上怀疑自己的价值，就好像体内有一个无形的下水道，一直在隐秘地把你的个人价值抽走，就如同缓慢发生的内出血。对于这些人来说，矛盾在于，当他们试图通过做一些有价值的事来重建自尊时，他们内心深处的伤口却总是把自尊给抽走了。

这种自我力量的干涸对于理解并应对遗弃周期具有关键性意义。事实上，我很难理解为何遗弃造成的特定悲伤在本书之前完全没有人认识到，没得到好好研究及妥善处置。负责精神健康的专业人员通常把遗弃的感受解释为抑郁或者焦虑的症状之一。

问题是，遗弃的悲伤本身就是一种综合征。正是因为你的恐惧和愤怒成了你的敌人，这个事实让遗弃的悲伤具有独特性。

自我攻击和自责的倾向是悲伤过程的中间阶段。但是自我伤害（或者如我所称的“内化拒绝”）往往嵌入了遗弃的所有阶段。这种倾向是一个顽固而持续的过程，促使我们不断地重复遗弃我们自己。

谁是遗弃幸存者?

遗弃幸存者是指那些经历过失爱的愤怒后依然有勇气继续相信生活，相信自己有能力继续去爱的人。这些人包括和我们分享童年故事的名人；还有其他始终没有向公众公布自己故事的人。有一些是治疗师——可能绝大多数的治疗师都有自己的遗弃经历，但是绝大多数遗弃幸存者都是普通人。几乎每一个人都能成为遗弃幸存者，尽管有些人可能并没有认识到这一点。与失爱相关联的不安全感、渴望和恐惧都是普遍的感受。

与遗弃综合征斗争的人们通常会被不安全感和自我破坏行为所困扰，但也有很多人在困境中过上有价值的，甚至优渥的生活。其他人则发现这种长期的不安全感实在让人感到无助，影响他们充分发挥和展示自己的才能。

遗弃幸存者是敏感的、关怀他人的并且心中有爱的。但是这样一个幸存者群体的成员并不仅限于那些能够在个人感情关系里获得成功的人。很多人一直在持续斗争，希望能处理好过往遗弃造成的伤害，以避免这些伤害对他们寻找新爱形成阻碍。

对于所有的遗弃幸存者——包括那些已经找到爱和那些依然在寻找的人——过去和现在的失去所带来的影响体

现在还没活过的人生、还没有被发掘的潜能，以及还未实现的梦想中，这些都将要通过遗弃恢复来实现。

遗弃恢复是什么?

遗弃恢复是本书中将要阐述的计划，包含五个练习。我把这些练习统称为爱克如：行动起来以疗愈过去和现在经历的失去所造成的遗弃之伤；获得新的知识，确认过往未竟事宜，通过练习来改善你的生活。任何人都可以从这个过程中获益。

遗弃恢复使用了一套新的话语和方法，但与“12步恢复计划”[1]精神一致。具体的恢复计划专门针对过去未竟的遗弃经历——成瘾依赖、强迫症和苦恼的潜在根源。遗弃恢复理念基于最新的脑科学知识和对遗弃创伤受害者多年的临床治疗经验，帮助你克服最原初的遗弃影响以及它所造成的自我挫败的心理状态，然后帮助你达成追求更好的人生和爱的目标。

如果你一直在等待能够最终使你解放的正确词汇或者根本性洞见，你要当心了。解药不会存在于任何一本书或

1 12 步恢复计划是美国匿名酗酒者组织的一个戒酒计划。——译者注

者计划里。解药就在你的心里。解药是你身上还没被发掘的潜能，你需要学会重新驾驭它们。遗弃恢复是简单易行的，甚至可以是一个令人愉悦的过程。你需要做的当然不仅仅是阅读本书。你必须把书里的智慧落到实处。

谁是遗弃者？

遗弃者可以是任何身高、体型、年龄、性别和性格的人。通常情况下，很难分辨出谁会、谁不会在情感上做出遗弃行为——也很难看出谁值得信任，谁是遗弃者。

更复杂的是：遗弃某人的那个人可能是另一个人一辈子的伴侣。与感情关系相关的情景非常复杂多变，所以忙着去作出道德判断，去指摘别人，或者做出武断归纳是既不智慧也不公平的。

需要说明一点，很多遗弃者并没有故意要去伤害别人。很多遗弃者就和其他人一样，挣扎着想要找到应对人生挑战的答案。可是，也有一些遗弃者是恶意的，他们身后留下了一路被遗弃的爱人。还有那种连环遗弃者，他们通过让爱他们的人感到痛苦而获得某种奖赏。对他们来说，对他人造成伤害是他们展示自我力量的方式。

即使有些人并没有这样展示力量的需要，从其离弃对象所表现出的希望他们回心转意的强烈愿望中，他们还是可能感受到了自我价值被抬升。对于别人的痛苦，这些人通常不会认为自己有所提升或者有胜利感。相反，他们会表现出谦逊，比如说对造成了你的痛苦而感到有负疚感。这份负疚感，一般很容易就被新生活和新爱淡化了。这些人很快就饶有趣味地拥抱新生活了。

有一些遗弃者能够绕过这种负疚感，他们对于自己给别人带来的影响视而不见，不承认自己造成的苦痛的状态。这种态度帮助他们维持自己良好的和关怀他人的个人形象。这样的做法对于那些被遗弃而不得不去收拾残局的人来说，就显得冷漠和残酷。

有一些遗弃者坚持说他们和你一样感到难过。但是，区别在于，他们没有遭到拒绝，没遭受有如毒箭穿刺心灵般的打击。

还有的遗弃者，他们不否认自己对他人造成的痛苦，同时忍受着因为情感关系破裂而产生的真正的悲伤和懊悔（和你所感受到的是类似的）。

“遗弃恢复计划”致力于帮助所有努力延续情感关系的人，无论是被遗弃者还是遗弃者。

你将发现完成遗弃不同阶段给你带来的现实效益。无论你现在感受到的怎样的悲伤，这个疗愈过程将帮助你避免落入自我压抑和逃避的陷阱。把你的情感埋葬起来，只会让它们更加无所适从。除非直面这些感受，否则它们会在心中持续地泛起波澜，你很可能会发现自己被困在自我挫败的情感关系中，这样的关系会一而再再而三地结束于遗弃。未能有效处理的遗弃是自我毁坏的根源。

这个我称为爱克如的恢复计划的目的是逆转这样的伤害。爱克如为遗弃恢复提供了一个包含五个练习的计划，帮助你从所感受到的强烈情感中获益，以便你能够把人生中最苦痛的经验转化为成长与变革的机会。

下面是对不同恢复阶段的鸟瞰，它将帮助你开启旅程。我希望通过把各个阶段都看作一个整体过程的方式，你能够对于自己在哪里，曾到过哪里，以及未来去往哪里等问题有新的洞见。

破碎

在这个具有毁坏性的第一阶段，你感到震惊、痛苦、恐慌，觉得突然失去了生活的价值和意义。你会试着要把破碎的自己粘合好，但无论如何努力，你的信念和信任感都已经被击碎了。重要的情感纽带的断裂会让你（暂时的）感到没有这份爱，你就不能继续活下去。在这个时期，自杀的倾向很常见。这是由强烈的绝望感所引起的，但也只是暂时的。过往的无助和对依赖他人的渴望会入侵你，在当下激发感情危机。爱克如会给你提供痛苦管理技术，帮助你以最快速度度过最艰难的时期，并且从中获得力量，帮助你进入重生的时代。

脱瘾

爱的脱瘾就像海洛因的脱瘾，会涉及对你失去的爱的强烈渴求和躁动。你心痛、心悸，极度渴望你所爱的人能够回到身边。从基因的角度看，人类对于依附有强大的需求；情感关系的切断并不意味着你的情感需求的终止。事实上，情感关系的缺失会加剧你对情感的依附需求。情感的撕裂会激发包括入眠困难、体重降低、焦虑、情感和生理上的疲劳等。爱克如将会向你展示如何应对这个造成揪心痛苦的人类联系的本能。你可以把这种本能的能量转化用于与自己建立重要的新联系，产成持续的疗愈效益。

内化

在遗弃的第三个关键阶段，你的情感伤口变得易受感染，可能会以伤害自尊的形式结成永久性伤疤。在这个阶段中，你会压制对失去伴侣的愤怒，转而对自己进行鞭打折磨。你会趋向于把你的遗弃者理想化，同时进行自责。来自你前任的任何明示或暗示的批评都会被你认真对待。你开始变得执着于这段遗憾的情感，对你应该做，或者能做而没做的可以避免失爱的事感到痛心。无论你多么努力地尝试反击，你的自我意识已经遭到了打击。爱克如为你提供了具体工具，帮助你获得内在能量，重建一个全新的自我认识，让你能够设立新目标，做出新决策。

暴怒

你并不是在这个过程中第一次接触到愤怒，不过，在前三个阶段中，你的愤怒是受害者的暴怒，是那种无用地捶打或者刺死枕头的暴怒状态。只有到了第四个阶段，在自我攻击的威胁下，你被困住的自我才准备好了要直面并且反击，迎接外部世界的挑战。只有这时候，自我赋能的暴怒才会成为健康的愤怒。这种暴怒的冲击力能够帮助你重建生活。

暴怒为你提供所需的能量，以护卫新生的自我意识，并且确保你持续生存下去。有些人无法表达自己的愤怒，需要寻求帮助来避免愤怒内化成激越性抑郁症。有时候你很害怕向失去的伴侣表达愤怒，因为你担心会失去你还拥有的爱。于是，你把愤怒转向了那些离你最近的人。在这时候，你可能会对别人心存不切实际的期望；你期望他们能够满足正令你痛苦和思念的爱和滋养。当他们做不到时，你就爆发了。在这个阶段，对遗弃者的报复与复仇的幻想也很常见，但是你可以有更好的解决方法。毕竟，最好的复仇是获得成功。爱克如运用愤怒的能量来帮助你把遗弃经历转化为个人成长。

提升

因为暴怒已经帮助你把能量转往外部，它能够帮助你提升自己，重新回到生活正轨。你开始感受到一种精神上的提升，伴着间歇性的平静和自由。通过苦痛的教训，你感觉到自己变得更强、更智慧。丰富的生活开始吸引你的注意力。你开始放下愤怒。爱克如为你提供工具，帮助你提高开始新生活和爱的能力。

这五个阶段单词的第一个字母拼在一起是“SWIRL”(shattering, withdrawal, internalizing, rage, lifting)。这个漩涡(swirl)正好反映出悲伤的周期性、持续性和流动性。就像任何自然生命的过程，这五个阶段更常循环出现，而非线性发展。它们是一个相互重叠、往返复始的整体过程，可能持续一个小时、一天、一个月，或者数年—— 一个循环接着一个循环。你在这些漩涡中进进出出，直到风暴开始减弱，而你开始以蜕变后的全新形象出现。

对，在遗弃之后生活依旧继续——丰满、丰富而热烈的生活，但是你需要努力才能到达到这种状态。指导的力量将协助你走出痛苦，从中学习，并且获得一个和自己的更强大的新联系。当你开始在日常行为中落实本计划的各项原则，你将变得比任何时候都更清醒、更切实地活着。

第一阶段

破碎

你整个人被抛到了某种情感的时间隧道里。过去、现在和未来都被抛到了情感乱流中。不仅要面对当下的失去还要面对整个人生的所有失去。

破碎是什么？

破碎是对人类依附关系厚实组织的一种撕裂。

破碎是一种毁灭感，一种不可承受的痛。

破碎是一种力量强大的神经生物学过程。

破碎是创伤的重现；破碎就是重生。

破碎是击碎暴风雨云，重现崭新的天空。

破碎是洞见的示现，是情感内核的苏醒。

破碎是触底，一个蕴含变化的谷底，一个人们随着年岁增长而找到救赎的最低点。

我们所有人的生活都已经为迎接破碎而进行了过度准备，这样的破碎能够把我们最珍视的事情撕扯开，尝试着阻止任何超出我们可控范围的事件发生。我们绝大多数的生活能量都用于让自己安全，不至于受到破碎的打击。然而，当破碎发生时，我们依旧备受打击。可是，一旦缓过劲来，我们就可以重建生活，而不仅仅是自我药疗，沉浸于安全的幻象中。

破碎释放了最原初的防御功能，这种功能已不再是建设性的，反而成了制约我们的阻碍。曾经具有保护功能的盔甲变成了限制和束缚。对于那些不再跛脚的人，石膏必须摘除，否则就会妨碍健康。

破碎是我们在一段情感关系刚结束时的感受，也可以是对早前类似经历的余震般的感受，一种过往的、被遗忘的感受的突然井喷。这些情感的井喷往往出现在那些12步恢复计划的参与者身上。大多数的参与者在参与计划的第二年，发现自己的上瘾行为发挥了原初性的防御作用。通常需要一定长的时间我们才能破解旧的防御机制，然后真正的恢复机制才会起作用。

破碎不是一个新现象，但是，通过把它隔离出来，我们能更好地应对它的影响。

我们必须对破碎的力量给予足够的认识，有序地汲取这种力量，以创造一个真正有效的疗愈环境。

遗弃的第一阶段：破碎

罗伯塔的破碎

罗伯塔是一个敏感的人，智慧且多才多艺。她天生有一种幽默感，能够在绝佳的时刻以精妙的细节展现出来。当然，她也有严肃的一面，喜欢热烈地讨论政治议题。她有一头金发和一双淡绿色的眼睛。所有这些特点让市交响乐队的指挥家特拉维斯爱上了她。

按她的朋友的说法，罗伯塔的主要缺点是她选择男人的眼光不行。特拉维斯也不例外。他自称拥有艺术家气质，这也是他对自己极具主导性和控制欲的“合理化解释”。他有时候很挑剔，对所有人都高度质疑，而且以自我为中心。罗伯塔不得不运用外交技巧才能让两人的情感关系保持平衡。

她也认同自己想和他结婚的念头可能是一个错误，有一天晚餐时，她也确确实实向他了解这个问题。“你怎么想？”她问他，眼睛却看着眼前的餐盘。

特拉维斯并没有马上回答。“我还没准备好。”他最后说，“罗伯塔，你知道我只是想要多点儿乐趣，以及一些美好时光。”他低声含糊地表示了歉意，但这理由听起来实在太单薄，这时罗伯塔的心沉了下来。我为什么要提这事呢？

接下来的一个月里，罗伯塔试着挽回那份他们曾经拥有的热烈和坚实的情感关系。但是，他逐渐沉浸于职业生活。他开始把约会减少到每周一次，做爱也只有在她很努力的引诱之下才会进行。罗伯塔感觉到她正在失去特拉维斯。她的朋友告诉她说这是好事，但她无法忍受失去这份感情。她不能接受没有他的现实世界，她憎恨那种孤单的感觉。“我已经太老，不能再这么折腾了。”她告诉自己。她当时35岁。

然后，事情就这么发生了。她看到他和另一个女人在一起。

罗伯塔径直朝他们走过去，把自己的包砸在特拉维斯胸口上，他们互相嚷嚷了几句。他最后一句话是：“可是，罗伯塔，我一直想告诉你。我只是不知道怎么说。”

罗伯塔来寻求治疗，哭泣着，不断用手纸擦着鼻涕。“我想不到有什么事比这更痛苦，”她用手托着自己的头，“我感觉整个人生都完了。”

破碎并不仅仅伴随遗弃出现，它是所有涉及重大损失的痛苦的初始阶段。但是伴随遗弃出现的破碎是特别的。你的失去并不是源于死亡的，而是因为有人实施了自由意志，决定不和你在一起。事实上，如果在你的失去中涉及被拒、抛弃或者被出卖，那么破碎的就不仅仅是你的安全感，还有信念、自我价值感。

“我感觉自己是一个彻头彻尾的失败者。”卡里尔这么说，眼睛红肿着。在两周多一点的时间里，他就瘦了差不多十磅，而且已经很多天没有睡个好觉了。“当我最后终于睡着时，”他说，“我才能面对现实，意识到关系已经结束了。然后我的心开始怦怦直跳，我能够想到的就是要结束这一切——与我自己同归于尽。唯一阻止了我这么做的是我的孩子们。”

“我的妻子想要我在月底就离开。但是我怎么能离开我的家人？他们的幸福是我一直以来努力工作的根本目的。他们是我的全部生活。我到底是做错了什么才会遭受这样的折磨？我为什么一点也没能预见到这糟糕的处境？我完全不能面对这个状况。我太麻木以至于不知道要如何应对，我也不清楚我的感受是怎样的。这太让人绝望了。”

罗伯塔和卡里尔正在体验这个阶段的很多关键词：希望和梦想的破碎、坠落感、失眠、自我反省、自杀倾向和震惊。需要牢记在心的是，这种强烈的破碎感是暂时的。事实上，破碎阶段是五个阶段中最短暂的一个。

因为能够让你直面情感关系已经结束的现实，破碎阶段就成了疗愈过程中不可或缺的一部分。这种痛苦让人揪心，因为它代表着你的强烈的情感纽带被撕裂。在一定程度上，你需要先被撕裂，然后才能开始重建一个新的自我。

对于大多数人来说，破碎是一个再次经历的时段。那些过往或残余的失去都涌入了当下的伤口。如果你曾经经历过类似的分手，之前的记忆也会浮出水面，逼着你不仅面对当下的失去，还要面对整个人生的所有失去。你整个人被抛到了某种情感的时间隧道里，过去、现在和未来都进入了情感乱流中。正如一个参加过我的伊萨楞学院工作坊的成员所说："有人带着我的安全网逃离了，我破碎了一地。"

破碎让你接触到那些放到平常会显得很病态的感觉。在弗洛伊德早期的文章《哀伤与抑郁》(*Mourning and Melancholia*) 中，他强调了悲伤和抑郁症之间的区别。有时候，破碎带来的强烈情感冲击让那些还没有意识到遗弃引发了强烈反应的临床治疗师也感到震惊。

阿尔比在报告中说，在经历了破碎后，他和临床治疗师之间的关系也破裂了。

他的一生挚爱刚刚离他而去。随后，他去了治疗师办公室，在深深的啜泣中释放了自己的痛苦。他说自己感觉就像有一个一直缠绕在内心上的黑色沥青球最终破裂了，然后融化了。他的治疗师被他的强烈情感表现所震撼，准备给他开具药物。

在这之前，阿尔比有一份稳定的工作，受人尊重，参与了创造性艺术计划，拥有稳定的友情，也没有展现出其他的心理疾患迹象。

具有讽刺意味的是，阿尔比对于强烈情感的耐受力恰好证明了情感健康的程度。正如遗弃工作坊的一个成员在为阿尔比辩护时所说:“只有强大的人才能扛过破碎;脆弱的人需要它们的防御和守护。”

首先,人们通常如漩涡般一次穿过五个阶段。你可以从经历震惊和毁灭感的破碎阶段,进入脱瘾阶段,体验极度需要爱的填补却不能得到的痛苦,再到内化阶段感觉到耻辱和自责,然后到暴怒阶段爆发燃烧的愤怒,再到提升阶段怀抱希望感和清晰感,最后再回到初始阶段,一个一个阶段地快速循环往复。

在人生的不同阶段:童年、青少年,还有成年时,均会经历这些感受。我的人生伴侣从延续了二十年的我认为充满了爱的良好的情感关系里离开了,没有任何预兆。

讽刺的是,把生命中超过二十年时间投入治疗遗弃幸存者的经历对我来说,并不是毫无意义。突然之间,那些年的所有经验、研究和学习都经受了终极考验;我自己也被遗弃了。

在某种意义上,我选择了把所有的信任都交给了一个人,这个人在二十年后,在我已经习惯了这份深深的安全感之后,突然有一天说,“我是时候该离开了”。我发现这非常难以接受,毕竟我已经在这个宣称要遗弃我的人的臂弯里活了那么多年。我知道我的情况不是随机事件。我知道这和过往的失去，远至童年时期的那些失去经历有关。我不得不深入我的内心去等找那还存活的种子，那颗发硬的种子一直顽强地在我心里躺了二十余年，然后伺机在我生命里又生出了痛苦的根芽。我不得不深入内心，找到它，研究它，把它一次性地连根拔起。

这个过程非常困难，但帮助我将思想提升到一个新的认识层面，并且找到了一条更好的恢复之路，不仅仅是为了我自己，也是为了那些向我寻求帮助的人。与我和我的客户之间的谈话一样，我以诚实和开放的态度面对我的遗弃经历。

爱克如

通过我的个人经验和工作经验，我看到一个事实逐步浮现：考虑到其所造成的痛苦和带来的能量，遗弃实际上对个人成长具有深远意义。为了解释这个事实，我借用了一个日本词汇——爱克如（明ける）。

爱克如这个词有很多词义，包括：穿透、终结、打开。这个词帮助你很好地理解遗弃经历中所蕴含的机会。破碎实际上是从与一个人“在一起”的状态，转换到突然非自愿“分离”状态的痛苦过程。在尝试重新找回平衡的时候，你独自一人经受着这个过程中产生各种强大的撕扯。爱克如这样一个单词同时包含了结束和开始的概念，帮助我们认识到破碎产生的能量也可以有积极作用。

事实上，破碎是分离状态的情绪爆发。遗弃直刺我们的内心，但是有一种穿透性的意识会幸存下来。这种直刺内心的痛让你明白你还活着。自我被击碎，所有防御都会被扯碎。剩下来的只有原始的感受和身体渴望生存的紧迫感。与其试图潜水，否认事实，或者忽略那种不适感，爱克如要求你顺应潮流，将这种原始的感受为你所用。

破碎也能创造出新的开端。它的颤动让你感受到从未感受过的自我内核的存在。你终于能够感受到你的瑜伽核心，这个核心使你能够携带着疗愈能量抵达最深的伤口。

秘诀在于投身到当下，并且在那里能待多久就待多久。这会帮助你与能量合拍，而不是逆流而上，并促使你去体验这次完全赤裸且直白的分离状态，体验其全部价值。当下，你将作为另一个人去体验丰富的生活，并且带着一份漂浮在宇宙间的刺痛且悸动的微意识。

进入当下意味着打开你的所有感官并把注意力集中在视觉、听觉、嗅觉和其他对周遭环境的感觉上。这也意味着你要运用你的眼睛、皮肤和耳朵去有觉知地感受这个时刻。很多人把这个过程称为“正念”，也有人把这称之为“禅”。遗弃恢复则把当下称为“为情感痛苦准备的一个自然避难所”“一个创造持久改变的机会”。

破碎是一个人的旅程

我的分手经历教会我永不低估他人人生的丰富和张力，并且要靠近且倾听，从他人的经历中学习和成长。对于每一个人，破碎都是极特殊的。破碎的强度不能用情感关系的时长来衡量，破碎是我们每一个人穿越这个过程都要经历的。

“可是，为什么这个过程必须如此痛苦？”有人问道，“这种极端的痛苦从何而来？”

我将要带你走过穿越破碎阶段的旅程，探寻问题的答案。我将要解释失去所爱时，如何激活身体的自我防御机制，以及这对于应力有什么样的意义。我将谈到这个阶段会产生的普遍感受，比如自杀的念头、共生感、耻辱感、对自我滋养的需求感。我将帮助你确认那些正在放大目前感受的未竟事项，然后厘清那些可能从童年被带到成年的失去经历。我将分享来自脑神经科学领域的相关知识，以解释过往的失去经历为何在当下危机中重新浮现，应激激素如何影响童年记忆。我会对一个影响许多遗弃幸存者的综合征——遗弃创伤后应激障碍——进行界定，并且对其带来的冲击、温暖和麻木进行讨论。

破碎阶段是一个你处于绝对分离状态的时间段，尽管很痛苦，但它能够为个人意识的厘清提供机会。破碎比其他任何阶段能更好地促使你作为一个独立的个体去面对现实。这也是为什么破碎阶段对于很多人来说是一个示现时刻，也是承载全新意识、自主依靠和联系的端口。

破碎的机制

心碎的打击

在关键性的第一阶段，人们通常会感觉到自己在真正经历着心碎的打击。破碎阶段正是伤口刚刚产生的时候——就是那个你感觉到刀锋把你和你的心之所依割裂开来的时间点。你的整个身体都在表示抗议。

你可能会感觉到心被刺痛，有一种迅速收紧的感觉，或者是突然感到一袭焦虑。一开始你可能会觉得经常需要叹气或者气喘吁吁。你的心脏在面对失去时会剧烈跳动。你可能在夜里突然醒来，因为惊慌而出了一身冷汗，并且每天起床后觉得胃里打了一个结。事实上，心碎和失去的冲击感能引发心肌脆弱，这被称为“塔寇苏博心肌病”，也被称为“心碎综合征”。无论你信不信，在某些具体情况下，服用阿司匹林（和其他心脏疾病药物）被证明可以缓解心碎的痛感。

你的自我防御机制被激活

所有的机体反应，都是极具理解能力的神经系统对你所遭受的伤害的处理结果。你的身体让你准备好去格斗、逃跑或者麻木以免受你认为会产生的即时威胁的伤害。一阵应激激素流过身体，激活自我防御机制，让你保持清醒的预警状态，时刻准备好采取行动。体内的肾上腺素得到释放，大脑的反应速度得到了提升，促使感官系统进入超级活跃状态，以防御即将来袭的威胁。

也难怪有人把遗弃比作心脏的伤口。从生理的角度来说，机体反应就像是你的心脏确确实实地被刀捅了。

生存本能

破碎把你与生命中的本能力量切实联系到一起。它把你的内核暴露在外，激发出最基本、最紧迫的需求。就像生孩子的过程，强行分离；你突然变得比过去更加孤单。

这个体验能量之大，也可能足以激活远至出生时产生的情感记忆——那些被编码记录在大脑深层结构里的片段。一个新生儿的大脑还没有记录具体事件的完整结构。但是情感记忆的机制在人出生时就已经相对成型，能够以情感和知觉的形式记录人生早期的经验痕迹。当成年时期的经历与出生时经历相似时，这些情感有可能会被重新激活。

对于我们中的绝大多数人，出生伴随着温度突然降低、耀眼的光亮、噪音，也许还有让我们能够第一次呼吸的一记拍打。当所爱之人离开你，另一种“脐带”被割断了。就像你还是个婴儿，突然之间，从给过你舒适、温暖和养分的环境中被拉扯出来。

当被适当包裹时，婴儿会平静下来——在大人的怀抱里，在温暖的毯子里；这让婴儿想起妈妈子宫里的温暖。那么你又是怎样的反应？你也是被分隔开来。你是不是也因为突然的失去而如同婴儿般亟需舒适与温暖？有的遗弃幸存者在经历破碎的危机时说，他们会用毯子把自己包裹起来，甚至躺在摇椅上摇来摇去。

对于成人而言，这时候的一个惯常反应是大声呼喊，好像失去的是一生所依。当然，对于一个成人，这样的绝望是一种感受，而非现实。你的生活并不依附于失去的伴侣。这只是你的一种感觉而已。

破碎确实把你推到了极端的分离状态中。可是，在那里，有谁会迎接你？谁会回应你的那些被激活的紧迫需求？

只有你自己。

这一次，没有护士，没有家长，只有你。你就像刚出保护壳的蜗牛、寒冷而饥饿的婴儿。

这个阶段的恢复任务是一点点地掌控住自己，认识到你是一个经历了分离的人，一个有完全生活能力的成人，要负起照顾自己的责任。别人没有责任来满足你的情感需要；只有你自己能做到。情感自立需要你接受破碎体验带来的强烈感受，对当下的现实进行仔细分析，并确保你将存活下去。

分裂的思考

破碎阶段的特征是绝望感，这属于“总是—再也不”思维的一个方面。情况将不再一样；你将永远孤单；你再也不能修复伤口；你将永远是残缺的。“总是—再也不”思维属于一种灾难性的精神过程，代表了你在思维上暂时回归到童年时期的坚实的“或是—或是”思维方式。破碎暂时把你抛入了时间隧道。如同一个新生而成长着的儿童，你并没有真正感受到你能够活过这个危机，并且继续活下去，甚至找到其他的爱。相反，你这时候是被一个暂时性的二次曝光夹击着。你的童年视角被以超级强大的方式强加到成年自我更成熟的形象之上，模糊了你的视野。结果是，你就会像一个孩子那样看待当下的状况：始终存在，永远如是。

你可能会把这同样的“或是—或是”思维用到离开你的人身上，把他/她时而想成绝对的好，时而又想成彻底的坏。在某一时刻，他们似乎是完全不可替代的，但在下一个时刻，你会说，或者至少试图去说服自己，你根本就不需要他们。一方面你承认伴侣完全有理由离开你；事实上，因为他们现在抛弃了你，你对他们比以前更加重视，或者更加被他们的性格所打动；另一方面，你相信伴侣已经用行为坐实了他们是道德败坏的懦夫——遗弃你就是懦夫行为。

这种分裂性思考也会被你用来看待自己。前一分钟，你是一个毫无价值的废物，失去了生命中最重要的人。下一分钟，你会感觉到一种理性的耻辱感，竟然有人有胆量放弃你这么有价值的人。在这个阶段，保持一个有关自己、伴侣以及人生疗愈过程的平衡视角尤为不易。

进入当下时刻能够为你提供一个从“总是—再也不”视角走出来的喘息机会。当你沉浸在当下，这种灾难性的思维就不会产生。这时候只有当下，你可以把生活里的富足养分用于创造这个神圣的所在。

共生情感

我们已经看到自己在破碎阶段被那些婴儿期所熟悉的

感觉所淹没，就像重新做回无助和需要依赖他人的儿童。重新唤醒这些童年情感让你和自己最久远和早已遗忘的部分重建了联系。事实上，依附关系的割裂已经重新激活了你的情感记忆，把最原初的情感推到了台前。

共生情感是指在出生前后的婴儿和母亲处于“一体”状态时所产生的情感。那时候的你和妈妈是不可分的，事实上，没有照顾者的话，你是活不下来的。这些依赖情感在破碎阶段被激发，把遗弃幸存者置于苦痛的情感矛盾中：当越来越感受到失去的影响增强时，你也越来越感受到那种要去寻找所失伴侣的冲动。

“我妻子离开我之前，我从来没有这么想念她，”卡里尔这么说，“我感觉没有她我就活不下去了！”

朋友和家人可能会不理解，为何你会如此强烈地想念一个对你如此糟糕的人。他们不能理解的是，伴侣的离开自动唤起了深藏在情感记忆里的共生情感。这时候，你必须要面对那些来自心理—生理过程的情感，这些情感是不依赖于意识而独立运作的，也是不能立即控制住的。

大多数情况下，你会暂时变得极度依赖朋友、家人和专业人士，向他们寻求情感关怀。有的人在寻求同情的时候会变得不同以往。有的人会对他人产生不切实际的期望，因为他内心有一种对情感关怀的渴望，但已经不能再从他失去的伙伴那里获得。有时候，只是一个自认为被朋友怠慢的感觉也会让他反应过度，因为这样的行为激发了共生的退行性行为。

无论你在情感关系里多么独立，在破碎阶段你可能都会不能忍受孤独的状态。难以面对那些大块的无结构时间，特别是周末、重大节日或者周年纪念日。在这些时间，最重要的诉求是寻求其他人的陪伴。遗弃恢复工作坊和后续的遗弃支持小组可以帮助你应对这些困难的节点。记住：你对其他人的过度依赖会随着疗愈过程的推进而最终消失。

共生的慢性问题

共生的悖论有助于解释为什么许多人倾向于在情感上陷入一种状态，在这种状态里他们的伴侣会在现实或情感层面反复地遗弃他们。

“我感觉自己离不开白瑞，”派翠西说，“我知道他对我不好。我知道他就是一个我一直放不下的难看的道具，我需要他来帮我抵挡分离和孤单的痛苦。在某个层面上，我明白所有，但是不知道为何，我就是不能让他离开我。他越是对我不好，我越发想要抓住他不放。”

对于那些像派翠西一样处于挣扎处境的人，每次一段重要情感关系破裂时，即使是和同一个人之间的情感破裂，共生情感也会被激活。你亟需的情感——那些无助的感受——不断带着原始的紧迫感冲击并淹没你的清醒意识。你感觉——虽然只是暂时的——你不可能一个人继续活下去。情感关系中的每一次撕扯都唤起新一轮强烈的不安全感。你内心的婴儿哭泣着渴望拥抱和被爱，但矛盾的是，这个诉求指向那个不断出卖你、抛弃你和遗弃你的人。

被虐待过的儿童会倾向于向虐待自己的人寻求慰藉。这样的情况也适用于其他物种。一个研究鸭子印记[1]的研究者发现，当他无意间踩到一只正在和他产生印记的小鸭子的脚掌时，这个小鸭子比以前对他更加亲近了。研究人员对此现象进行了研究，发现无论是情感上的还是身体上的疼痛，都会激发身体释放出阿片类物质，产生针对某一个客体的上瘾性依赖，这被称为创伤情感纽带（具体见注释部分）。

破碎重新唤起了共生的渴求，但是同时也为你提供了

1 由直接印象形成的，高度特化，但有局限性的学习方式。许多印记仅在动物一生中的特定时期才会产生。——译者注

一个机会，让你作为一个成人能够最终击碎它们。当其他因素都被去除时，真正的自我就能够大声呼喊出来，以原始而完全脆弱的状态。你的任务是把无助的感觉带到这个时刻，为新唤醒的内核赋予生命。

自杀幻想和求死的念头

迈克尔的破碎：

六个月前，当迈克尔的爱人第一次威胁说要离开他，他倾尽所能挽留她。他感觉自己是在为生命而战。他已经尝试了完全妥协以挽救失败的情感关系，包括参加配偶治疗，把情感灵魂裸露出来，但都没用。在一个令人伤心的日子，他的爱人带着行李离开了。迈克尔就想去死。

那些可能引致他结束生命的恐惧和焦虑作用于他自己。事实上，当初面对失去的可能时，他已经变得更加依赖对方。现在变成孤家寡人，他丧失了继续活下去的希望。

一个朋友鼓励他报名参加遗弃恢复工作坊。他来的时候，胡子拉碴，衣服皱巴巴。他说话语调平淡，解释说他已经请了假，以便自己能够“爬进一个洞里，随时喝得烂醉”。

他很详尽地谈到了自杀的想法。其间，其他的工作坊成员打断了他。

“你是不是真的想死？”他们问他，“还是说你只是想要赶走痛苦？”

“我想要赶走痛苦，”他没头绪地回答，“但我只有在睡着的时候才会快乐，我只有在喝得不省人事时才能睡着。”

“也有办法可以面对这种痛苦。”我们告诉他。

他对此不置可否。“事情已经到了无法挽回的境地，”他说，“事实是，如果不是因为痛苦，我已经死了。你不可能挽救已经死掉的人。”

人们普遍会把自己经历的遗弃描述为一种死亡。他们反映说感觉自己已经死去，或者想要去死，或者正经历某种精神上的死亡。当你进入下一章，了解到迈克尔的完整故事，你会明白关键的做法是不要对感受采取任何行动。尽管这些感受非常强烈，但它们是暂时的，会随着你走过后面的阶段而逐步消失。在破碎阶段，你所经历的绝望只是一种感觉，而不是事实。

许多人在经历遗弃时，把它作为一种致命的伤。他们经常用那些描述重伤和对关键器官具有毁灭性的词汇来描述自己的经历，比如破碎的心，肠胃被刀捅，心灵上的刀伤。

“朗尼离开后，我的房子就变成了一个坟墓，一个孤独的酷刑室。所以我去哪都可以，就是不能回家。

“在高速公路上，如果遇到一堵石墙，我可能会直接撞上去，重重地撞上去。如果我在朋友家看到一把刀，尤其是切肉刀或者屠宰刀，我会想象那刀对着我的胃里深深地插进去。

“在夜里，我会翻遍酒柜，找到酒灌下去；这是唯一能让我睡着的办法。在那个时候我唯一担心的事是自己会变成一个酗酒者。我更感兴趣的是烂醉如泥，昏迷，前脑叶白质切除术，死亡——只要能结束这种痛苦。

“我每天早上挣扎着起来去上班，在上班的路上，我不得不努力抑制把车开下悬崖的冲动。

“上课时保持清醒确实需要花费很大力气。每天要编出理由，解释为什么我的鼻子是红肿的，就是非常困难的事。我开始变得越来越邋遢。人们总是问我哪里出了问题。因为绝大多数问我的人是我不太熟悉的老师，我不能告诉他们我遇到的问题。

“唯一好消息是我的体重降低了，我一直试图减肥，但都没有成功，因为我太爱吃东西了。现在我对刀叉的兴趣超过了食物。朋友看到我把餐盘里的食物都推到一边，然后问我是否不舒服，为什么看起来这么瘦。我的回应是真诚感谢他们对我的夸奖，然后告诉他们我正在进行一个特别的减肥计划(名为‘死的愿望’)。

“当我最后发现朗尼因为另一个女人离开了我，我其实更希望他干脆一刀插入我的心脏。那样的话这个过程还会少些痛苦，更迅速，并且省得我差点把自己饿死。”

我们可能看到，在这个关键阶段，许多人相信他们的痛苦将是永久性的。当这样的感觉持续下去，人们就很难认识到这个阶段其实可以是重生过程的一部分。就像迈克尔和玛丽，他们真实感觉到人生已经完了。死亡的念头具有逃避功能；这是他们能够想象到的结束痛苦的唯一手段。在和他们的对话中，他们一直提及死亡。

“我还是死了好。”

“我不可能活着承受这些。”

“我睡不着。我也不想吃东西。”

“我的生命已经终结了。”

“感觉我就要死了。”

“死会更容易些。”

许多遗弃幸存者对于他们的死能够对失去的爱人造成的影响都会产生各种幻想。“死应该是值得的，”玛丽说，

“这样就能让朗尼意识到他其实是爱我的。”

对于某些人，想自杀的感受只是感觉而非行动，也能够起到作用。这样的感受能够帮助这些人在这个阶段给自己提供支持。具体来说，如果我们想要恢复曾经拥有却暂时失去的对生活的掌控感，这样的感受能够让我们终结痛苦，重新掌控生活。但是，先暂停一下。和你想要结束痛苦的感受一样强大的事实是，这只是疗愈过程初期的一个元素而已。这些感受会很快过去，然后，如果你选择去寻找的话，你肯定会再次找到爱。你的任务就是要从最亲近的人那里获得所有可能获得的支持，参加遗弃工作坊和加入支持小组，寻求精神卫生专业人士的支持。最后，你将从这经验中浴火重生，变得比以前更好。

躯体感受

也许你不能精确感知在清醒的思想表象下发生的那些生物—生理变化，但是在阅读以下内容后，你能够学会识别这些变化的一些表征。

负责情感的大脑把失去伴侣视作对生存的威胁。失去伴侣激发了强烈的生理变化。心率和血压都升高了，为你需要开展自我防御的躯体运送更多的血液和养分；消化功能被关闭了；如果有需要，血液将被从肠胃转移到主要肌群，以帮助你在体力上准备好逃跑或者攻击；在最紧张和焦虑的时刻，大脑中的深层结构发送指令要求声带紧缩，创造出充满焦虑感的高音阶声音。根据丹尼尔·戈尔曼（Daniel Goleman）的研究，是同样的反应机制使得狗狂吠，猫弓腰。

其他神经回路也在关键时间点上得到指令，要求在脸上形成恐惧或者愤怒的表情，凝住部分肌肉的活动，或者让呼吸变浅，以便你能够更好地探察到呼吸之外的声音。其他反应过程使得呼吸频率上升，以便为大脑提供更多氧气，保持在超警戒状态，保证注意力锚定在危机上。膀胱和肠也准备着把储藏的东西都丢掉，以便你可以更轻便地移动。瞳孔放大，方便更多的光亮进入眼帘；视力会更加精准；耳蜗细胞更活跃，这样你能够听到几百英尺外树枝折断的声音；大脑处于非同寻常的高度警戒状态，即使在夜里也是如此，因为体内的生物—生理系统开始运作，以维持身体处于生死攸关的警戒状态。

新大脑皮层继续对记忆库进行搜索，重新从记忆库中提取类似经历、系统整理、比较，并分析，以运用到身体正在进行的紧张战斗中。这被称为强迫性思考。免疫系统的反应包括降低其产生的抗体数量，推迟身体可能受伤部位的肿胀和疼痛的产生（在战斗中），以保证你把注意力集中在所面对的威胁上。你也许在几个星期之后才意识到免疫系统的这些反应，比如在你从情感危机中暂时得以喘息时；这也往往是你被感冒或流感击倒之时。

主观来说，你会经历这样一些症状——强迫性思考，高度警觉、易惊、肠胃不适、回忆起过往伤害和不安全感等。你会经历睡眠、休憩和饮食的问题。或者，你可能会不停地吃，因为你的身体正试图积蓄能量以度过持续的危机。

你的身体准备要面对的不是来自恶狼的攻击，不是地震，而是你的最根本的依附关系的失去。当然，这种失去并没有真正意义上对你的安全产生威胁，不过，在你的体内有一种剧烈的内部斗争正在进行。

许多这类不舒服甚至是让人不安的感觉会与一种广为人知的药——酒精产生反应，它合法并且随处可得。因为酒精是一种抑制剂，它能够缓解紧张和愤怒。即便是平常仅少量饮酒的人；此时也倾向于过度服用酒精，从而帮助自己入睡或者放松下来。基于酒精的高度成瘾性，我们必须认识到，即使是少量的饮酒也可能破坏身体机能，并且导致严重伤害。

作为一个替代的止痛剂，试试从本章末尾处描述的当下时刻里寻求慰藉。活在当下能够帮助你集中注意力，平静思想，并且能够引领你走向宁静的状态——这种状态将帮你度过困难时刻。

耻辱感

在遗弃周期的第一个阶段里，很多人会面临的问题是耻辱感。我将在第四章谈到内化时更深入地讨论有关耻辱感的内容。不过，当你刚刚开始为失去了自己的伴侣而悲伤时，你会对似乎无法控制的极端情感感到耻辱。

“我不能再面对这个世界。”迈克尔说，“所有人只要看我一眼，看到我的境况，基本上都会看出我对生活失去了控制。”

我们，男人也好，女人也好，都被社会化过程塑造得对自己的强烈负面感觉会产生耻辱感。许多人痛恨自己失去了对情感的控制，感到无助或者需要别人。我们很容易就忽略了这些感受中蕴藏的极有价值的情感智慧。可是，如果你主动与这些感受接触并了解其具体情况，这些情感能够帮助你增强未来的情感关系。它们让你变得在情感上与别人更易接触。

与接受和培养这些有价值的感受相反，很多人责备自己，认为自己不应该如此绝望和需要别人。他们放任那些强大的情感把个人力量和独立感都置于质疑中。

“我感觉自己就像个孩子。”理查德，一个银行总裁，他妻子最近离开了，他分享道，“为了她，我像个母亲要离去的孩子一样哭泣。我的整个生活突然完全围绕着她而转动。我时刻想要和她在一起，想要和她说话。我感觉如此需要她，又是如此恐惧她。

“我是一个成年人，但是我忍受不了独自待在新公寓里，感觉毫无生机，非常空虚。我对于自己感受到的痛苦非常恐惧，担心自己不能活着走出痛苦。对于这种强烈的依赖感，我感到耻辱，不由在行为上表现得如同一个很痛苦而发脾气的孩子。

“我开始怀疑我的整个成人身份都只是一个假象。我认为，其实一直以来我都是一个脆弱且依赖性强的人。我甚至想到这就是为什么妻子会离我而去。”

理查德那时候还没有意识到，他当时感受到的共生需求其实是暂时性的，也是这个过程中的正常的一部分，甚至在悲伤反应的第一阶段有其特定功能。在他能够接受自己需要别人的恐怖感受之前，他对自己评价很低，失去了平时的自信。“我感觉好像已经完全被摧毁了，”他说，“就好像她比我强大。”他因为感受到如此大的痛苦而对自己极其失望。

有若干理由需要我们避免感到耻辱，并且接纳你对失去的依附情感强烈而短暂的需要。第一，正如我们在理查德的例子里所看到，耻辱感只会让悲伤的过程更加复杂。它会让你多了一个渠道和自己作对。第二，当你试图去脱离、否认或者压制自己的感受时，你也拒绝了更好的了解情感的机会。第三，把感受埋葬起来，会降低你在当下或者未来的情感关系中解决问题的可能性。总体来说，扛着情感的包袱只会延长你的痛苦。如果没能得到接纳或者解决，情感会在你下一次尝试寻找爱的时候再次引发恐惧、焦虑和不安全感。

较好的做法是接纳冰冷而坚硬的现实：遗弃是一个强大的创伤经历，会激发身体的自我防御机制，激活过往的情感记忆，也会创造出一个暂时性的处境，让你感觉到对依附情感关系有强烈需要。认识到这个现实——失去你的爱人是一个真正的情感危机——是避免陷入耻辱感陷阱的方法。接受现实是实现情感的自我补给与滋养的重要一步。

参加过我在俄勒冈州布雷藤布什工作坊的一个参与者曾这么说：“当了解到我不可能预防这些情感反应发生，就像我不能够控制瞳孔放大的反应时，我如释重负。”

震惊

不是每一个人都能够与破碎阶段最强烈的情感保持关联。有的人说自己根本没有感觉。“我不知道自己在哪里，我没有了方向感和位置感。”卡里尔这么说。罗伯塔则说：“我知道我身处地狱，但是我是麻木的。我身边所有的事物都死亡了。”

贝琳达如此描述自己的经历：“我飞到巴黎去见未婚夫，当我到达巴黎时，他告诉我他已经改了主意。订婚取消了。我感觉世界毁灭了。在巴黎这座我梦想中的城市的生活已经展开，但是我已经麻木到不能看到、听到或者参与到生活中去。我完全震惊了，一个人站着，看着整个生活崩塌了。一切都没有了意义。我甚至无法确定自己是谁了。”

在起初的震惊中，人们经常会感到与自己、身边发生的事件是分隔开来的。这个初始阶段的极端向内的关注把人们都套在了一个封闭的大泡泡里，从这里望出去，世界看起来是扭曲且遥远的。

震惊感是创伤性压力的诸多症状之一，也是破碎阶段重要的组成元素之一。这个阶段的其他症状将在下一个部分得到阐述。

遗弃的创伤后应激障碍

许多人对遗弃的反应与创伤后应激障碍（PTSD）的特征有很多是相同的，可以被视作诊断范畴的一个特型。

就像其他类型的创伤后应激障碍，遗弃的创伤后应激障碍也分轻度和重度。它指的是一种心理状况，在这种状况下早前的分离创伤会对当下的生活产生影响。你会经历情感的重现，脑子里充满了可能没有意识到的诱因引发的焦虑，而这常常会导致你产生不可抗拒的不再能控制生活的感觉。

约翰的破碎

约翰来参加他的第一节课。他是一个有力量的人，高个子，英俊，体格健硕。他最近遇到一个吸引他的女性。他们之间只有过一次约会。那个夜晚他感觉很好；他感觉到有了她的陪伴，自己变得完整和圆满，他想要和她确定关系。他很确定她也是这么想的，可是，她并没有给他打电话。

“就只有过这么一次约会！”他说，“我不敢相信自己对于这一次约会如此心神错乱！”

他期待着在一个专业会议上再次遇见她，却又担心他会太情绪化而不能很好地面对她。“她会认为我就是一个六神无主的人。我不能掩盖我的情感。到底是什么让我如此反应过度？”他接着说，“我每一天每一秒都想着这事，它已经扰得我吃不下东西。”

“并不是说我对任何一个女人或者其他什么东西都如此渴望。我甚至在很长一段时间里都不想和任何人约会。现在我感觉好像这个女人不给我打电话就是生死攸关的事。”他耸了耸肩，眼神转向我寻求指引。

“会不会是因为还有未竟的另一段情感的悲伤在影响你？”我这么回他。

像被击中了一样，他直面着被搅起的内心痛苦。他深吸了口气，试着张开口。他一开始的几句话都说错了——他似乎不能发出声音，也不能控制面部肌肉。

我给他递上一盒纸巾，这举动似乎帮助不小。他开始放任话语和眼泪流淌。痛苦的经历发生在10年前。他的未婚妻在婚礼前一周反悔了。当他描述这个令人心碎的事情时，他似乎也对自己依然能够感受痛苦而很惊讶。“我以为我已经摆脱了和她的纠缠，”他说，“过去这些年里我几乎都没有想起过这件事。”

“在分手之后，我试着和其他人约会，但是没和任何人来电。我太没有安全感，太警觉。这样试了一年多之后，毫无结果，我决定要自己单独生活一阵子。”

他做到了，不再去各种玩乐场所，用他自己的话，变成了一个“虔诚的单身汉”。他的自愿隔离带来的唯一副作用是孤独感，但孤独感是稳定的隐痛，是习惯性的钝痛。他告诉自己，外面的世界没有他感兴趣的人，他自己一个人挺好的。

“所以我现在终于遇到一个我喜欢的女人，然后发现我还是一个六神无主的人，”他接着说，“那过往之事怎么在这么多年后还有如此大的能量？”

尽管症状不算严重，但约翰的例子很形象地展现了遗弃创伤后应激综合征的特征之一：源自过往的侵入性焦虑。他的故事聚焦于成年时期早前出现的事件，此事件持续引发了影响当下生活的恐惧和焦虑。

随着更多地深入了解，约翰已经对童年的失去经历进行了整理。

当约翰6岁的时候，父亲患了癌症，在相当长的时间内都被病痛折磨着。这使得母亲不得不去干一份全职工作。尽管最终父亲的癌症有所缓解了，家庭的生意仍受到了影响，经济困难迫使他们数次举家搬迁。在这个过程中感到的若干次失望和破损影响了他的生活。约翰的童年经历使得他对失去尤为敏感。到了成年，他的应对策略变成了回避，让自己在情感上与最基本的需求和感受保持距离。他回避了情感关系，同时也回避了一直与他共存的不安全感。

与创伤后应激综合征相关的还有很多其他表现和行为特点，而来自过往经历的分离所引发的恐惧和焦虑也会有不同的表现形式，这些恐惧和焦虑可能会造成情感侵略，并且可能干扰当下的生活。

在伊萨楞学院的一个工作坊上，我的一个学员就证实了她感受过来自童年遗弃创伤造成的极端脆弱感。

“当我试图进入一段感情关系时，我变得如此脆弱……就好像自己是一个烧伤患者。最细微的轻风都可以引起疼痛感。”

遗弃创伤后应激障碍的表现和症状

尽管现在还没有被纳入诊断文献中，我提议遗弃创伤应激障碍包含下列症状：

◉ 对遗弃有一种强烈的恐惧感（剧烈的不安全感），这种不安全感会使成年时的主要情感关系变得不稳定。

◉ 有一种倾向促使你对那些引发另一个失去和另一个创伤的人或者经历产生重复性屈从。

◉ 过往失去经历被侵入性地唤醒。

◉ 与创伤性的分离和其他类似事件有关的记忆得到增强。

◉ 与上述相反，完全想不起过去发生的事件或者部分地阻断记忆。

◉ 处于与过往危机在情感上失联的状态。

◉ 做出自我毁坏行为。

◉ 不能很好面对与处理成人情感关系中的正常起落。

◉ 在一段情感关系中不能很好地面对和处理正常水平的冲突和失望。

◉ 对拒绝极端敏感。

◉ 倾向于在情感或者性方面封闭起来，却不清楚为何如此。

◉ 难以明确描述自己的感觉。

◉ 难以觉察和感知到一个愿意帮忙的伴侣所给予的情感和躯体的抚慰。

◉ 在吞没恐惧和毁灭恐惧之间摇摆不定。

◉ 倾向于完全回避亲密关系。

◉ 与上条相反，倾向于太仓促地进入新的情感关系，太快投入感情。

◉ 因为用情感粘合剂把感情粘到一起，即使当伴侣不能够满足你的需要时，你仍会觉得难以放手。

◉ 产生对掌控局面的过度需要，无论你是要掌控他人或者是控制自己；产生一种希望所有事情都完美并且以你要求的方式完成的需要。

◉ 与上述相反，你倾向于对他人产生不切实际的期望和过度的反应，进而产生冲突，并导致关系的疏离[1]。

◉ 倾向于做出冲动性行为，不能控制自己，即使当时你知道这么做会有很大负面影响时，也是如此。

◉ 倾向于产生不可控的突发暴怒。

不是所有在童年时期经历过创伤性失去的人都必然会出现上述这些创伤后人格特征。在决定人生早期情感创伤是否会形成创伤后应激障碍的临床症状方面，有很多心理—生理的因素交织叠加，产生作用。

许多遭受了遗弃创伤后应激障碍的人不能确认自己在童年时是否经历过极端创伤。恰恰相反，他们是来自没

1 如果这些超高度反应的发作是重复并且程度严重的话，这些症状有可能被误诊为边界人格障碍（boarderline personality disorder，具体见注释部分）。

有已知虐待经历的相对完整的家庭。而另一方面，也有那些童年时经受了极端的失去经历，却在成年后相对没有受到创伤影响的人。这样的反差背后的原因也许是基因的作用，以及其他生理和心理方面的致病因素的作用。有研究者推测：有些人天生能够产生更高浓度的降肾上腺素，一种大脑产生的激发身体自我防御机制反应的化学元素。这就意味着激发自我防御机制的门槛降低了，你更可能在成年遇到与童年经历相关的恐惧或其他感受时变得焦虑、紧张，于是你更可能受到创伤后应激障碍的冲击。

无论你是否可能受到遗弃创伤后应激障碍的冲击，你都可能对人生早期的失去经历产生情感上的叠加感受。如果情况如此，这样的重新经历会强化失去感。

当下的创伤

在破碎阶段，无论是否认为自己有创伤后症状，我的客户们几乎一致对创伤这个词有反应，并且经常用到这个词。事实上，一段浪漫的重要情感关系的结束蕴含着创伤，而且其自身就是创伤——而不是创伤后。这就是正当的初始创伤。

你经历的遗弃悲伤可以是因为最近的分手，或是持续积累形成的伤痛。你经历的感受可以是因为失业，失去了朋友，或者失去了人生伴侣，无论原因如何，这样的经历让你感觉到痛苦。

“不得不从家里搬出去是我一生中最伤痛的经历。”卡里尔说。

“特拉维斯让我遭受了如此剧烈的创伤。”罗伯塔说。

“失去朗尼让我感觉一辈子都会痛苦不止！”玛丽这么说。

“我觉得自己不可能恢复正常了，”理查德说，“我能感到的只有创伤。”

根据经历的遗弃状况、个人生活历史、脑神经生理构造的不同，有些人可能会因为当下发生的事件而产生创伤后症状，有些人则不会。自然，本书就是为帮助你们缓解创伤带来的影响而撰写的。

当下创伤应激障碍的表现和症状

以下是遗弃幸存者普遍有过的症状：

▷震惊和晕头转向(disorientation)

在失去相爱的伴侣时，人们形容自己处于完全的震惊、难以置信、不知所措的状态，不能直面破碎的现实。

大量的研究结果显示，大脑的阿片系统在悲伤的早期阶段会产生更多吗啡类物质（其中一种被称为内啡肽）。阿片类物质具有镇痛功效，同时也可能会引发震惊和麻木感，也包括脱瘾症状。

你也许还记得贝琳达的故事，在未婚夫宣布他不再想和她订婚后，她变得对周边的环境也麻木了。

“所有事情都变得很陌生，”她说道，“感觉我的人生好像就是一场梦，我刚刚从梦里醒来，躺在一张陌生的床上。我突然之间没有了未来。那天之前，我还专门挑了最适合我的口红，还记得要多买几个胶卷。到了那天，一切都无所谓了，我只想要活着走出痛苦的折磨。

“如果当时埃菲尔铁塔就这么倒在我面前，我也不会注意到。我当时完全没有了头绪，连买包烟都做不到。只有当我拿到一支烟时，我才想起自己已经在5年前戒烟了。”

▷人格解体

创伤的另一个特征是人格解体，你无法感知到自己的情感感受，也与自我意识拉开了距离。

“我无法再感觉到从前的自己，”卡里尔说道，“我找不到自己。感觉身体好像已经被清空了。我很难对任何人描述我的感受，所以我只能自己跌跌撞撞地闯过去。可是我感觉自己就像是被遗弃的一具躯壳，或者一条已经干涸的河流。”

▷不真实

在被割断的情感关系面前，似乎没有什么是真实的。

“当朗尼和我分手时，我对现实的整个感受都被击碎了，”玛丽这么说，“我的朋友们都不能理解为什么我不再关心任何事。他们突然生活在我的平行世界，那个世界里还有可以掌控的幻象，那个已经不再属于我的世界。我已经变成了我的生活里的陌路人。”

▷分离焦虑

还有一个常见焦虑暗流，被很多人描述为“下坠感”。这种自由流动的焦虑源自持续的情感危机，以及被唤醒的过往跌宕的情感经验。我们已经讨论过在这样的不舒服背后起作用的交感神经系统，它会使身体处于高度警戒状态，这个状态对于我们而言，表现为长期的焦虑和易怒，以及永久性的脆弱感。参加我的工作坊的学员们提供了下面的例子：

“我成天带着一种病态的恐惧四处游荡，”理查德说，“感觉某种糟糕的事即将发生。但是还能有什么更糟糕的事会发生呢？最坏的可能都已经成为现实。我就感觉自己在这个躯壳之内非常不自在。”

“我每一分钟都会被焦虑呛到，”卡尔拉说，“这种孤独感是侵入性的、腐蚀性的、恶性的。我当时很确定自己活不下去了。”

▷现实扭曲

很多人都反映自己时时出现幻觉，看到他们失去的伴侣在街头，在人群中，在驶过身边的公共汽车或者火车上。当他们决定走近一些，才意识到这是幻觉。

当你的思想持续寻找失去的依附关系时，眼睛会扫描地平线，捕捉视觉信号。根据坎迪丝·珀特（Candace Pert）的研究，我们捕捉到的视觉信号要经过大脑内五个突触，从眼睛到达大脑后部（枕叶皮质），然后又回到大脑的前部（前额皮质）。在每一个突触部分，我们所看到的影像逐渐变得更加细致。

“我看到每一辆开过的蓝色沃尔沃车里坐着朗尼，”玛丽说，“无论什么年代或车型的沃尔沃，我都确定就是他开的车。当车行驶到跟前时，我才看到是别人在驾驶。”

有时候，这类幻觉就像是无中生有。罗伯塔说自己有一天晚上睡觉前看到特拉维斯的眼睛自上而下地看自己。她当时惊恐万分。迈克尔认为他听到爱人在呼唤自己，但是他明白房间里只有自己一个人。尽管这些现实的扭曲对于经历破碎阶段的人很寻常，而且通常很短暂，它们也能证实他们正处于情感危机之中。如果你开始听到声音或者看到幻象，你必须去寻求专业人士的指引和帮助。当可以寻求帮助时，没有必要独自度过危机。

▷自我虐待

创伤的另一个典型特征是自虐和自我毁坏的行为倾向。沸腾的自我憎恨有可能诱发你做出高风险行为。人们把他们被别人拒绝而产生的愤怒指向了自己。他们认为痛苦的失去是因为自己，并且想要惩罚甚至摧毁罪魁祸首——他们自己。他们可能会实施不安全行为，比如违规驾驶、滥用药物，甚至自残。从轻微到严重的自残行为包括拔头发、撕伤疤，还有制造真正的身体创伤。

“我有糖尿病，于是我停止了注射胰岛素。”西尔维亚讲述，“我不再在乎任何事。”

在这个关键阶段，与其和生活谈判，更重要的是寻求更多支持以及专业人士的帮助。

▷物质滥用

我们前面已经强调了身体自我防御系统产生的不适感。视创伤后应激障碍水平的不同，有的人会寻求紧急的疼痛控制措施：安眠药、街头药物[1]，或者过量饮酒。许多人过去很少喝酒，但是在被拒绝之后经常醉酒。不适感会很强烈，通过滥用药物和酒精来度过情感危机，有可能会产生很多风险，风险之一是上瘾。

许多参加了成瘾戒断计划的人讲述，他们在一开始是把药物滥用和酒精滥用作为应对遗弃伤痛的一个方法。酒精、海洛因和其他药物就成了疗伤的解药。在这些情况下，好消息是他们认识到了自己的问题并且向外寻求帮助，并且主动把所处的逆境转化为积极的处境。

▷爆发性愤怒的发作

不可控和不可预测的愤怒发作是破碎阶段的典型表现之一。我们前面已经谈论过遗弃经历会激发肾上腺素和降肾上腺素的分泌，而这些化学物质的增加会激活体内的对

---

1 街头药物（Street Drugs）指那些不为治疗疾病使用的药物，包括安非他命、麻醉类药品、巴比妥酸、鸦片类药物和心理刺激类药物。很多这类药物都是源自自然元素。引用自 The Free Dictionary by Farlex, https://medical-dictionary.thefreedictionary.com/street+drug.——译者注

抗或者逃跑机制，为你提供所需的能量。即使是平时很温和的人也可能会经历情感绑架，失去控制，因为愤怒而产生暴力行为。这样愤怒、失控的情况，在我们把饮酒作为自我药疗的时候尤其明显。酒精和其他药物会导致人体放松从而控制愤怒表现的限制机能。

不可控制和不可预见的暴怒发作通常是因为伴侣的离开，但是，很遗憾的是，我们有时候会把愤怒发作到亲近的友人，乃至无辜的旁观者身上。

遗弃常常不被视作创伤

在破碎阶段，遗弃幸存者如同其他类型的创伤（如强奸或者身体伤害）受害者一样，会产生许多相同症状。区别之处在于，遗弃幸存者通常不被认为是创伤受害者。但是，他们经历的震惊、麻木、不知所措、愤怒，还有对风险性行为的趋向，都是严重的创伤表现症状。

以下列出的是在我的网站上留言分享的遗弃幸存者的反馈。

“每天晚上我因为想念她而醒来，那种感觉如此强烈，以至于我感觉我的皮肤在燃烧，我有一阵子连续数天出汗不止。我的一个曾经参战的朋友说他在越南也有过一样的经历。他的皮肤有灼烧感，会胡思乱想，那段时间里一直控制不住地冒汗。”

我们也能在有遗弃经历的儿童身上看到这些症状。与成人不同，儿童没有能够降低负面影响的工具。他们受到的伤害和遗弃会在正在发展的大脑中留下强大的印记，还会影响他们一生中的情感反应。

早期破碎经历的回响

“我现在四岁，和父母关系很亲近，是他们的独生子。我的父母把我放在医院然后就离开了。我一点也没想到会这样，不知道之后会发生什么。自己被留下了，我不明白为什么。

“在麻醉状态下，医生切开了我的喉咙。醒来时我感觉喉咙异常疼痛。我不知道我的扁桃体做了手术，也不明白为何如此疼痛。我也不知道父母去哪儿了。

“不过我想有什么地方出错了。我现在在一个有很多孩子的病房里，一排排的婴儿床上躺着孩子，护士和父母忙着在照顾他们。每一天，别的父母都会来看望他们的孩子，但是没有人来看我，我完全是孤孤单单的一个人。

“很多天之后，我的父母终于来了。我当时正如胎儿一般躺着。他们记不清对我进行按摩，才能使我的手臂和腿放松到可以活动的程度，这样他们才能够把我带回家。”

我记不清这段经历。我的母亲告诉了我在医院的这段经历的诸多细节。

童年的破碎情景

我的故事并不是不寻常的。很多童年经历都会引发强烈的遗弃感受，一只宠物死亡，或者长时间居住在一起的祖母离开了，或者你的母亲突然忙于照顾一个新出生的孩子。你听说别人的母亲即将死去，你开始担心这样糟糕的情况也可能发生在你身上。

你的父母来学校接你时来得晚了，或者你目睹了父母大吵大闹，或者你在学校有学习上的困难，或者你在玩乐场地上没有玩伴，或者你被老师大声训斥，又或者你被父亲批评了。

这些常见的童年经历会引起强烈的焦虑和绝望。儿童所经历的所有失去、受伤和困惑都可以算作遗弃。他们最强的依附感是和主要照顾者维系在一起的。但是他们也会和其他人、地方、能力、理想建立强大的依附关系。任何对这些依附关系的破坏都可能引发恐惧—— 一种无助感，一种不能继续拥有自己最亲切关系的无力感——简而言之，一种被强化的遗弃恐惧。任何会引发自我削弱感的事情都会在儿童心中引发遗弃恐惧。这种恐惧可以无限期存在，常常独立于引发其产生的原始事件而存在。

我的母亲注意到，在我读小学的时候，我对于需要等人来接我，或者需要等待一些对我来说很重要的事情发生的情况，都会感到非常难受。即使后来长成少年，很平常的生活经历，如等待约会，或者预料到会被拒绝，都会让我变得躁怒。尤其明显的是当年等待我的约会伙伴来接我去参加班级舞会。我无比焦虑，担心他永远也不会出现，担心我永远也不会知道到底发生了什么，担心我将永远被扔下不管。我母亲觉得很有必要告诉我那次医院的驻留经历。

“苏珊，我想有些事你应该知道。”我的母亲终于说了，“那是关于你四岁时做扁桃体手术的经历。你父亲和我误解了医生的意思。我们以为医生不允许我们去医院探望你。所以我们在周末就出门去了，直到约定好接你的日子我们才去医院。”

我告诉了她我对于这次经历的唯一回忆。我记得母亲和父亲充满爱的眼睛从空中俯看着躺在医院病床上的我，他们用小勺把香草冰淇淋喂到我嘴里。冰凉的冰激凌让我喉咙里的疼痛舒缓了许多。

“是的，”我母亲说，“确实是这样。看到把你一个人留在那里对你造成了如此大的影响，我们都觉得很难受。我们几个小时都围绕在你身边，帮助你放松下来，转过身来和我们互动。我们喂你吃冰激凌，直到你平静下来，然后我们把你带回了家。”

从那以后，我试过几乎每一种已知的技术手段——催眠疗法、完形心理学、心理戏剧——希望能够把这段记忆重新找回，以便我能够释放依然附着其上的焦虑。但是，尽管我有这么多年在心理治疗领域积累的培训和实践经验，我还是没能找回这段记忆。

毋庸多言，我已经学会去避开那些让我等待的人。可是，有时候，我不得不等待，在某些特定情况下，我依然会感觉到在焦虑中备受煎熬，它在阻止尝试让我自己平静与放松下来的理性思考。

我不是唯一一个经历过童年遗弃事件，并产生过往的情感经验的创伤后症状的幸存者。我也不是唯一一个无法记起引发创伤的事件的人。许多遗弃幸存者会不断被源自童年的没有明确记忆的恐惧、焦虑、不安全感，乃至不合时宜的行为方式所困扰。他们会困惑自己怎么会被困在了过往的情感中，早期的失去和遗弃经历到了现在为何依然对自己的生活产生影响。

我的许多客户臆测，自己是在无意识层面抑制或者压抑了他们的童年经验。他们认为，这些无意识的记忆，会继续以不可见的形式困扰他们。他们用诸如“抑制”“压制”“无意识”这样的词汇，来表明他们可能是自己炮制了这些隐藏记忆。使用这些词汇的时候，他们并不是要做到如科学家或者心理治疗家那样精准；他们只是在尝试着寻找下列问题的答案：

“假如我无法记起当时的情况，我的童年经历怎么会对我有如此大的影响？”

“那些记忆都去哪儿了？”

“如果我能把我过往盛满淤泥的记忆通道都疏浚了，能否清除生活中的不安全感、焦虑和恐惧？”

脑神经科学现在对于创伤后的各种难题提供了新的解读。感谢约瑟夫·勒杜（Joseph LeDoux）的先锋探索，我们对于杏仁核（amygdala），一个处于分管情感大脑深处的杏仁形状的身体结构，有了更多的了解。

关于情感大脑的微课

在进行情感回应的过程中，杏仁核起着关键性的作用。作为身体的中枢报警系统，杏仁核时刻在扫描可能存在的威胁，无论是情感上或是身体上的。杏仁核尤其关注那些可能会唤起恐惧的早前经历。如果杏仁核探查到一个问题，它就会对身体宣布——进入情感危机状态。

在杏仁核内印刻着我们从婴儿期开始对于恐惧和其他威胁做出反应的记忆。这些情感记忆帮助你探查到从过往经历中学习到的风险和威胁，包括作为生物物种的记忆（例如不要踩在悬崖边上）和作为个体的记忆（例如不要靠近查理叔叔）。也有人相信杏仁核也存储着出生前和出生过程中的经验记忆。

杏仁核继续搜集成长过程中的情感记忆。一旦杏仁核对某一段情感记忆进行了条件设定（也就是说，当所爱的人威胁要分手时，你会感到焦虑），这种设定几乎不可被抹去。换句话说，当涉及情感记忆时，你这张白纸永远不可能被完全清除。

前面我们已经看到，自主神经系统负责交感神经的分支会把有关一段重要情感关系的威胁，视作对你存亡的威胁。剧烈跳动的心脏、翻涌的胃，还有剧烈飙升的肾上腺素，都是身体自我防御机制开始发挥作用的具体表现。

儿童在感觉到自己最基本依附关系受到威胁时，就会产生类似的格斗或者逃跑的反应。视恐惧程度的高低，这类经历会被印刻在杏仁核的情感记忆里。这些情感记忆会在成人时期因为感受到类似的失去威胁而被重新激活。

情感学习过程和巴甫洛夫的条件反射实验很相似。在巴甫洛夫所做的针对狗的条件反射实验里，铃铛和食物的相继出现变成了联合——这样的条件设定就使得狗在每一次听到铃响就流口水。为更好地展现如何实现情感学习，让我们用战争创伤来做例子。在白热化的战斗中，杏仁核完全介入其中。它会把战斗中涉及的疼痛与恐惧，还有与战斗有关的视觉、嗅觉和声音的感觉都纳入记忆库中。这些感受就成了战斗创伤中非常强大的联合现象。即使是很多年后，相似的视觉、声音或者气味都能激活强大的杏仁核的记忆回路，比如老兵们会在听到雷声时就产生完整的情感记忆闪回。

与此类似，与爱人分离的联合感受也可以被视作情感触发。和原初创伤相似的感受会激发杏仁核的记忆，然后你会再次经历早前失去经历引发的恐惧和需求。

杏仁核可以直接从感觉器官（包括眼睛和耳朵）接收有关威胁的信息，而无须先从大脑皮层获得信息。也就是说，你可以在意识到曾经见过眼前这种情况之前，就做出反应。这些在皮质下传输的信息比那些通向大脑皮层的脑回路传输的信息要更快速，大脑皮层是进行理性思考的所在。

自动反应是人类涉及生存的一个具有高度适应性的举措。如果你不得不停下来然后想出下一步的最佳行动方案，你可能会在生死攸关的危机事件中失去最宝贵的时间。在负责理性思考的大脑有机会介入之前，杏仁核会激发身体，使你产生定住、格斗或者逃跑的反应。杏仁核也会对大脑新皮层中产生的思想或者念头产生反应。一个激发恐惧的念头会引发即时痛苦反应。在有机会对事情进行仔细且合理的分析之前，你的身体已经被带入了自我防御模式。对于创伤后应激障碍情况也是一样的，丹尼尔·戈尔曼把这称之为“杏仁核的疾病”。

当我们需要躲开一棵倒下的大树，或者要应对灰熊攻击时，迅速和自动的反应是必备的，但是如果我们把情感关系的开始也视作威胁，那这就成了障碍。要定住、格斗或者逃跑的反应对于第二次约会来说是很麻烦的障碍。我们中许多人在浪漫的情感关系中遇到波折时确实有过无法做出任何反应的时候，变得易怒，或者直冒冷汗。到底是谁邀请自主神经系统参与其中的？自然的作用。整个演进过程就是这样，目的是保证我们的生存。

如果童年或者青少年期的失去经历使我们形成了产生恐惧的条件反射，那么杏仁核就是被遗弃恐惧影响的大脑的一部分，这种恐惧对于我们所有人来说都是很普通的反应。

被激发的获得性情感反应（learned emotional response）有助于更好地解释在破碎阶段出现的对情感的强烈需要。过往的、已经过时了的源自儿童早期的共生需求，在成人大脑里泛滥冲撞着，你正被绝望和无助的感受折磨。

你的杏仁核俘虏了大脑皮层并且煽动了一场情感劫持。你不再能够正确思考或者理性分析，完全被致命性的恐惧所控制——你觉得没有前任，你活不下去了。如果你把这个问题归咎于情感记忆体系的话，你就可以把过度高效运作的杏仁核想象成过度保护的父母，他们通常在看到你被伤害时就变得不可理喻，反应强烈。

可是，问题依然存在：为什么你感受到了来自过往创伤的原初情感，但是却不能记得最初的具体事件？为什么如此多遗弃幸存者的童年记忆里都存在巨大的空白地带？

这些问题的答案存在于大脑的海马体中，这是情感大脑中另外一个结构。海马状的海马体负责记录的不是情感，而是与情感事件相关的事实部分，包括了事件发生的地点、人物，以及具体发生了什么。

决定性的事实是，根据事件的强烈程度和持续长短，身体释放出的应激激素会让海马体的记忆功能瘫痪。对于你当时作为人证经历甚至参与了的事件，后来你却无法回忆起来，因为这件事从一开始就没有被记录下来。情感记忆是在那里，但是却没有相应的情境记忆。

其他对应力的生化反应会对海马体的记忆存储功能有相反的影响。肾上腺素的分泌被发现在某些情况下强化了海马体的记忆功能。这也许可以解释在创伤经历中典型的闪光灯记忆：你非常清晰地记得一个情感强烈事件的细节。我们在下一章将要了解到更多关于应激激素对记忆以及其他心理—生理功能影响的内容，内容主要涉及脱瘾阶段。

与此同时，我们需要与这个想法划清界限：身体被设置成让我们总是感觉到很悲惨的样子。脑神经生物学并不能决定人的命运。没有两个大脑或者两个人是相同的。我们的心理—生理系统不是固定的，而是处在持续变化中的。我们的大脑，就像我们的人格，是独特而多维度的。杏仁核和海马体并不是彼此分离的小王国。它们和我们的理性思维通过与时间和个体相关的方式进行着互动。

当对于经历的脑神经生理过程的相关信息有了更好的了解和认识，我希望你能够更好地接纳自己的经历，并且要避免因为不能很好地在任何局面下都能控制住情绪，而责备自己。与此相反，你应该把能量集中于有能力去控制、去改变的方面。从根本上说，你能掌握自己的命运。

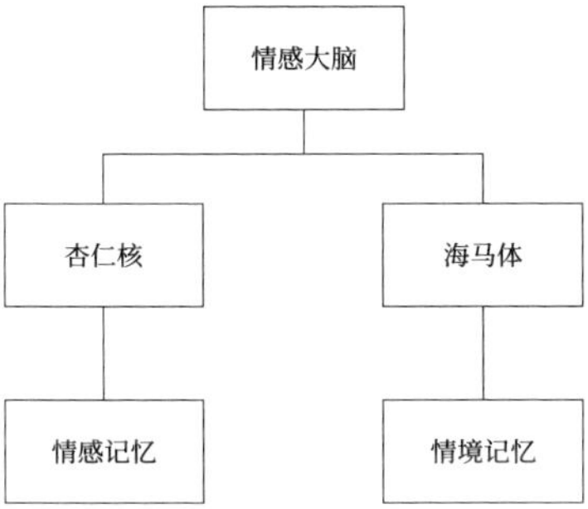

图1　情感大脑（由杏仁核与海马体组成）

破碎的人格轮廓：可能导致遗弃创伤后应激障碍的前兆

你可能会发现在遗弃不同阶段中的某个阶段里比其他阶段内心更加挣扎。在破碎阶段里，经历最多困难的遗弃幸存者是那些在童年时期经历过毁灭性极强且反复出现的失去经历、失望的情绪，以及心理震荡的人。这可能包括以下情况：

- 父母的死亡；
- 来自父母的遗弃；
- 处于父母的监护权争夺或离婚大战之中；
- 与照顾者之间情感距离的增大；

◉ 遭受身体虐待或性虐待；

◉ 被安置到寄养家庭生活。

你们中的许多人也许是相对稳定家庭的产物，但是你也会因为下列原因而产生延长的剥夺体验：

◉ 家中兄弟姐妹的不公平对待；

◉ 家庭结构的混乱和冲突；

◉ 那些让你处于两难境地的情感信息——无论如何努力，你都不可能胜利；

◉ 来自同伴群体的拒绝或者排斥；

◉ 延长的童年期伤痛或疾病经历；

◉ 创伤性的青春期心碎经历；

◉ 强烈的失望（努力要达成某些事，却不能得到相应的回报）。

在日后生活中你经历相似的震荡和失去经历时，这些和其他创伤碎片就被再次唤醒了。

对于许多遗弃幸存者，这意味着情感关系会出现间断性情感波折和长期性不确定。当新的生活经历引发了旧的充满了感情的回忆时，自我防御机制就开始工作，释放肾上腺素和其他应激激素。这个过程使得许多人被推到边缘处境，会突然觉得自己浑身都不舒服。

当易焦虑或有过童年创伤经历的人遭遇新危机时，过往的破碎经历被唤醒，真切到让人无法承受。如果没有对于强烈焦虑的起因或应对策略有良好认识，有的绝望者就会转向用药物和酒精以进行自我药疗。如果你感觉到难以承受，请寻求专业帮助。你需要的支持和指引是可获得的；在特定情况下，服用药物治疗也可能是合适的。

当你不能够以有意识的行动来消除焦虑、痛苦和恐惧时，并不意味着这是由你自己的软弱所造成的。这些强烈的感受源自你所经历危机中的心理—生理本质。

破碎阶段是有关创伤的时刻，但是，如果我们选择从它的智慧中学习成长，也能引领自己进入一个新的自我接纳和理解生活的层面。

破碎阶段的好处

遗弃献上的秘密礼物，就是帮助你找到了自己都不能回忆起的过往创伤性事件的路径。你也终于能够去应对未竟的情感问题。破碎已经帮助许多心理分析医师完成了许多年都在追求和渴望达成的愿望——把人们带回到无意识冲突的宝座上。

你现在处于一个关键阶段，必须依靠自己的资源。你不再能指望从失去的爱侣那里获得安全感和滋养。除去朋友、家庭和乐于助人的专业人士以外，你的大部分时间都是和自己在一起；你处于一个通过内省寻求内心力量的最佳处境。

尽管你的父母也可能尝试过，却不能减轻你童年时经历的所有遗弃恐惧。作为一个成人，你必须独自面对这个挑战。首先必须要直面和触碰你的恐惧。听一听它们所说的你的情感需求都有什么。

破碎阶段也是一个探寻自我中心的旅程，这个旅程为你做好深度疗愈的准备，让你从内而外地把握住重塑生活的机会。根据一些设计好的关键问题，破碎将引领你锁定新的出发点。

你能接受与他人的分离状态吗？

你能面对不断变化的周遭环境吗？

你能负起引领这个过程的责任吗？

你能意识到自己能够从遗弃中获益吗？

你能接受自己有能力稳稳地立于这个现实吗？

你认识到你已经从经验里收获了某些东西。你之前生活的石膏模型和拐杖已经被击碎了；错误的自我已经被击破；你已经从昏睡的状态中醒了过来；你已经从自满中跌跌撞撞被抛了出来，你失去了平衡，被迫要找到一条回去

的新路。卡里尔是这么描述的:

“对我来说，破碎就是一次觉醒。它帮助我改变了生活的方向。我知道还有很多事要做，但是我终于知道什么是最重要的。妻子的离开最终粉碎了我对于永恒的幻想，对与某人合为一体的幻想，掌控一切的幻想。在我的生命中，我第一次意识到自己有多么孤单，意识到我们所有人都多么孤单。

“一开始我身处深渊，思念我的孩子，感觉到失去的痛苦，然后我能够抬头向上看，能够感受到这种失去的痛苦之深。不仅仅是我的痛苦，这是所有人经历的失去之痛。我开始想到数以百万计在我之前或者之后有类似经历的人。我与人类的痛苦有了亲密的接触。我的情感触板前所未有地活跃着。我也意识到这个认识已经永远改变了我。痛苦如此，却仍是一个我永远不会放弃的礼物，它让我强烈感觉到自己的人性。

破碎已经设置了挑战。通过破碎，你能实现更大的情感独立——这种状态是早就应有的。在情感上独立，并不意味着你要接受自己被诅咒了，永远孤单地生活下去，而是你有能力自立和带着情感智慧去寻求爱和联系。

从破碎中恢复

爱克如练习

爱克如词义很多——终结、穿透、在……里打个洞、开始、失效（过期）、清空、腾出位置、解开、移交、打开——所有这些词义都和遗弃过程相关。爱克如的多元词义指涉及源自同样潜在能量的多元过程。

当用到能量这个词，我指的不是新世纪的能量，也不是一个可以被量化的科学现象。在我们穿越遗弃的各个阶段时，能量、力量、驱动力、本能，还有冲动力都被用来描述悲伤周期的方向和强度。破碎阶段涉及的能量是生命力，也就是人们天生对依附关系的需要。当这种能量被遏制时，佛教中所说的“攀缘”就加强了。痛苦和悲伤就会随之而至。这种痛苦是我们对于突然间被切断渴望的情感关系，或者是被阻隔开来，而产生的心理—生物学的反应。这个强大的对于依附关系的驱动力一直都在。它可以成为疼痛之源，但是，如果引导得当，它也就成了疗愈的第一步。

爱克如描绘的是当某人离开时你所产生的虚空。你的任务是要在这个虚空中努力创造新的生活。这乍一听可能会觉得是非常感性的，但是爱克如这个概念并不是要将痛苦定义得可有可无，而是帮助我们深入痛苦的核心部分，却不至深陷其中。它帮助我的客户和数以千计的其他遗弃幸存者明白如何把能量为己所用。

爱克如也使我能够把苦难和动力融合到一起来谈。苦难是一个使我们能够积聚最伟大的天赋想象力和个人力量的推动力。没有指导的话，我们倾向于和痛苦作战。一旦想开了，我们会和痛苦成为合作者。

对情感痛苦的疗愈对于绝大多数人来说不会自然出现。我们习惯于做的往往是最不能帮助我们的。我们运用大脑皮层，一直在旋转纠缠——试图去改变不可改变的思考。爱克如帮助我们深潜到这个无用的思考哀叹之下，到达和平的疗愈之地。

我已经在第二章结尾到第六章之间列出了爱克如练习的步骤——每一个阶段对应一个练习——这就像是为大脑准备的理疗，以促成真正的改变。

爱克如已经成为遗弃恢复方法的代表。它帮助我的客户和工作坊成员能够从理念上明白：真正的恢复需要把整个遗弃悲伤

图2　爱克如的多元含义

的过程逆转过来。通过对这个过程能量的重新引导，我们能够增强生命力，提高爱的能力。

最深的伤口也是最伟大的治愈所在。

对立的统一

爱克如同时包含了结束和开始。对于每一个有关情感关系终结的迹象或者症状，我们都能从终结处创造开端。对于破碎，有重组；对于震惊，有清晰和聚焦；对于分隔，有完整；对于分离焦虑，有安详和宁静；对于物质滥用，有节制；对于同生共进，有自力更生；对于现实扭曲，有接受现实；对于分裂的思想，有理性的自我确认；对于耻辱，有真正的谦逊和尊严；对于自我贬低，有自我保证；对于自我破坏，有自我建设；对于自我憎恨，有自我接纳；对于自我沉迷，有爱的能力。

没有引导，这种对立的统一就不会凸显出来，特别是当人们处于令人破碎的痛苦中，无论是否已经想通，这个转折的双重力量已经出现。

遗弃和恢复是等待被认识的同一个能量的不同表现——爱克如。

第一个爱克如练习：活在当下

五个爱克如练习中的第一个为遗弃幸存者带来好消息。它运用破碎之痛来促进良好感觉的出现——这是一个持续带来益处的心理—生物学状态。

第一个练习：活在当下，为你提供了一个灯塔，指引你走过关键性的痛苦分离时期，帮助你创造出内心的安全地带。

自从本书第一版出版以来，我已经根据来自脑神经科学的前沿发现而重新设置了练习内容。这些新发现是疗愈遗弃造成的情感伤害的一条新路，可以实现最快和最有效的疗愈，促进改变。

在过去15年间对于受到遗弃创伤影响的人的临床治疗经验，也已经融入了练习内容中。通过试错和改进，以及从我的客户与工作坊参与者的直接反馈中吸取的经验，我打磨、完善了疗愈练习设计，并且验证和确认了练习活动的作用和效果。

第一个练习活在当下涉及专注的状态，这种状态不仅仅被证明是有效的疼痛管理工具，更在最近被证明能够对大脑结构产生显著而积极的改变。

大脑的情感定位

目前大脑科学研究显示，如果经常性地练习专注，可以加强左前额皮质的脑神经活动。这是一个重要发现，因为左脑部分能够镇定由杏仁核驱动产生的负面情感的回路，并且能够促进积极正向状态（如热情、能量、警惕和快乐等）的产生。

需要强调的是，左前额皮质是非常重要的。医学科学研究指出，当大脑的这个部分受到伤害（因为中风或外伤）时，患者有可能会陷入“灾难性的担忧”中。如果被损害的是右前额皮质，患者会表现出“过度愉悦并且似乎对自己的状况毫不担忧”的样子，因为被损坏的是情感报警系统。现有的研究也显示，研究人员可以通过对左前额皮质实施经颅磁性刺激的方法，激发一些积极的情感状态。

我们普通人呢？脑部影像扫描显示，当感受到积极情感时，我们的左前额皮质就会被点亮，当我们体验到消极情感时，右前额皮质的活动明显增强。[1]每天，左右前额皮质的活动都有一定的比例。这个比例决定我们那一天的情感定位。我们中那些比例稍偏重于左边的人会比偏重于右边的人（在休息状态下测量）更可能感受到幸福；反之，那些比例

1 请注意，这个讨论只限于左右前额皮质，不适用于我们时常听到的有关左脑／右脑区分的二元对立讨论。——译者注

更偏重于右边的人会出现更多的情感问题。

我们的左右前额皮质比例是一个钟形曲线。那些靠近曲线极左端的人会特别有激情，也特别有韧性；而那些靠近曲线极右端的人会长期处于焦虑和压抑的状态。好消息是，我们能够通过如专注这样的方法改善我们的情感定位。

乔·卡巴金（Jon Kabat-Zinn）在研究中，让一组员工在一个高应力的环境中，每天进行三十分钟的专注练习，研究共进行了八周。他的同事理查德·戴维森（Richard Davidson）在研究开始前，用机能性磁共振成像（fMRI）技术对他们的大脑进行了扫描，发现左右前额皮质的活动比例偏重于杏仁核驱动的右前额皮质，这个发现在意料之中，因为他们所处的工作场所时时充满应力。八周训练之后，这个比例已经明显地调整为偏重于更有优势的左前额皮质（尽管他们依然处于高应力的环境中），他们也反馈自己在工作中感受到更多的热情和欢乐。

训练专注多年的瑜伽修行者的左前额皮质（和其他部分）也有更好的发展，展现出相似的积极情感，也反映出大脑结构中能够发生长期性的有益变化。

丹尼尔·戈尔曼在撰写研究报告时说："从你开始练习专注时，改善就开始出现。"也就是说，你无须练习许多年才能看到你的情感定位的改善。但是要让改善持久并得到强化，或者说要实现长久性的改变，你就需要进行持久地练习。

作为专注训练的核心，活在当下运用源自破碎的原初意识来有效地管理情感痛苦，并且促进积极变化的产生。专注是你接下来进行遗弃恢复计划的基石，它带来的益处将在整个过程中得到加强。

当你每一次完成活在当下练习时，即使一次只有几分钟，都能够重新发现你的个人力量，并且逐步建立自力更生的能力。

与沉迷于酒精、滥用药物，或者自我毁坏不同，活在当下提供的是一个促进健康的选择。它使你能够和你的情感相通，并且让这些情感如波浪般冲刷着你。你会最终从这场风暴里脱身。你能够承受这些情感中最糟糕的部分，因为你明白它们都是普通且暂时的，是生活不可预见的一部分。当你持续进行这个练习时，你将学会到周遭生活中去寻求慰藉。

在匿名酗酒者[1]的基本原则“一天一天来”的背后，是数以百万计在生活中触底后，开始自我救赎和拯救的个人经验的总结和提炼。从深渊里走出来的他们发现：要庆祝生活并且面对生活中的种种挑战，你需要活在当下，一天一天来。

---

1 Alcoholics Anonymous，嗜酒者互戒协会是一个美国针对酗酒者成立的自愿组织。——译者注

遗弃幸存者们会跌落到情感低谷；你，也能够从今天的即时疗愈潜力中获得安慰。有一个前提条件：在破碎阶段，恐惧和悲伤可能是如此强烈，以至于思考将如何度过一整天，常常是难以做到的。一整天变成一个漫长的时间段，让人很难把握好整体。所以你的任务是要管理好时间。要做好时间管理，最好的办法是进入当下时刻。把注意力集中到眼睛、耳朵、鼻子和肌肤现在能够感受到的信息上。

遗弃是一种自我沉溺式的伤害。进入当下让你放下自我的伤口，张开双臂去迎接纯粹的体验，这样的体验将不再是以自我为参照——起码在那个时刻不是。当下不是一个用来思考的时刻，而是一个体验的时刻。当你允许思考主导你时，你很容易会想到未知的未来，或者你会被拖入到过去，面对悲伤和失去。在当下，未来和过去都没有意义。

你们中的一些人可能每天都进行冥想，以从专注中获得最大收益。但在破碎期间，我们要应对一天中不断被触发的强烈情感，活在当下练习是专门为了应对这种高能量而开发设计的。我们醒来时就有这些情感；我们也时常和它们一起入睡；它们整天无情地捶打我们。为了有效地进行危机干预，我们需要把这种技术“打包带走”。每次运用这个练习就相当于实施一次改善大脑功能的有益行动。

活在当下的普遍性建议

对那些不熟悉乔·卡巴金，一行禅师(Thich Nhat Hanh)，及其他冥想教师的人，我推荐这个浓缩版的活在当下。我在这里表明，对于在破碎阶段里与强烈情感进行斗争的人来说，活在当下似乎是最有效的技巧和捷径，尤其是针对痛苦和无助感。

最好把活在当下视作普通意义上的一种体验生活的方法，即日常的一部分，而不是把它视作与你日常生活相分离的一个练习。大多数时候，活在当下，简单来说就是让自己与环境相适应，聚焦日常感受，而不是焦虑和痛苦。活在当下不仅仅是一个练习，更是一种生存方式。

在人生最愤怒的时刻，很多人发现自己很难保证在当下停留超过几秒钟。这也没有关系。恐惧会左右你的思想，让思想在过去与未来之间穿梭，也在苦痛和恐惧之间摇摆。强烈的焦虑会挑战活在当下的能力。这个水平的强烈焦虑是破碎阶段的标志性特征。当杏仁核正上演一场情感劫持事件时，你的任务是不断地回到当下。当你感到的痛苦越强烈时，练习对大脑的锻炼效果越好，你也能够获得越大益处。

当你的应力达到了顶峰时刻，你常常发现自己甚至都找不到当下在哪里。有时候，想通过收听电台节目来抵御烦恼是不够的。你还是不能把痛苦的思想给管理好。当这种情况出现时，你需要关掉电台，把自己的频道调适到与周边的背景噪声同频，噪声细微的质感需要更聚焦的倾听。通过履行一个迫使注意力集中的程序，痛苦的思想会转移到背景中——当下的时刻中。

与此类似，仅仅是望向窗外不可能激发足够的感官体验，使你从痛苦中走出来。更好的做法是闭上眼睛，把注意力聚焦到投射在你眼皮内部的光亮上。这个更自律的方法将帮你把思想从疼痛中拔出来，引向环绕你的生活中，即使这只是发生在那个当下时刻。

你的感官总是尝试把思想从痛苦的自我反思中拉出来，但是在最痛苦的时刻，这个练习需要投入刻意而充满能量的努力，需要自愿采取行动。在你每一次失去“当下时刻”时，主动把它找回来；把它作为一个带你度过一整天的咒语，一次一个当下。

“我发现唯一可以让我逃离痛苦的方法，”卡里尔说，“是把所有东西都隔绝在外，注意力集中在一处，直到能听到远方火车的鸣笛声，还有窗外远处树林里的沙沙声。而后我感觉自己身处绿洲。”

“当事情变得非常糟糕时，”罗伯塔说，“我进到汽车里，摇下车窗，注意力集中在拂过脸庞的清风、汽车引擎的轰鸣，还有胃里血液的流动上，这使我获得喘息的机会，也让我感觉到更有力量。”

下面的内容是引导你完成活在当下练习的指南。当你练习以下步骤时，让所处环境的景象、声音和感受引领你，而不要机械地服从指南。指南的意义只是激发你的想象力，目标是要把当下融入每天的生活中。

活在当下的指南

为当下准备好你自己

就从你现在的位置开始。放下你正在做的事，把注意力放到你所处的环境中。是不是有自然光，还是灯光？房间是不是很大，还是堆放了很多东西？

把所有感觉都吸纳进来：所见，所闻，所感。感受你的心跳、呼吸的节奏。你即将要把这些感受中的一种分离出来，用作进入当下时刻的一个工具。

倾听背景的噪声

有一些人，在破碎的冲击之下，能够很快对背景的噪声产生反应，努力分辨出来自最远处的声音。

你所处的地方是不是很安静？是不是能听到收音机或者是电视发出的嘈杂响声。如果你能听到，把它们关掉。你的目标是要移除所有那些可能会淹没细微背景噪声的声响。要听到微弱的背景噪声需要你动用所有的注意力。注意力的集中会创造出一个纯粹的绿洲体验时刻。

闭上眼睛，注意力集中在你听到的声响上。

一开始，最大声的噪声会左右你的注意力。可能听到有人说话的声音，或者是有人在其他房间里移动的声音，或者是一辆卡车驶过的声音。

试着辨认出你听到的所有声音。

现在更仔细地听。你能不能听到远处的鸟鸣？能不能听到远处街道的汽车声？能不能听到另一个房间里电器运作的声响——冰箱或是悬挂的风扇？继续听，尽你所能，听那些最微弱的声响。

“我度过了至暗的时刻，”艾米说，“放下所有事情，有意倾听最远处的声响……最远处的声响。”

你已经运用了听觉暂时从思绪中退了出来，进入了平和、宁静的当下时刻。你的任务就这么简单。

运用你的触觉把自己带入当下时刻

通过一种有意识的自我控制方法运用你的触觉。闭上眼睛。是不是有空气在房间里流动？你能不能感受到空气拂过面庞、脖颈和手？可能需要在深度聚焦状态中你才能产生这种感官感受。

还能感受到什么？你的肌肤和衣服接触的感觉？能不能感受到衣服在肩膀上的重量，或者衣裤布料摩擦双腿的感觉？你能不能感觉到手表或者手镯的重量？或者是双脚上鞋子的重量？

想想所有与你的肌肤发生接触的事物，从你的脚开始。是不是感受到了一阵微风拂过你裸露在外的肌肤？温暖的袜子产生的压力？袜子是不是太紧？还是你只感受到了布片对你的脚产生的压力？

接下来，想想腿上的肌肤，然后是你的躯干和手臂，逐步往上移动。

特别注意你的双手。它们非常敏感，能感受到空气中最细微的动作。伸出你的双手感受周遭事物的质地。你坐在椅子感觉如何？接触床上的床单感觉如何？拿起一页纸的感觉如何？

你的脸对空气气流和温度也很敏感。你感觉到什么？头皮上的头发重量？有刺痛感吗？

当你吸纳了这些感受时，便已经进入了当下。你已经暂时从痛苦思绪中被转移出来了。

运用你的味觉和嗅觉

你可以在用餐的时候做这个练习，感受每一次咀嚼产生的感官感觉。在每一餐之间，你能试着分辨出更细微的味道。

聚焦于舌尖能感受到的味道。是一种什么样的味道？薄荷味？烟熏味？当你吸一口气，有没有注意到任何变化？吸了口气后，你能不能辨识出木材的味道？泥土的味道？洗洁精的味道？水果的味道？运用你的味觉和嗅觉来帮助自己摆脱杂乱思绪，进入当下时刻。

乔·卡巴金建议把一颗葡萄干放到嘴里，用大约十分钟时间边咀嚼边感受味道，体验每一种可能感受到的味道和身体的感觉。

聚焦你的呼吸

感觉胸部的起伏，空气充满了肺部，横膈膜在扩展，然后把它都释放掉。你能不能感受到空气从鼻腔里呼出？专注于帮助你进行每一次呼吸的肌肉，专注于从你肺部进进出出的空气。如果遗弃造成的痛苦情感要把你拽走，那么试试把更大的注意力放到进行呼吸次数的计数上，可以考虑一次计数30次呼吸。

在处于破碎阶段的杏仁核的影响之下，绝大多数人能够短暂地抓住当下时刻。但自然的反应是你很快就滑回到焦虑的思绪中去。当你注意到恐慌已经把你从当下的时刻拽了出去，那就运用另一种感官重新聚焦。活在当下是一种需要刻意而为的技能。试着把这些短暂的插曲尽可能避过去，并且在你意识到当下时刻已经滑走时，重新开始。随着你逐步掌握这个技能，把当下时刻当作咒语，它就化作了思维习惯的一部分，这个习惯让情感劫持发生短路，难以奏效。

投入当下时刻的活动中

致力于创造那些在当下能够进行的活动。运用你的耳朵、眼睛、肌肤、鼻子，一次用一种感官，试着找寻你能找到的最美丽的地方，并且把它们尽享一遍。听你最喜欢的音乐，有意关注其中的一种声音，确保保持有意的专注。

听录音磁带来进行冥想。确保手里有一份好的阅读材料，那些可以抓住你的兴趣并且让你深受鼓舞的东西。我推荐两本书:《灵魂平静者：忙碌生活的迷你冥想》[*Soul Soothers: Mini Meditations for Busy Lives*，作者辛迪·格里菲斯-本奈特（Cindy Griffith-Bennett）]；《完全灾难生活》[*Full Catastrophe Living*，作者乔·卡巴金]。在这个过程中，你可以不时把自己的思绪从磁带或者书当中抽离出来，全身心吸纳周遭环境带来的当下感受。

记笔记可以是你在当下完成的某种成就，也是聚焦的极佳做法，可以定位你的中心，专注你的思考路径。它也是制订每日行动计划的机会，甚至是规划新生活的机会。

活在当下的时刻越多，就越能平静地面对处境并且继续前行。很多个世纪以来，当下时刻都是禅宗和其他灵性修行领域,深为推崇的一个状态。学会在当下状态中生活，意味着去接纳变化，并参与到身边和心中的丰富生活、喜悦和爱当中去。每次当你把当下时刻作为自然界最伟大的痛苦避难所运用起来时，以生活的视角去接纳生活的能力就得到了增强。

科学正在向我们展现创造积极变化的其他方式。对于遗弃恢复计划的每一个阶段，都有相关练习会强化这个阶段的工作效果，每一阶段的努力都会逐步提高整个恢复过程带来的积极收益。

破碎阶段的总结

割裂已经割穿厚实的依附组织，直接抵达已经熔化了的自我核心。不论喜不喜欢，你已经触及了最深层次的需要和情感。这正是一个全新生活的起点。破碎的痛苦是一个示现时刻。

遗弃的伤口如此之深，让人感觉它像是致命的，但是你已经看到，这伤口也激发了生存的本能。分离后，你独自一人，大声哭泣，感觉到了最原初的需求和恐惧。这些是你拥有的最宝贵和最重要的感受。它们代表着你最基本的需要，从出生就一直如影随形的需要。当你想要学会去管理痛苦时，重要的是要去倾听你的恐惧。它们会告诉你，你需要什么。当你敢于去接纳这些感受时，你也就准备好开始疗愈的过程了。

爱克如帮助你把遗弃引起的钻心的疼痛转化为一个开放的机会，这时的你比其他任何时候都要更加开放，对自我核心更有意识。这就使得你能够把自我核心的所有部分都投入当下——这是深度疗愈发生之地。对于别人，对于生活，对于内在的孩子，你变得更专注也更容易接近。这个孩子可以自由地去体验各种感受，他还没有生活经验以建立很好的防御机制。对于这个成人，对于这个孩子，所有的生活感受都在当下强烈地释放出来。处于当下的正是这个被重新唤醒的自我，有着孩童般的开放、好奇心与探索兴趣。

当你在破碎阶段中重新出现，你已经在树立情感自立方面迈出了重要的一步。你已经认识到：第一步，理解遗弃伤口的深度和性质；第二步，承认其痛苦；第三步，自然接纳感受，避免产生羞耻感；第四步，确认力量——可以自力更生；第五步，通过进入当下，管理好感受。

破碎是一个过渡阶段。我们社会中一些最佳的疗愈者是曾经经历过巨大创伤的人，因为他们已经度过了自己的破碎阶段。

第二阶段

脱瘾

为什么失去一段基础性的情感关系如此糟糕？我们怎么会变得如此依赖另一个人？为什么在他们离开我们的生活时我们会感觉不完整？

脱瘾是什么？

爱的脱瘾就像药物脱瘾。脱瘾阶段指的是在对分离初始的震惊感已经逐步淡化时，你对失去的爱产生了强烈渴望。在大脑阿片系统的影响下，你的感受会和那些药物上瘾的人的感受很相似。

在最糟糕的时刻，你很难摆脱这种想法：离开失去的爱人，你的生活就完了。这个认识来自内心的那个孩子。这个孩子不断告诉你，你必须不惜一切代价把失去的爱人找回来，要不然你就会死去。根本性的情感关系对于一个孩子来说是生死攸关的事；没有了养育者，没有一个婴儿可以活下去。

被内心这个孩子推动着，你可能试着去和失去的爱人多次联络。即使你还没有采取行动，你也会对此抱有幻想。你不断回头去寻找，因为你依然不能确定那个离开了的人并不适合你。你不断被打击，但是内心的这个孩子相信这一次会和上一次不一样。你就像一个酗酒者，觉得下一次再喝酒时是不会喝醉的。

你可能会对那些尝试滋养你的人动怒。比如，你可能对你的治疗师大发雷霆，特别是当她建议你与旧爱保持距离时。你可能已经同意要把这段情感关系放下，但是内心的孩子会以翘课、调换支持者，或者调换恢复小组的方式表示不满。你对治疗师还有其他人生气是因为他们的话违背了内心孩子的愿望。这个孩子担心，除非其紧急呼吁得到采纳，否则自己的生命就将处于险境。

内心的孩子紧紧抱着一个错误的希望，因为它对于感受到的隔绝、流放感还有失去，都毫无办法。失去了希望的你被深埋在绝望中，这些情感感受逐步演化为深深的悲伤，形成一个无底的泪泉。

不过，随着眼泪，其他某种东西也被释放了。基于那些你被遗弃后无依无靠和被拒绝的记忆，被爱的权利逐步进入了你的意识，

脱瘾是你听见内心孩子哭喊的阶段。认识到这个孩子的需要就是你的需要；必须培育和呵护好你的最重要的情感感受。

也有人试着通过寻找离开的爱人的替身而跳过脱瘾阶段。但是脱瘾不是替代能够解决的——当然，替代也会很快到来——脱瘾是接纳你自己和你的需求的时刻。

遗弃的第二阶段：脱瘾

基顿的脱瘾

加比收拾好行李离开已经有六周了——很突然，没有预警。六周后的那个夜晚，基顿在被清空的化妆台上发现一张长长的告别纸条。

在她离开之后，基顿每天都在黑暗中醒来，希望自己能够接着睡，但是他知道体内肾上腺素的分泌将不会让他再睡着。时间是凌晨三点。很快，他就被恐慌所入侵。过去他也曾有过类似经历，那些经历的次数比他愿意记住得更多。他好像无法让任何一段感情关系持续下去。几乎每一段关系都以同样的方式结束——最后她都和他分手了事。但是他没有想到加比也会这样。他曾经对她如此信任。

他依然在这里，在床上翻转，被焦虑浸泡着，被孤独折磨着，被他所爱的人抛弃了。他怎么才能够走出这个困境？

加比占据了基顿思绪的每一个角落。那对她的渴望、想念和渴求让他难以忍受。最后，清早的晨光开始照进他的房间。需要上班帮助他把她从思绪里短暂地推开了。

今天，他想，他将要按时去上班，他将要尽最大努力去做到专注、努力、如平常那般表现。

单位上每一个人都知道加比离开了他。他们也知道他为什么瘦了，他的目光总是低垂。他知道他们在想什么："已经六个星期了，基顿。振作起来，走出困境！"

基顿正处在**脱瘾阶段**。随着时间的推移，需求未被满足的时间越长，身体和思想就越发深切地感受到失去爱人所带来的痛。无论人们有多努力想试图保持自己的状态，强烈的失去感都会在每一个清醒时刻冲击着我们。

脱瘾的影响是逐步累积并且间歇性出现的。他们通常会先恶化，然后变好，这一点是很多希望看到你的绝望逐步消散，而不是一天天增加的朋友不能理解的。

基顿试图尽自己的努力去克服，但是他还是经常哭泣，而且发现自己无法忍受独自一人。一开始，朋友和家人试着陪伴他并且提供支持，但是他们逐渐都变得很困惑，尤其是几周后，看到他还没有任何好转或者无法靠自己的力量振作起来。至少这就是基顿认为他们所看到的情况。他们会这么说："你该放下，继续往前。"而这个说法让他感觉到自己被评判，因而更加孤独。

事实是，爱的脱瘾并不是按时间表来运行的；它因为人与人的不同和处境的不同而有不同表现。

基顿的遗弃后遗症最早溯及童年早期。他父亲对所有事都很挑剔，对于他所犯的每一个错误和不足之处都会予以责备。无论基顿如何努力，他所做的都不足以让父亲满意。他渐渐学会了在学校、体育运动以及其他各种事情上，因自己做得不够好而对自己失望。父亲无论何时批评他，他都会因为自己做得不够好而自责。

在少年时，基顿就时时想要证明自己。他对于拒绝极其敏感。在他17岁，和第一任女友分手时，他变得极度抑郁。情感被拒绝搅起了过去所有的缺陷感，他再次确认了令他深信不疑的看法：他不值得任何人的爱。

被困惑和痛苦淹没的他把自己泡在了酒精里。随后而来的是一系列出了问题的情感关系，他从失败关系中走出来时，已经酗酒成瘾。

在加比离开他的时候，基顿已经加入嗜酒者互助协会五年多。尽管他已经脱瘾并处于清醒状态，他还是受到了情感关系被拒绝的折磨。

“我已经经历了太多遗弃，”基顿说，“感觉自己处于高级别情感关系的失败状态，就像得了一种渐进性的疾病，名为拒绝。我的未来似乎是没有希望的。我忍不住要因为在和加比的情感关系中犯下的所有错误而狠狠揍自己一顿。我会诅咒自己在她面前和别人面前如此失败，乃至整个生活都如此失败。”

脱瘾是遗弃的第二阶段。这个词描述的是你在和所爱的人分离后感受到的痛苦和渴望。脱瘾会立即发生，也许你并不能立即感受到它的张力，直到破碎阶段的麻木和惊吓慢慢消散而去。就像你在基顿的故事里看到的那样，脱瘾会延伸到下一个阶段：内化。在那个阶段你会把感受到的困惑都发泄到自己身上。当你踉跄着穿过遗弃的各个阶段时，可能会多次产生脱瘾症状。

我将分享一些个人的脱瘾经验，带着你们走上一个将要遇到的各种情感和处境之旅，同时提供有助于理解整个过程以及如何应对的知识。我将要解释爱的脱瘾是一种合理的脱瘾形式，也将讨论脱瘾引发的一些创伤后问题。我希望，你将能够识别源自过去有关爱的脱瘾的未竟事宜。最后，我将向你展示如何最大化运用脱瘾阶段的发展潜力，并介绍用于帮助你从过去或者新的脱瘾感受中恢复和获益的第二个爱克如练习。

治疗脱瘾症状的旅程

针对失去的情感关系，脱瘾意味着不进行药物治疗。你将从稳定的平静状态走出来，面对现实。

脱瘾的症状会很强烈。许多遗弃幸存者都准备好了要通过各种手段，包括谈判、请愿、哀求、控制等来把他们的爱人给找回来。在这个阶段你就像瘾君子一样，对寻求不可能实现的爱的修复充满了渴望。你被这种执念折磨得很虚弱。不过不是被毒瘾所困，而是为人所困。到底这些强烈的渴求、痛苦和迫切需要是怎么回事？

事实上，情感关系是由大脑的阿片系统所控制的。大多数人都熟悉阿片类的毒品，如吗啡、海洛因，还有鸦片。我们的大脑自己会产生吗啡类物质，包括内啡肽。毒品和大脑自己产生的自然阿片类物质都有助于止痛。

根据研究员杰克·潘克塞普(Jaak Panksepp)的研究，当你构建了一段亲密情感关系时，你的大脑就会产生特定的阿片类物质来协调依附关系。尽管是由身体自行产生的，但这些阿片类物质依然具有极高的成瘾性，就像海洛因一样。它们的作用包括建立合作纽带关系，让你为了种群的生存而遵从他人。当一段情感关系结束时，身体分泌的特定阿片类物质就减少了，你的身体也进入了物理脱瘾阶段。

从生化角度来说，你最亲密的情感关系就是一种内啡肽上瘾的体现。你在遗弃脱瘾阶段所感受到的——迫切需求、渴望、等待所失去的爱人——在心理—生物学角度看来，是与海洛因或者吗啡上瘾的脱瘾情况非常相似的。区别之处在于当你处于爱的脱瘾阶段时，你把你的症状与情感失去联系起来，而不是与特定毒品联系在一起。换句话说，区别在于境况——看你如何诠释脱瘾症状——而不是看身体的症状。

脱瘾症状都有哪些?

▷切断

即使情感关系已经完全终结，你也已经经历了令人心碎的分手，却依然要面对这个切断的过程。你要扭断自己对那个人的需要，扭断那个人在脑子里、希望里和梦境里的存在，切断那个人和你的未来的联系。

“在脱瘾期间，我感觉自己与和我连体的那个双胞胎被锯开了，”玛丽说，“破碎是没有麻醉的手术，是非自愿的手术。他就是决定把我和他分割开的那个人，我是那个被留在康复室流血致死，为被锯开的另一个而痛哭的人。”

你将会在不同的状态下摇摆，时而感觉自己能活下去，时而感到彻底绝望。

即使当情感关系双方仅仅有一次或者两次约会，你对于未来的希望和对爱的需求也都已经投射到那个人身上。当希望没有兑现，失望可能是巨大的；这种失望把你推回到过去状态：独自一人。你并不比已经结婚多年后失爱的状态好多少。

人类是社会性动物。我们都需要有归属感。建立情感关系就是实现这个需要的方式之一。也许在过去你认为这是理所当然的，但是归属于某人于你的幸福的影响是关键性的。当你感觉到自己是他或者她的人生重要的一部分，你会感觉很好——因为有人爱并珍惜着你。

即使你只是刚刚开始和那个人约会，对失去这段情感关系的假设都会充满了绝望和失去感。

“我想我终于找到了一个人，”约翰这么解释，“但是她再也不回复我的短信。这让我意识到自己有多么孤独，我的生活如此空虚，我多么需要生活中有爱。就只是一次约会就能把我的整个生活扔进情感危机中。”

▷空洞状态

处于脱瘾状态就意味着空洞——没有了你一直依赖或

者希望拥有的安全感和关爱。

“在妻子离开我之前，我根本没有想到她对我如此重要。”理查德说，“我们的关系在很长一段时间里都处于低谷。我们经常争吵。空气中总是弥漫着紧张气氛。但是当她说需要自己的空间，然后找来了律师，我感觉生活的地基好像已经塌陷，我没有任何理由可以继续活下去了。”

讽刺的是，人们会因为失去一段糟糕的关系而受挫，也会因为失去了一段良好的关系而被打击。要更好地理解遗弃经验，对于上述问题的探索是十分必要的。为什么失去一段基础性的情感关系会让我们感觉如此糟糕？我们怎么会变得对另一个人如此依赖？为什么在他们离开我们的生活时我们会感觉不完整？

这个问题的答案不会很简单。事实是，伴侣和爱人满足了一系列复杂的需求；他们的角色远超伙伴、爱人或者性伙伴。他们所扮演的最重要的角色之一是背景客体。

▷背景客体

在我们2岁到3岁开始探索外部世界时，母亲或者是主要照顾者开始变成了我们生活中的背景客体。我们满足于自由地晃荡，前提是知道与妈妈的臂弯只有一声呼唤的距离。作为成人，知道有人作为背景客体待在那儿，也满足了一个类似的需要。一个背景客体是一个我们从他/她那里获得最基本的联系感、归属感和安全感的人。

如果你的情感关系和大多数情感关系一样，那么知道你的伴侣在背景里存在，就意味着即使你们并没有在一起，你依然因为知道他/她在那儿而感到安全。他/她是你忙碌一整天后回家要见到的人，是夜里相伴入眠的人，或者是思念的人。这是很容易被忽略的感受——归属感和安全感。这样的感受也和我们最基本的需要错综复杂地交织在一起，它就像氧气。没有它我们就活不下去，但是我们并不需要时刻关注着吸氧。

“雷丁顿在英国和巴西之间来回穿梭，”霍普说，“我们大概一个星期通两次话——主要就是用专用的昵称称呼对方，并且送上我们专有的“我爱你”。然后我们回到各自的生活中去，感觉很完美，我们都知道自己拥有对方的爱。”

很多人平时表现良好，正是因为他们在自己的基础情感关系中感觉非常地稳定。他们很自信，有主见，很满足于现状，因为知道有人在那儿。他们有一个安全网络，一个“可以依靠”的人。我们倾向于忽略自己的爱人，这并不是一种性格缺陷。他们给予我们的安全感正是那个使得我们可以在工作和其他事业中成功前进时能够忍受与他们的分离的原因。

一段成熟情感关系的特征之一是：一个伴侣能够给予另一个伴侣空间。允许对方作为自己的背景客体而存在。意识到爱人是生活很重要的一部分，但不是生活的全部。

当蜜月结束，很多爱侣通常会进入一个自我满足时期。也许其中一人，或者两个人，因为肾上腺素分泌减少、对亲密关系的迫切需求减少，以及情感关系变得更加稳定，会体重增加。这个放松的状态涉及植物性神经系统的副交感神经系统（由左前额皮质控制），因为这个系统的功能是在交感神经系统被激活后让身体重新获得平衡。副交感神经系统帮助血压和应激激素水平降到基线，并且重新激活其他的生命维持系统，比如你的食欲。理想状态下，这个延长的自我满足时期使得伴侣变得更勤于为未来做好准备：组成一个家庭并且钻研自己的职业生涯。情感关系的双方都会有自己的生活空间，同时从各自的空间里把某些东西带入两人关系中。

当我们对于情感关系产生了足够的安全感，我们能够把伴侣的存在视作理所当然，我们也可能产生并享受与别人在一起的幻想。这类幻想并不总是代表着麻烦，它们能够为处于疲倦状态的关系增添一点激情元素。它们毕竟只是幻想，与失去伴侣的现实极为不同。

为了更好地理解背景客体的重要性，让我们看看儿童是如何学会独立成长的。作为一个儿童，你需要建立联系，以便达成前行的目的。还是婴儿时，你依靠母亲的养育，你的注意力几乎完全投入到和母亲的关系上。当你开始蹒跚学步，母亲就成为你逐步独立运作的背景客体。你从每时每刻需要母亲在视线范围之内，逐步演进到一个新的阶段——你可以自己或者和小伙伴一起玩耍几个小时，前提是确认母亲就在附近（背景里的某一处）。如果这个发展过程受到了干扰，比如妈妈不得不因病去医院住院一阵子，那么你在学校独立生活学习的能力的提升就可能被延迟，你也可能会需要老师经常提醒才能专注于学习。

我们中的大多数人都坚信母亲会一直在那里支持我们。这种信任使我们能够承受和母亲的分离。最终，你建立了足够的信任，使你能够承受离开母亲去上学的焦虑。能够迈出这一步的关键在于你相信你的照顾者会在家等待你回去。

儿童偶尔会对这种信任产生怀疑并且大声叫喊以获得回应。一个胃痛的孩子可能想要回家和母亲待在一起。作为成人，我们也可能出现退行性行为。在某些层面上，我们都需要对我们和所爱的人之间的联系进行反复确认。有时候是通过电话，或者短信；有时候，你需要对方的双手拥抱着你。

在情感关系结束之前，你可能还没有意识到这些反复确认对你有多么重要。你可能低估了你对伴侣的需求程度，更愿意相信自己在情感上是独立的。事实上，表达你的需求和表现出脆弱，对于你的心理机能的发挥至关重要，其功能和保持心理独立是等同的。遗弃行为唤醒的脆弱并不是一个弱点；它是作为人所必备的情绪之一。

“我没有意识到雷丁顿每周给我打电话对我来说有多重要，”霍普说，“直到他最后一次从巴西给我打电话说他遇到了另一个人。然后我发现独立生活突然之间就不再有意义。我需要他在我身边。好像我过去从没需要过他，但是他离去时，我完全迷失了，感到不安全。我的生活突然间就变成了一个空洞的存在。”

我们很容易低估自己对人际关系最基本的需要。我们和其他人生活在相对的隔离状态，并且和家庭之间保持着距离。当我们失去了最基本的情感关系，就没有了如同我们祖先曾经有的紧密的社会关系网的缓冲。那种被剥夺感会非常强烈，因为我们的很多需求都集中在这一个人身上。无论我们如何努力，都不能把那些情感需求摆脱掉。

行为混乱的意愿

遗弃是非自愿分离的一种形式。你并不是主动选择孤身一人，这会引发强烈的愤怒、困惑，还有憎恨。你的伴侣已经破坏了你的情感平衡，他/她背叛的结果是你现在孑然一身。

记住，你不是在责骂孤单本身。导致你突然被孤立的处境才是引发你倾向于行为混乱的原因。你对于所处的孤立状态不能也不愿意接受。你对此毫无把握，至少在当下无能为力。

在脱瘾阶段，在很多层面上你都感受到伴侣缺失产生的影响。你在情感上已经失去了你所爱的这个人；你们在物理距离上确实分开了，也许最糟糕的是，你将要独自面对未来的生活。

独自一人不是一种疾病或者社会问题。它是一种为许多人所偏好的生活方式。事实上，越来越多人选择保持单身，他们更喜欢包含了职业、友人、宠物、俱乐部和其他兴趣爱好的多元生活方式。很多年来，全球范围内的宗教和精神信仰都对单独生活，甚至禁欲生活方式给予了认同。

这样的生活方式，给予了那些已经不再把人生能量投入到基本的情感关系中去的人激励和鼓舞。但是对于那些仍处于脱瘾阶段的人们，独自一人是陌生和令人厌恶的；从情感上人们还没有准备好来欣赏它带来的益处。

你也可能选择了独自一人。这正是问题的关键：独处不违背你的意愿。（但是如果你没有主动选择，就直接面对与意愿的对抗，一旦你能够应对格斗——顺利平息你的愤怒抗议，就可以用一个更积极的态度来看待独自一人的现实。）当你能够处理好被遗弃的愤怒，就会开始从临时性的独处中受益，这可以是治愈性的独处时期，可以是恢复情感储备的时期，也可以是一个人反思的时期；也许也是反思之前生活方式的时期，这将确定对你来说什么才是真正重要的。

那种担心将被长久抛入独自存在状态的恐惧，可能会让你裹足不前。在这个阶段，你对失去的爱悲伤不已，以至于很难想象会有任何人或者任何事可以让你重建依附关系，让你再次感觉到自己是完整的。那种你将要孤独终老的感受，是遗弃引发的最强大的情感感受之一。但是要记住，这只是一种感受，不是一个预言，也不是事实。

事实是，很少有经历遗弃的人会长期独处。当我的客户开始进行疗愈，我会鼓励他们尽早开始重建关系，走出平常的社交圈子，拓宽活动范围，去接触他人，和他人分享自己日益增长的自我意识。我将在第七章对建立联系进行更深入的讨论。

与此同时，你需要认识到只有当你停止与自己是孤身一人的事实较劲时，才能认识到这个事实在情感恢复道路上的意义。首先必须面对和摆脱你产生的愤怒、震惊和背叛的情感感受。慢慢地，你从自己内心获得力量以走出孤独的状态，然后能够真正靠自己的双腿站立起来。

爱克如的概念是提醒你“清空，钻一个洞”，也就是要去创造一个新的开端。单独的状态迫使你变得更加依靠自己。

“一开始我想我会死于孤独，”玛丽这么说，“但是现在我已经度过最初的震惊阶段，我意识到生活处于它应该在的地方，以便我能够处理与自己相关的事务。无论因为什么我现在孤身一人，我已经决定要改变——要从中找到积极的价值。”

性脱瘾

这个阶段的另外一个常见症状是性脱瘾。

当身体的自我防御机制被激活时，一部分的身体功能被关闭，你的能量被储存起来用于自我保护。在危机中，身体中被关闭的功能包括生殖系统，这是一个通常会消耗大量体能的系统。性需求通常会下降：女性会减少排卵；男性可能会勃起困难，并且睾丸激素的分泌减少。

不过，遗弃幸存者通常表明自己对性的需要变得更加强烈，尤其是想要和所失去的爱侣发生性关系。他们也可能会出现更多性幻想、与其他的伴侣发生性关系，或者比平时更多地自慰，以平复性脱瘾的症状。很多人会向他们失去的伴侣重复表示希望发生性关系，以期把其引诱回原来的情感关系中。最原始的核心需要已经被激发，包括了吮吸的条件反射和被拥抱的需要。

“朗尼离开几个星期后，混乱状况开始出现。我进入了性脱瘾状态——又是一个要面对的全新折磨。突然之间我有一种想要和朗尼做爱的强烈感觉，这是前所未有的感觉。

“我做了性梦，它如此强烈和令我痛苦，我每每被唤醒，就不能再睡着了。我去商店里买了情趣内衣，准备在机会出现时诱惑他。这种欲望是令人难以承受的。”

性幻想只是身体脱瘾大背景下的一个方面。遗弃幸存者时常会为自己增强的性需要而感到尴尬，也就不会和朋友或者性治疗师提及。而且，这些非常个人化的感受在他们每天各种各样急需处理和应对的任务中也会显得微不足道。总体来说，随着你在脱瘾阶段中行进，已经加强的性需要会逐渐降低。

体重降低

很多人在分手后体重立刻就降低了，并且会持续减重，或者稳定在比平时更低的体重水平上。食欲的减退也会不时遇上突然出现的强烈饥饿感，这会帮助你补足错过的餐食。很快，头晕和恶心的感觉再次出现，你又对食物失去了兴趣。

“我一整天都感觉不想吃东西，”罗伯塔说，“然后我突然想要吃排骨，而这通常是我不愿意碰的食品。但是我会像野兽一样啃食，用牙齿把肉从骨头上撕扯下来，让油从我的手指和脸上滑下去。”

对于为什么有些人会进入狂吃的状态，而另一些人则似乎会进入绝食状态，这里有一个生物学的解释。

你的遗弃危机促使身体产生了大量应激激素。按照生理学家罗伯特·萨珀尔斯基的说法，促肾上腺皮质激素释放因子（CRF）和促肾上腺皮质激素（ACTH）会通过关闭欲望和消化功能的方式，来设定你的格斗或逃跑回应模式。你的唾液腺会停止分泌，肠胃也进入睡眠状态。你会口干和肠胃不适。功能的关闭帮助你把能量都转移到主要的肌肉群——如果有需要的话，这些肌肉将帮助你快速穿过热带森林或草原，逃脱狩猎者的追捕，或者是投入一场格斗。

糖皮质激素类，是另一种应激激素，也会参与到自我防御反应中。这类激素的功能更多是激发食欲，而非抑制。萨珀尔斯基在实验白鼠身上看到了这个功效，对于人的作用很可能也是相同的。当杏仁核探测到有危机发生，你的身体会首先释放促肾上腺皮质激素释放因子和促肾上腺皮质激素，让你准备好快速行动，以应对不时之需。接下来，体内的糖皮质激素类水平也会开始升高。糖皮质激素类会增强食欲，促使你重新积蓄能量，以便在攻击者对你构成持续的威胁情况下你能够做出应对。

大概的过程是这样：当杏仁核宣布进入紧急状态时，它会命令身体释放出大量应激激素——促肾上腺皮质激素释放因子和促肾上腺皮质激素。这些激素的作用会持续约10到12分钟，而当危机结束时，它们只需要数秒就可以把系统清理干净。这时你的食欲就被抑制了。与此同时，你的糖皮质激素类水平会增高，大约在半小时内达到最高水平。这些糖皮质激素类将在你体内留存好几个小时。

在促肾上腺皮质激素释放因子和促肾上腺皮质激素同

时作用时会发生什么情况？促肾上腺皮质激素释放因子和促肾上腺皮质激素会抹去糖皮质激素类产生的激发食欲的效用。也就是说，在一个持续发酵的危机中，你的食欲被抑制了，并且保持着抑制状态。

但是如果在这场危机中产生了一个间断（可能你把猎捕你的天敌给杀了，或者你的伴侣搬回来住了一阵子），那么你就不会持续地释放促肾上腺皮质激素释放因子和促肾上腺皮质激素。留存在你体内的糖皮质激素类就会鼓励你去进食，很快，你就有了饥饿感。

根据萨珀尔斯基的说法，通过分析血液中应激激素的水平，科学家很可能可以对你的情感状态了解得更透彻。血液中有大量糖皮质激素类，加上不多的促肾上腺皮质激素释放因子和促肾上腺皮质激素，意味着生活中所经历的大事已经过去了一阵子，这时候你基本已经找回了你的食欲。（从生物化学的角度看，你正在积蓄应对下一场格斗的能量）。从另一方面来说，血液里有大量的促肾上腺皮质激素释放因子和促肾上腺皮质激素以及部分的糖皮质激素类，就意味着你依然处在情感危机中。

失眠

因为分手是一种持续性的紧急情感状态，大多数人在脱瘾阶段会持续出现失眠的情况。他们说在醒来时感觉到焦虑，也比平时要起得早。有些人则会赖床很久（尽管他们也没有睡好），然后白天昏昏欲睡，平时这些时间里他们是最活跃的。

“我根本就不能面对白天，”罗伯塔说，“周末，我到了下午三点还躺在床上，直到我的下腰开始因为躺久了而疼痛时，我才会起床。无论如何，我可能透支了自己，因为我在半夜依然会醒来，全身浸透在惊恐的冷汗中。”

这些影响正常睡眠规律的现象也可以用上面提到的影响食欲的过程来解释。身体持续地释放应激激素，使你保持清醒，处于“备战”状态，即使是夜里也是这样。你很警觉，随时都处于备战状态，好像你的天敌一直在周边游荡着。

等待和观望

脱瘾阶段的一个标志性表现是等待失去的爱侣回来。这个期盼情绪是一种常见的悲伤。即使是当爱人已经死去，不可能再回来，处于悲伤中的人的情感大脑依然会经历一段充满期待的时期，期待着逝去的人再次归来。

业界先锋们已经对有关悲伤的内容进行过广泛研究，通常称其为“寻找失去的事物”。他们有伊丽莎白·库伯勒-

罗斯（Elisabeth Kübler-Ross）、约翰·博尔比（John Bowlby）、玛丽·艾恩斯沃斯（Mary Ainsworth）等人。从生化角度来看，寻找和渴望是进行阿片类脱瘾治疗时出现的情感表征。

如何来解释这个强大的人体规律呢？建立依附关系（正如我在第二章中所提到）是人体一个强大的生物指令。当爱人离开时，你立即能深刻感觉到这种失去的感觉。在脱瘾阶段，你的思想自动搜寻那个已经不再能找回的情感纽带。这种搜寻是控制情感的大脑（哺乳动物大脑或者边缘大脑）在试图重新捕获被设定为生存必需的条件而做出的努力。

尽管你努力想要控制住这样的行为，尽管你的理性思维很清楚地明白爱人已然不在的现实，你依然难以停下对爱人的无效搜寻。尽管你会努力重塑自己的状态，你的思维却依然继续搜寻失去的爱人。就好像你失去的是四肢中的一个，躯体正承受着强烈的幻痛折磨。

对于失去的爱的等待和观望，正是杏仁核在为进入高度警觉状态进行的准备——使你处于警觉状态，随时捕捉和旧爱有关的任何迹象。你的身体也为这段持续存在的警觉状态做好了准备。比如，瞳孔放大以便能更好地看到你所关心的事物；听觉和其他感官也都变得更加敏感，你会更容易捕捉到非常细微的声响。你的潜意识塞满了和失去爱人有关的所有事情，协助你的情感大脑展开搜寻。

你翻看那些能够勾起回忆的照片和礼物，试着搜寻你们最后一次见面的场景，希望能够从中发现感情破裂的蛛丝马迹。你可能甚至感觉到必须要亲自去到那些你们见过面的地方，这能够为你的大脑不停歇的搜寻工作带来新鲜的线索。

“一开始，”玛丽说，“我只是会在晚上开车时特意经过朗尼的公寓楼，就为了看看他的车是否在那儿。在某种程度上，如果我至少能知道他在哪里，我就不会感觉那么焦虑。如果他屋里的灯亮着，那他就被我找到了，我知道他在那里。如果灯没亮，我就失去了他，我就失去了理智。他到哪里去了呢？一定是在外面迷路了。”

你把别人误认作失去的爱人的可能性也达到了顶点。你想象着失去的爱人就在远处的人群中；当你走近了，却发现，那只是你的幻觉。

接受失去是一个缓慢而痛苦的过程，在努力搜寻最终让位于现实之前，你会投入大量的时间和情感能量。思维的等待游戏最终会结束，你必须接受失去爱人的现实，不仅仅是理性的接受（通常这是很容易做到的），也包括在心理—生理的意识层面的接受——在警觉状态开始减弱之前。第二个爱克如练习将帮助你实现这种转变。

精疲力竭、悲惨、抑郁

脱瘾症状意味着你进入了分离创伤的第二阶段，这些表现是从破碎阶段开始的心理—生理苦恼状态的延续。脱瘾会随着时间推移对你产生影响，使你疲惫，消耗你的能量供给。

“我很难让自己收拾利落去上班。”罗伯塔说，”整个过程中我都很脆弱，好像任何时候都有可能发生很糟糕的事。我非常疲惫，随时都可能倒下。我甚至想，自己可能患上了单向或长期疲劳综合征，或者其他未知的疾病。可是，我的血常规检测结果却是正常的。“

长时间的食欲缺失、间歇性失眠、过度警觉、亢奋，以及对你失去爱人的持续搜寻都是创伤后的应激表现。很多人也会谈到其做过印象深刻的梦，梦醒后会感觉到强烈的焦虑或悲伤。当你经历着一种或者所有这样的症状时，并不意味着一定会发展为创伤后应激障碍。身体天生具备自我修正的机能（通过左前额皮质来介导），部分症状会逐步减弱。但同时，这样的经验是非常令人难以承受的。

脱瘾阶段是创伤后阶段

遗弃不是一场车祸，你不会立马就开始恢复。遗弃更像是你已经在战场上战斗了数周甚至数月，但敌人持续来犯。每一次高度警觉的杏仁核指令释放应激激素时，你都会不断地受到因为失去而带来的痛苦冲击。

遗弃还包含了一个额外的复杂因素：旧伤的撕裂。对于那些经历过童年分离的人，度过脱瘾阶段，意味着同时面对和处理来自现在和过去的痛苦情感。这些情感会融合到延长了的情感紧急状态中，这是混乱和强烈的充满巨大应力的时期。

正如理查德所说："我们被整个人生中所有的伤痛、淤血、死亡和肢解所包围了。"听到这句话的基顿开玩笑说："理查德，难道你不认为这么说有点低估了现实？"

失去的情感关系帮助身体对许多心理—生理功能进行了管制。因为这类管制大多数都是在有意识的思维管控之外发生的，所以你的情感和激素健康到底在哪些方面依赖于这样的管制是几乎不可能说清楚的。不过，事实上，你已经和那个人以复杂的方式交织在一起了。

这种情感关系满足了你的无数需要，保证你处于平衡状态。你把爱人融入了你的思想和生活计划中，并对行为做出了难以计数的调整，以尽可能达成一种平衡的感情关系。

随着时间推移，当依附关系逐步建立起来，你实现了研究者们所说的“调适好的状态”。“调适好的状态”意味着你和伴侣的瞳孔会同频扩大，你们的语言模式、动作，甚至心率和脑电波的频率都会同步。作为一对爱侣，你们的运作就像是一个互动的生物反馈体系，你们相互刺激，调整自己的生物节奏。

你们甚至也习惯了对方的信息激素，即人类（也包括其他动物）释放到空气中的化学物质。在人的鼻腔里有一个很小的器官（犁鼻器）能够探测到这些激素。犁鼻器的功能和嗅器的功能是极其不同的。对于双方的信息激素的探察引发一种第六感，这种第六感能够调控月经周期，在人类的吸引力方面扮演重要的角色。毋庸赘言，情感关系在不同层面影响了你的社会意识、情感和身体健康。

当情感关系结束时，它所调控的许多身心功能也就分崩离析了。而在脱瘾阶段，这些后果开始逐步显现出来，引发一种不断加强的激越感[1]。

因为身体的各个系统相互作用，形成一个复杂的网络，所以很难单独区分出某一个身体系统受到的影响。我已经尝试过要把大脑的阿片系统（分离痛苦被发现能够导致某些阿片类物

1 有明显的坐立不安和过多的肢体活动，并伴有焦虑或其他痛苦体验的一种精神病理性状态。源自《精神医学名词》。——译者注

质的减少，并且导致脱瘾的症状与海洛因脱瘾症状很相似），以及应激激素（会影响食欲、睡眠，以及其他的警觉和行动准备状态）的作用，单独拿出来分析。但是，事实上，应激激素也影响着许多其他身体功能，包括免疫系统、成长老化过程、记忆能量水平，还有情绪等。身体在格斗—逃跑反应上的持续活跃和焦虑密切相关。在确诊为抑郁症患者的体内发现，糖皮质激素类和促肾上腺皮质激素等应激激素水平升高了。

激素、神经递质、阿片类，以及其他生化物质的水平，通常会在你度过恢复的各个阶段的过程中回到基线。与此同时，你将面对来自体内持续的唤醒，还有实际挑战。很自然地，你会暂时性筋疲力竭，感到极度焦虑、悲惨和抑郁。

在脱瘾阶段，你经历的是一场异常艰苦的精神战斗，需要投入大量精力和能量，就好像确实是在和一个强大的敌人搏斗。

来自过去的未竟事宜

内心中那个被遗弃的孩子

在这么多年里，度过脱瘾阶段时，我没有读到过一部专业和自助文献描述过我所经历的那种强烈情感。我意识到只有自己写下自己的经历，才能更好地探察这种独特情感危机的深度。后来我写了一个名为“黑天鹅”的故事。这个成人寓言故事的主人公是一个被留在岩石上的孩子。这个故事代表着我的遗弃经历，也代表着我经历过的所有失去的回响。它还浸透在我多年来与遭受过遗弃的儿童一起工作所学习到的经验，以及多年来我所共事过并了解到的许多成人遗弃幸存者所分享的情感事实中。

这个寓言故事代表了上述经验的集合，也包括了12节遗弃恢复课程。我开始和成人客户分享这个故事，我发现这个故事让他们产生了共鸣。我把这个故事发表了，这个故事也成了我工作中的一个素材。下面就是“黑天鹅”的提要。

一个孩子和她父亲一起深入森林中徒步。他们来到山间小溪中的小岛上立着的一块巨大岩石前。父亲双手把小女孩高高举到岩石上，并承诺说他要为两人拾一些越橘作为午餐。

“不要去得太久。”小女孩央求，她眼看着父亲消失在树林深处。过了一会儿，她开始紧张，大声呼喊父亲，但是父亲并没有回来。她就独自在岩石上过了一夜，又冷又怕。

在清晨的第一道曙光中，她冒着摔下来的危险从岩石上爬下来，一个人深入茂密的森林中去找寻她的父亲，那个把她一个人留在那里等死的父亲。

讲故事能够吸引和激发出我们内心的想象力、创造力，还有治愈的力量。我们每个人都曾经是那个岩石上的孩子。你童年时的处境也许没有故事里的小女孩那般戏剧化，但你的感受也许是一样强烈的。我们所有人都不得不从岩石上爬下来，自己找寻走出森林的路。

在我们的脑海中保留着被遗弃孩子的形象，它能够帮助我们重新遇见有需要、无助和恐惧的自己，并且能体认那些我们可能已经遗忘或者不愿承认的感受。

阿尔玛的脱瘾

“我在孩童时就经历了脱瘾，但是当时我并不知道。”阿尔玛说，“我的母亲在父亲长时间去世后回到了全职工作状态。她的雇主知道她有一个孩子，但是他们还是让她工作很多个小时。她每天回到家时都很疲惫，而我很饿，只能孤独、无聊地等着她回家。

“当父亲还活着时，我们会经常一起欢度时光，去各种地方玩。我是全家的焦点。但是，所有这些美好都结束了。

我的失去通过我没有意识到的方式折磨着我。我只是一个试着为了等待与人接触来填满空余时间的孩子，我希望能够有人可以填补我的空虚感。我的母亲下班回到家时，眉头紧锁，她会带回比萨饼，或者拿出一碗麦片，这就是我们的晚饭了。然后她会上床睡觉，而我则回到我的房间，呆呆地盯着墙壁。

“最后，我的母亲再婚了，很多东西都变了，但是那些记忆——独自一人，等待她回家——现在又重新浮现在眼前，因为我心爱的捷克布也离我而去了。”

和阿尔玛相似，你们中很多人也会发现自己重新经历了之前因为失去而引发的孤独感、困惑，还有对情感的饥饿感。

我在上一章描述了童年发生的事件所引发的痛苦会形成伤口，并且在破碎阶段重新被撕裂。下面要谈到的是那些极易在脱瘾阶段重现的童年的失去经历。大多数情况都是那些你赖以获得爱、关注、指导和滋养的人，与你在情感上或距离上断了联系。

童年时期的脱瘾场景

- 父母某一方患病；

◉ 一个亲近的家庭成员的死亡，你可以从他/她那里获得关怀和情感支持；

◉ 失去了至亲的祖父母之一；

◉ 父母终日吵架、打架，甚至离婚了；

◉ 家庭结构发生了“地震”——你的父亲或者母亲搬出去生活了；

◉ 年长的哥哥姐姐离开了家——而他/她一直是你的偶像、楷模，或者是支持者；

◉ 父母一方或双方是工作狂；

◉ 家庭成员有酗酒行为；

◉ 家庭的不稳定性——当你最需要家庭时，父母一方或双方都不能给予你所需的支持；

◉ 迁移——社会关系被打破，你成为邻里中的新面孔；

◉ 角色倒置——你满足父母的情感需要，而不是他们照顾你；

◉ 父母忙于处理长期的冲突或悲伤；他们在情感上已经从你的身上抽离出来；

◉ 家庭成员患有抑郁症或精神疾病；

◉ 弟弟妹妹的出生导致家人从情感上把你降到次要地位；

◉ 兄弟姐妹的死亡或患病占据了父母的注意力；

◉ 父母的行为被定性为以自我为中心、自恋、处于边缘状态，或者是淡漠。

类似上述事件可能会使你感觉到自己并没有获得所需的关注和照顾，其中一些事件还可能已经在你的情感记忆中留下了深刻印记。

研究者发现，让新生的动物幼崽与母亲分开，即使是很短的时间，都会在幼崽身体里产生对其大脑具有终生影响的生化改变。与母亲分离的动物幼崽的蓝斑，在结构和功能上都会发生明显变化，蓝斑存在于人脑里。这些动物幼崽长大后，蓝斑的发育是不成熟的，其分泌的去甲肾上腺素低于正常水平。去甲肾上腺素是身体内神经递质的一员，功能在于帮助身体在认为受到威胁时调控大脑的警觉状态，它对于焦虑和抑郁的产生也具有影响。

一项研究跟踪了一群与母亲分离的猕猴约数月时间，它们的分离是间断性并且不可预见的。成年后的猕猴在面对过去没有接触过的情况时，表现出与人类极其相似的焦虑和抑郁。米容·霍费尔（Myron Hofer）研究员描述说：“它们紧握双手，以蜷缩的姿势坐着。它们在猴群中营造出了一种紧张的氛围，对探索周遭的环境也毫无兴趣。”

相比较而言，控制组的成年猕猴（它们与母亲的分离是有规律并且是可预见的，换句话说，它们对于分离有明确预期）在进入全新环境时，就没有表现出焦虑或者抑郁行为。霍费尔的研究结果也支持了广泛存在的有关人类行为的故事性观察结果：童年的分离创伤通常会导致人体产生持续的改变。这些儿童在长大成人后，在新环境中更容易产生焦虑，也会在建立新的依附关系时遇到困难。

创伤后影响

无论你是否对过往的失去或者分离有清晰记忆，你都会形成应对这些经历的行为模式（自动防御）。在上一章关于破碎的内容里，我们已经探究过因为童年遗弃经历而形成的创伤后行为模式。现在我们将要聚焦那些成人生活中的某些行为模式。它们可能是因为过往的重要需要未被满足而形成的。

成人的脱瘾行为模式

▷依赖和共同依赖的问题

对于一部分人来说，童年的脱瘾经历影响了你和那些在情感上依赖的人的关系、关系的类型，以及关系的整体质量。你可能转而向其他人寻求支持以填补情感空白，减轻孤独感和困惑感。你们中许多人都反映说感受到了一种慢性空虚感。

“那时候就只有母亲和我，”理查德解释说，“父亲在我出生前就离开了；我从来没有见过他。我一直和母亲相依为命，我总是尽可能让她对我保持关注。她越是试图忽视我，我就越是要去获得她的关注。她总是试着让我出门玩耍，让我不再打扰她。‘去过你的生活吧。’她这么告诉我。

“但是即使我很擅长运动，邻里间也有很多孩子和我一起玩耍，但我还是会尽量回家和母亲待在一起。

“我从来没意识到这是一个问题，直到母亲和我被叫到学校咨询老师那里。我已经成了学校的行为问题典型：不专注学习、容易分心、不遵守规定，诸如此类。最后，咨询老师指出，我在学校里很孤僻，难以忍受和母亲分开。‘我是吗？是这样吗？’我嘴里嘟囔着，对此并没有意识。

“我想时刻和母亲黏在一起，并且这种让她觉得要发疯的情况正是影响我的安全感和家庭/情感生活的主要因素。也就是说，我一直都在想要获得母亲的关注——以脱瘾的方式，我太疲惫、太虚弱，以至于不能在学校里专注于学习，也不能把我的能量投放到其他地方。”

▷自我药疗的需要

许多经历过童年脱瘾的遗弃幸存者形成了寻找自我安

慰的需要。这些行为模式导致他们过度进食，过度饮酒，过度消费，过度工作，过度取悦他人，以及产生其他不同形式的自我满足行为，目的都在于要消灭他们的情感饥饿。

“作为一个青少年，”芭芭拉分享道，“我几乎无法完全得到任何想要的东西——朋友、男朋友、鞋子、衣服、耳饰、聚会、聊天、性、冰淇淋苏打。我是那些可有可无事物的主要消费者。在大学，我因为在梅西百货疯狂消费而负债。我现在都还在还那些债。但是当我和霍华德结婚后，我终于有动力戒掉这种习惯了，是时候掌控自己的人生了。

“但是，现在我再次感觉到了之前那种被隔绝和孤独的感觉——就是那些我曾经试图想方设法要填满的空白。我游荡在商场里，感觉自己迷失在呆滞中，不明白自己还能做些什么。”

▷你让自己设定好要接受再次遗弃

正如你可能有意识要避免那些经历一样，你也可能正在为再次经历那些童年时经历过的情感关系做准备。这就是弗洛伊德所说的强迫性重复。

很多遗弃幸存者已经学会接受现实：那些情感关系将不可能给他们提供所需的支持。你们中的一些人可能已经和一个很少能给予情感满足的人成了终身伴侣。你在情感关系中给予得更多，极具包容性，除去批评和情感距离外，你获得的回馈非常少。

那种熟悉的感觉：你总是做得不到位，关系依然顽固地存在着。你已经不经意间重新创造了你的童年情境。事物间的关系依然不变，甚至你的某些行为也都是一样的；改变了的只是道具和演员。

派翠西给我们讲了一个例子。当她还是一个孩子时，她的母亲被确诊为多发性硬化症，大部分时间都得待在卧室里——不是因身体上的疲惫，更多是因慢性疾病引发了严重抑郁。尽管她依然能够四处行动，她还是没能参加派翠西的学校戏剧表演、音乐会，以及毕业典礼。随着多发性硬化症进一步发展，派翠西逐渐接手了照顾母亲的全部任务，同时也只有越来越少的时间和朋友在一起，或者参加学校活动。

派翠西的父亲在她母亲得病前几年就离开了家，并且已经重新成家。当派翠西向他寻求精神上的支持时，她感觉自己像是残羹剩饭一般，好像是她在打乱他的正常生活。

派翠西继续承担着照顾母亲的责任，并放弃了上大学的机会，尽管她的成绩非常优秀。18岁时，她在一家保险公司找到了一份工作，19岁时，她的母亲去世，她和巴利结了婚，巴利是她高中时的爱慕对象。巴利当时是一个很受欢迎的明星运动员，也是各种狂欢聚会的常客。结婚10年后，巴利已经成为酗酒者，很难找到一份工作。

“婚后有一段时间，”派翠西说，“我意识到他的酗酒行为已经失控。他开始晚回家，醉醺醺，行为粗鲁。到后来，只要一看见他拿起酒杯，我就会感觉到自己再次被背叛、被遗弃。”

随着酗酒问题进一步恶化，巴利已经成为鬼魅般的存在，他勾起派翠西对爱和亲密关系的深度需要，却无法满足（这就是我在第二章里提到的共生悖论；派翠西在巴利把她推开的时刻感觉到了对他最强烈的依赖）。

“最悲哀的是，”派翠西说，“我让这样的规律持续了下去。我最后开始去艾尔·阿农小组，[1]对我还是很有帮助的。我学会更好地应对并且开始做出一些改变。那种过去的遗弃感依然存在——一种经常性的令人厌烦的悲伤。一直到开始实行遗弃恢复计划，我才慢慢走出爱的脱瘾，学会认识到我真正的需要是什么，我该如何去满足这些需要。”

1 Al-Anon Groups，是一个关注酗酒问题的志愿者组织。——译者注

记忆的缺口

许多人能够感受到在行为方式后面起作用的早前经历的情感蓝图。但是当你试着要回忆导致这类经历的原因时，你发现记忆中存在着巨大的缺口。为什么我们好像忘记了童年时期最具创伤性的时刻呢?

“我的女朋友一个月前和我分手了,”桑福德说,“而我现在确实很难面对这个事实。这种脱瘾的感觉似曾相识，就像腐臭的东西在我心里已经腐烂了很多年。

“我肯定这样的感觉可以回溯到三岁母亲去世时，但是我对那段经历毫无记忆。

“祖母告诉我，母亲十分爱我。据说，每一次母亲要把我留给保姆照顾时，我都会尖叫。我猜我很憎恨和母亲分离。她的去世，一定是一个对我极具创伤性的事件，但是我竟然一点都不记得这件事，也想不起她，只记得照片上的她。

“在母亲去世后，父亲负责照顾我，据所有可信消息，他在相当长时间里并没有尽到义务。显然，他不得不雇佣了一系列保姆，因为我像疯了一样不接受她们的照顾。我猜我是比较难管理的，让每一个保姆都很头疼。

“我一定因为母亲的逝去而吓坏了，但是我竟然什么也不记得。”

不能记住过去会让我们产生巨大的困惑。似曾相识的空虚感、焦虑、恐惧和恐慌是一种强烈的感受，使我们感觉最近经历的体验被放大了许多，但是已经记不起过去那些关键性的经历和事件。你想要弄明白袭来的恐慌感，也想要能够控制好情感。“我感觉就像大块的童年记忆已经被切除了。”桑福德这么说。

到底是什么造成了这些童年时段的记忆缺口？

关于记忆的迷你课程

最近的研究显示，应激激素在形成记忆以及记忆缺失过程中扮演着重要角色。

首先我们看看主管情感大脑的迷你科普课程。还记得海马体吗。那是大脑中像海马形状的原皮质结构。与它的伙伴杏仁核不一样（杏仁核控制我们如何产生情感反应），海马体记录具体事件的细节——你在一辆车里，撞车了，有人受伤了，救护车来到了现场，等等。然后，海马体把记录的记忆细节传递到大脑其他部分，形成长期记忆并存储。

为什么最早期的童年经历会最难记起？

答案和一个事实有关系：海马体的发展完成于童年后

期，比杏仁核的发展要晚。在成人期，当你遭遇到如遗弃这样的情感紧急事件，来自出生过程中的情感记忆碎片被激发。但是，因为海马体在出生时还没有发育完全，你对于实际发生的事件就没有相应的记忆——你感受到的情感记忆还没有一个可以安放的场所。

应激激素和缺失的记忆

那些在海马体已经发育完全后发生的记忆缺失又是怎么回事？这就涉及应激激素了。根据危机事件的类型、强度和持续时长，应激激素会强化或弱化记忆。

我们已经看到应力（包括童年或成年时期的遗弃）是如何激发促肾上腺皮质激素释放因子和促肾上腺皮质激素的应激激素的。接下来它们会引发身体产生糖皮质激素类。根据应力的范围和强度，这些激素会减缓和影响海马体的记忆功能。约瑟夫·勒杜（Joseph LeDoux）解释说，同一个应激激素强化了体内杏仁核情感记忆的刻录功能，以不能抹去的方式把事件的情感记忆深深刻在大脑的深层结构中。

积极的结果是你能够记录情感记忆但不用记录地点、如何发生等具体信息。

所以尽管你尝试了心理治疗法、催眠术、梦的解析、原始尖叫疗法，还有前世复原法，但是有些记忆无论如何也没法恢复。要感谢应激激素的作用，它使得你的海马体记忆功能受到了破坏，真相是事件的细节从一开始就没有被记录。你所面对的只是没有情境而自由漂浮的侵入性焦虑。这种自由漂浮的焦虑是童年遗弃的创伤后症状之一。

相反的现象——记忆的强化，也可以通过应力来解释。肾上腺素(另一种涉及应激反应的激素)也能够强化海马体的记忆功能。

“我在脑海里不断地回忆起盖比对我说她不会再回来的那个场景，”基顿说起来，“就像是昨天才发生的一样。每一个细节都还清晰地刻在脑海中。无论我愿不愿意去想，这个场景总是以鲜活的色彩浮现于脑海中。”

我们都听有人说起过，他们能清楚地记得2001年9月11日那天发生恐怖袭击时，自己在哪里——不仅仅是记得那种感觉，还有具体情境细节。这就是闪光灯记忆的一个例子，很可能就是肾上腺素在我们了解到有关“911恐怖袭击事件”时，我们体内起到了强化海马体记忆功能的作用。

肾上腺素的这个功能也可以解释另一个常见的症状——人需要对创伤性的事件给出细至分钟的描述。把那些关联不大的细节筛除，这似乎不受描述者控制。

“当我不得不和我们的老朋友解释朗尼在哪儿时，”玛丽解释说，“我试着只是提供一个大纲——我们分手了。他离开了我。但是在意识到之前，我已经开始分享那些本来不准备要谈到的细节。我可以看到别人表现出尴尬。但是我似乎就是无法阻止自己，我沉浸在故事情节里，就好像无法按下暂停键。我被一种力量推动着把事件细节逐一复述。”

强化的记忆是否在你的恢复过程中起到某种作用？在精神层面重新回顾发生过的事，是我们遇到深痛事件时的应对方法之一。在大脑中重新过一遍细节，目的在于让事件能够和我们对世界的认识角度相契合，并且能够对于事件对我们的情感的影响多一分把握。通过回顾失去经历的关键节点，你会反思自己为什么会失去控制，为什么这样的创伤性事件会发生。很典型的是，人同时具有记忆的缺口和极其丰富的忆忆细节。你可能对于最近发生的遗弃事件留有强烈的记忆，却对早年的一段失去经历只保有自由漂浮的情感碎片。

这些侵入性的旧情感在你的恢复过程中自有功用。当旧伤口被撕开，你终于能够面对一路带过来的需要、渴望、困惑和破碎的承诺。这是脱瘾阶段隐藏的礼物之一——让你能够和最基本的需要和情感建立起联系。接下来我们要了解如何从这个过程中获益。

许多被遗弃的人相信(很多心理治疗师也相信)：除非能够记得过去，否则就会永远被过去的创伤事件产生的感受所困。尽管这是一个广为人知的观点，它却并不是事实。你可能对你的过去没有情境记忆，而这段记忆的缺乏也可能让你在理性上感到困惑。但是你的大脑确实存有一份情感记忆，而这就是你所需要的，它能帮助你与内心中被遗弃的儿童建立联系，并且从爱克如练习中获益。

从脱瘾阶段恢复的爱克如练习

学会顺应脱瘾能量

“我经常会感到肠胃被撕扯，这是为盖比而生的疼痛感。”基顿说，“我想如果我依然喝酒的话，可能已经尝试着用酒精来麻醉自己，让自己能镇静下来。但我需要寻找到破坏性更小的方式来浇熄这个火把。”

脱瘾阶段被依附的能量推动着，“依附”是那种要建立联系和纽带的人体地质学术语。仅仅因为不再能够依赖你的依附对象，并不意味着建立纽带关系的需要也随之消失了。

与此相反，这需要动用它所有的力量重新获得你所失去的。

在脱瘾阶段，你会特别强烈地感受到本能的强大力量。事实上，比起其他任何时候，急性的爱的脱瘾阶段中本能的力量表现得最淋漓尽致。你有多痛，你就有多需要。当你学会去调控它的时候，本能则为你的恢复提供了推动力。

当你对依附的需要得到满足——找到了依附对象——这种需要就会再次融入情感意识的背景当中去。它的能量继续为你服务，但是你不再听到它引擎轰鸣的声音。当它的能量受挫时，那种紧迫感将会一直持续高涨，直至你能找到别的东西可以依附，直到它把能量投入别处为止。

“直到我和一个曾经约会过的人成为好朋友，”基顿分享道，“那种肠胃里的绞痛感才稍微平息下来。她和我都在经历同样的事，我们开始花很多时间在一起。能够和她建立联系小有帮助，这种联系把那种痛苦的一部分抵消掉了。但是我们仅仅是朋友，这和找到自己的爱还是不一样。”

我们总是在寻找一个理想伴侣，希望他/她能最大化满足我们的需要。这个搜寻的过程把我们带到了第二个爱克如练习，这个练习能帮助我们找到那个理想的人。要先告诉你，那个人就是你自己。和你自己建立一个重要的情感关系，将帮助你在走向自力更生方面迈进一步，并且为你和他人建立新的情感关系打下基础。

记住，爱克如的含义与当某人离开后形成的空旷空间有关。这个空旷空间创造了疼痛，这是肯定的，但是当你知道如何去引导它的能量时，它就成了新生活的能量源泉。你的任务是要运用依附的能量来处理内心最深处的需要——那些源自新、旧遗弃伤口的感受。

没有人会期望你通过渗透的方式达成这样的目标。这个过程涉及一个实操练习，叫作“大的你和小的你”，通过稳定的积累，这个练习为你的情感疗愈提供了工具。这个练习很简单，效果却极为显著。

大的你和小的你建立于第一个练习（活在当下）之上，并增加了一个重要的专注元素，叫作“爱善意”（Loving Kindness，为自己和其他人创造共同情感）。大的你和小的你运用了爱的善意原则，促使你投入关爱的情感和行动中，首先从你的自我情感开始。

近期研究显示，经常性练习爱善意，即使只是七分钟一次，也能够对健康和大脑的功能带来额外的益处。比如，爱善意据说可以改善大脑的迷走神经张力，这将帮助我们在遭受应力后镇定下来；调节杏仁核；改善免疫反应；缓解炎症；舒缓背痛；调和情绪波动（“γ振荡”），以及改善身体的调节系统；还可以促进社会联系，以上只是已经被探索过的益处中的一小部分。

爱善意还能影响我们在上一章里讨论过的情感设定点。在使用功能性磁共振成像开展的研究中，理查德·戴维森指出，当受试者被指导着去对自己或者别人展现同情时，人的左前额皮质（和积极正向的情感相关）就会被激发，和我们内心的儿童展开一个滋养性对话，为情感大脑提供了全新的疗愈。

所以，当我们疗愈破碎的心时，也在疗愈我们的大脑，这将具有持久的益处。

第二个爱克如练习：创造一个大的你和小的你对话

第二个爱克如练习是大的你和小的你。这个练习将运用你的想象力，把被阻碍的依附能量重新引向一个强大的和自己的新关爱的联系中。尽管这个说法听起来令人生畏，练习却是简单易行的。这项练习的成功并不需要你具有对药学实践、精神动力学或者是神经科学有多高深的理解，也不依赖于你如水晶般透明的童年记忆。考虑到记忆存在的哪些陷阱，尝试去重构童年记忆的努力总是被证明只是一种浪费，时间、精力和金钱的浪费，即使是对最坚强的人。

做这个练习，需要带上的只有你的情感和感受。也要感谢你的杏仁核，绝大多数涉及无助、依赖、悲伤、恐惧和希望的原始情感都还在那儿，存在于你的情感大脑的回路中。无论结果是好是坏，许多情感已经被重新唤醒。

你感觉到的紧迫感来自最原初的自己，那是一个恐惧的、孤独的，而且是极度渴望存在感的自我。你的任务是要领养这个被遗弃的孩子，把他从岩石上抱下来。

分离疗法

大的你和小的你让你参与到一个被称为“分离疗法”的疗愈过程中。很矛盾的是，分离启动了一个引领你和情感内核之间建立关爱情感关系的过程。核心问题是要让被遗弃的内心儿童和成人的你分离开来，以便你能够更好地去培养最深刻的需要和感觉。这是把爱善意的理念框架落到了实处。你将开始为情感自我创造出爱的感受，而后把这份爱的福泽延展到其他人身上。

要做到这一点，你将启动并且维持和内在儿童的持续对话。我的客户和工作坊的参与者都反映说通过这个练习，他们收获了令人振奋的情感和行为改变。所以，如果这部分的任何内容让你难堪或者尴尬的话，请容许我和你一步步走过这个过程。目的是要在你的成人认知自我和情感内核之间建立一种建设性、关爱型的情感关系。

一旦这种情感关系得以建立，你就能够直接管理自己的情感需要和感受，这样你就不会再向你的老板、朋友或者爱人去寻求信心与肯定。这个练习使得你为建立安全感负起责任，而不是向外去寻求。你将学会开发情感的自力更生和自主确认的能力。

大的你和小的你的对话是由心理分析师理查德·罗伯蒂埃洛（Richard Robertiello）和其同事格蕾丝·柯斯滕（Grace Kirsten）开发而成的。这个练习在他们合著的破天荒的著作《大的你小的你：分离疗法》中得到了详细阐述。这本书讨论了分离疗法的理论背景，并提供了使用指南。下面的内容就是基于罗伯蒂埃洛和柯斯滕开发的练习的简化调整版。

与内在自我的对话

第一步：你的第一个任务是创造出被遗弃的内在儿童的鲜活图像，也就是那个最近被唤醒的自己的一部分。回想你是一个很小的孩子（大概四岁的样子），并运用这个图像把你的情感内核具象化。想象作为成人的你，抽开身去观察这个孩子，好像他/她和你是彼此分离的个体，他/她就站在你身边。这样能够帮助你从认知的角度，把这个孩子隐藏在边缘脑中的需要和感受给抽取出来。罗伯蒂埃洛和柯斯滕建议你想象这个孩子站在你更没安全感的一侧，离你五英尺[1]远。如果你是右撇子，那么孩子就应该站在你的左侧。这个活动的目的在于提醒你：内心的儿童自我实际上比成人的你更脆弱和更需要依赖别人。

这个孩子已经在内心里和你共处很久，他/她通过创造出能够影响情感关系和生活的侵入性焦虑让你知道他/她的需求。通过为这个儿童创造一个独立身份，你为在心灵中被深埋的感受创造了一个安全容器。在这个容器里，你能够让这些感受具有意识，最终能够有效地管理它们。

这个概念在于把所有的情感感受归结于内心的那个儿童，无论是你清晰感受到的或者还在逐步发现的情感感受。当你感觉不安全的时候，实际是内在儿童感觉到了不安全，这个孩子迫切需要得到接纳和认可。这个内在儿童也害怕冒险，它的焦虑会离开源头自由漂浮，影响你的情绪或者用渴望的感觉把你淹没。与其对这些感受动怒，不如最终接受和照顾好这个长期被遗弃的内在部分的你。学会与你的不舒适感和谐相处，并且能够安抚这些感受——这是一大进步。

1　大概 1.5 米远。——译者注

非常重要的一点是你要避免把自我破坏行为都归咎于内在儿童的情感感受上，无论这些感受有多么粗暴和令人不适。内在感受是非自愿的。内在感受永远都不是有问题的，而是既定的。真正造成问题的是你处理它们的方式。自我毁坏是外在儿童而非内在儿童的领地——关于自我摧毁者，我将在关于愤怒的章节中具体介绍。是外在儿童（而非内在儿童）以不合时宜的方式，展现出不安全感和愤怒，并且影响了你的情感关系。把自我破坏行为归咎于外在儿童，能够让内在儿童自由地接受所有的不够格的爱。

分离疗法需要你把内在感受和行为区分开来，即将内在和外在区分开来，这样你能够保证内在儿童不会因为感受引发的任何自我破坏行为而受到责备。关键之处在于这将鼓励内在儿童表达所有的感受，包括非常强烈的负面感受，如绝望和恐慌。接纳并且支持这些情感感受，是你向自己展示无条件的爱的最佳方式。这个过程将推翻自我憎恨—自我遗弃的毒性表现形式。你将学会建立情感闭环而不是用情感需求淹没别人。

第二步：现在描绘出你的成人自我，在脑海中形成一副想要成为的自己的模样。

“我过去有一段时间很难想象成人自我是什么样的。”基顿说，“它还是令我觉得不舒服。事实上，我甚至不喜欢它。它让我失望了太多次。”

基顿的难题很普遍。当这类人试图把自己视作一个强大而有能力的成人时，都觉得很不容易，但是新近研究显示，这样的挑战是很有价值的。创造一个脑海中“大的你”——给成人的自己赋予一个具体形象——能够刺激最近被科学家发现并且命名为“镜像神经元”的大脑细胞。

直到最近，镜像神经元的显著功效才进入我们的视线。它们对开发共情能力和学习新技能具有重要作用。当你在观察别人做事，或者是想象自己做事的时候，镜像神经元会激发大脑内特定区域；平时，这个区域会在你做某件具体的事的时候亮起来。它们允许你的大脑激活神经传真系统——一种试运转过程，这样能够增强你的能力，因为这个过程就像是你确实在现实中做了这件事。同样的道理，当你在观察别人表达情感感受，或者想象自己有一样的感受时，镜像神经元就会被激发，让你能够体验那种情感。这样的做法可以拓宽你的情感范畴并提高共情的能力。因为大脑具有可塑性，这样的刺激能够显著促进神经系统的发展。

这个练习要求你想象自己是一个强大的成人，正在向你的内在儿童表达关怀和同情。你在脑海中创造出自己采取自我滋养行为的情景。在做这个练习时，你培育了对自己的爱，爱自己到目前为止依然是知易行难的。这个练习也有其实际效益：增强你在人生中需要跟进和达成目标所需的技能、信心和相关准备。

要创造一个更好的成人自我形象，你可以想象自己在做一件你很在行的事情，然后逐步推进。通过记起某一晚和朋友打扑克，并且大胜一局，赢了所有人，自我感觉非常自信和能干，基顿克服了他面临的困难。

玛丽回忆起她某一天晚上做了烤意大利宽面，她很自信地做好面，端上桌，感受到满屋朋友的爱，成为人群的焦点，她很镇定。想想那些你知道自己表现优秀、最能干并且是最独立的时刻。这些积极的回忆以及你对未来的期许，将形成一个包含了所有优秀的自我形象的你，那个你将要成为的自己。想象这个更优秀、更高大的成人自我很细致地关注着你的需要，在成长过程中，持续给这个形象增添内容。

第三步：现在你已经做好准备，要开启在成人自我和内在儿童之间的对话——在“大的你”和“小的你”之间的对话。

通过创造出儿童自我和富有潜力的成人自我，你已经建立了一个“三角”。你（个人）是这个对话的编剧，处在三角的顶端。儿童自我在左下方，成人自我则是在右下方。你将作为一个客观的观察者留在上方，你可以调控下方的两个角色、最紧迫的需求和你知道能够成为的最佳成人自我之间的对话。

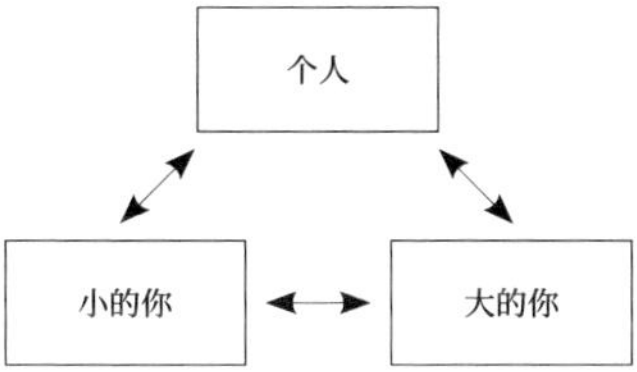

图3

成人自我的角色：成人自我的角色应去确认内在儿童的情感感受，并且为它提供实现其需要的支持：归属感、被爱、被钦佩、被赞美、被聆听、从罪恶感和负担感中释放。成人自我应该像是对待被珍视的孩子的良善的父母。

儿童自我的角色：相应地，儿童自我将要表述其情感感受，并且向成人自我寻求帮助。当你开始把儿童自我看作一个独立角色时，这个儿童自我会把自己最基本的需求、恐惧、希望和梦想都展现出来。很多的需求已经被掩埋了很长时间，这个练习旨在让它们重见光明。

个人的角色：作为对话的调控者，你将要开始单人角色扮演。当然，你要为儿童自我和成人自我都编写台词。当你为儿童自我说话时，你就使用儿童自我的语言和态度；当你为成人自我说话时，你会运用来自一个强大而理性的成人语言，而你的主要目标是要帮助儿童自我。

你的任务是要做到更好地明晰你的情感感受，把这些感受归结于儿童自我。你也要支持成人自我努力去变得强大，有能力实现自我情感滋养。

要实现练习的最大效益，就要坚持每天练习。随着时间推移，起码每周三次去和你的内在儿童进行对话，特别是当你在这个过程中遇到情感障碍时。“小的你”会充满了情感，需要与人产生联结，需要你代表它采取积极的行动。

你的成人自我先用温暖的问候方式和儿童自我打开对话的窗口，问询儿童自我的情感感受是什么；通过展现出理解和支持，“大的你”以提问的方式提炼出真正困扰“小的你”的问题。

一开始，对话可能会很长。儿童自我通常会有太多东西要讲。慢慢地，对话变得更聚焦、更直接。你的最终策略是要让儿童自我确信所有事情都处于正常状态。当你陈述改进的计划时，成人自我的力量和信心也得到了增强。你的目的是尽可能使儿童自我处于良好的情绪当中。

避免做出你不可能实现的承诺。永远不要打破对儿童的承诺，更不用说打破对你自己的儿童自我的承诺。确保“小的你”对你保持信任并且可以向你袒露其情感感受，是治愈“小的你”的伤口的最有效的方法。

这里也给大家分享罗伯塔进行练习时最初的几段对话。

大的你:“发生什么了,小的你?”

小的你:“我感觉到悲伤。”

大的你:“告诉我什么让你困惑。我想要帮助你。”

小的你:“我觉得你昨天在工作上犯了个错误,我很害怕你的老板会生我的气。我不喜欢被别人斥责。我很怕。”

大的你:“我很抱歉让你害怕了。如果我的老板高声斥责,我会和你待在一起,这样也能够帮助我更好地去面对。无论发生什么,我都会照顾好你。从现在起,我会尽最大努力保护你,不让你因为老板的行为感觉到如此悲伤。”

罗伯塔能够确保成人自我和儿童自我分别进入不同角色,以两个形象来对话。儿童自我的情感感受得到了成人自我的证实和承认,成人自我则在这个过程中获得了自信且增强了技能。成人自我渴望去改变自己的行为。

“做这个练习让我很吃惊,”罗伯塔分享道,“没想到我和老板的关系会在我的内心搅起这么大的情感波动。仅仅听到‘小的我’表述其情感感受就帮助我感觉到了很强的联结感——也让我感觉更强大。做练习并没有解决什么问题——至少没有解决如何应对老板的问题,但是我知道内心正发生着一些好的变化。一整天我都能感觉到‘小的我’在，并且发现在面对老板时我变得更能保护自己，更镇定。”

这个练习并不能保证你在结束对话时能够解决所有冲突。与内在自我建立对话与开启其他类型的对话没有多大不同。这是一个持续进行的过程，其结果还远没有定数。

与内在儿童自我合作实际上是在滋养成人自我的成长。通过关注儿童自我的需要，你的情感感受不再被困在心里，而是被带入意识层面。对自己展现同情促使你的成人自我能够在一个更高层面行动和发展。事实上，当你发现在处理应力事件感觉很牵强时，那是因为你已经让儿童自我又缩回去了。你的目的是要保证儿童自我和成人自我在各自的角色里活动，这样成人自我能够照顾到儿童自我的情感需要——这是良性的精神疗法。

很多人反映说，一开始，他们的成人自我不知道要如何开启对话。

“我的儿童自我很不好对付，我的成人自我完全被整蒙了。”吉尔说。下面是她刚开始时的对话之一：

小的你：“我觉得自己又胖又丑，这都是你的责任，大的你！”

大的你："我很抱歉，小的你。但是我确实能明白你说的意思。"

小的你："别把那种'我懂你所说的'套话甩给我，大的你。你是那个负责吃的人，我只是负责承受所有折磨的人。我想要看起来更好，但是你阻碍了我。"

大的你："这一定让你感觉到悲伤和孤独。"

小的你："哎，你得采取点行动，大的你。试着节食，坚持下去，这样我就不用感觉自己很糟糕、很丑。"

大的你："我会试试，小的你。我懂你的感受。"

小的你："没必要试试。这么说意味着什么也不会发生。你总是让我失望。"

大的你："这也不都是我的错，小的你。你是那个喜欢糖的人。"

小的你："不要责备我，大的你。你总是一意孤行，吃太多东西，而我总是那个要对此付出代价的人。我恨你，是你让我长胖的！"

在这个场景里，吉尔没能很好地区分她的"大的你"和"小的你"，两个角色翻转了过来。"大的你"开始表现得像"小的你"的一个生气的朋友，而不是一个具有保护能力的成人，而"小的你"则对此颇有意见。

在试着做这个练习的时候，大多数人会使不同角色间的界限变得模糊。如果对话变得令人不适或者无效，那么作为调控者的你就应该喊停。重新回顾和审视成人自我和儿童自我的角色，把未竟事宜留到后面去应对，现在用一个不同的方式来应对“小的你”的情感感受。

“我不知道如何去应对‘小的我’。”吉尔解释道，“每次当我和它接触，它总是很有敌意而且有极强的控制欲。‘大的我’显得很弱小。但是至少我发现自己的内心有很多愤怒——指向自我的愤怒！我唯一能做的就是坚持每天进行对话。‘小的我’一直不改变它的态度，但是我的成人自我变得越来越强大。”

随着吉尔继续每日对话，使自己处于成人角色并且逐步给予“小的你”回应的能力。随着不断练习，她对成人自我角色的扮演越来越驾轻就熟。举一个例子：

大的你：“我也想变瘦点，小的你。但是我需要你在每次感觉到需要吃东西或者饥饿的时候都能和我聊聊。”

小的你：“这和变瘦有什么关系？”

大的你：“我关心和在意你的情感感受，小的你。”

小的你：“我在意的是你瘦下来，变得漂亮，这样我就不会被迫感觉自己又胖又丑。”

大的你:“确实是这样，小的你。我是如此在意你和你的感受，所以我已经下定决心要为我们实现这个目标。你提醒我，将有助于我们实现目标。与此同时，我将要寻求外界帮助来减肥。”

小的你:“是时候承认光靠你自己是做不到的了。你太弱了。”

大的你:“为你，也是为我，我正变得更强大。”

如果你在开始时试着把对话写下来，你会取得最佳效果。写作帮助你作为调控者保持“大的你”和“小的你”的角色界限清晰，让你能够保持专注。写作也是一种行动方式。它让你更深入地融入练习当中，就像记笔记有助于专注于讲座内容那样。

这个练习为大脑提供一次良好的物理治疗。想想大脑的可塑性——有能力催生出新的神经元链接。通过把你的情感感受写下来，有效地推动了大脑多元领域的发展，包括执行规划、语言编码、情感记忆、想象和推理。你正在激活你的镜像神经元，也在加强负责协调情感、认知能力和有意识行为的神经网络，并且激活了所有影响书写运动的复杂神经元链接。这些链接把你的大脑和手臂、手掌，甚至指尖的筋骨和肌肉都联结起来。

尽管很多人厌恶写作，但事实证明写作是极有价值的。这样的写作和写散文极为不同。这种写作需要非常快速，因为整体目标就是不要对写到纸上的东西进行批判性的思考，就是简单地用速写方式记下对话。如果你不愿意，没有人会读到你的对话；这个对话不需要很清晰或者很严谨。当你开始写，情感感受会带领你的笔在纸上翻飞。

有些坚持做这个练习数年之久的人分享，他们已经能够默默地在脑子里进行对话。但是，写作能够让你的思维得到更精准的训练。

无论你是书写、诉说或者思考这样的对话，重要的是要防止儿童自我的需要和情感感受重新滑回无意识中，因为这会破坏你尝试变成自己想成为的强大而能干的成人的努力。

当你不能和儿童自我建立联系时，回到第一步，创造一个鲜明的儿童自我形象。想象这个儿童在身体之外，然后开始写下对话，引出内在的情感感受。这个过程有时候会消耗大量的精力，就像任何一个家长都知道的，找到和有需要的儿童建立联系的方法可能是一个巨大的挑战。你可能不得不动用所有耐心，但是记得要温柔地推进，不断提问，持续展现你的关注和关心。

记得“小的你”很容易感觉被遗弃。它需要时刻感觉到自己被照顾着，这意味着和“小的你”的对话应该是持续性行为。

“我发现我的儿童自我太愤怒以至于我不能感知到它的情感感受。”基顿说，“它已经被忽视了太久。但是我坚持推动它改变。最终，‘小的你’爆发了。”

小的你：“我为什么要什么都告诉你!你并不关心我。你只是在做一个愚蠢的练习！在我的整个人生中你还没有对我有过一丝关注！所以不要假装你现在会关心我的感受。你很快就会把我忘得一干二净，还假装我根本不存在！”

大的你：“很抱歉我忽视你这么久。但是我确实想要知道你的情感感受。我想要抚慰你。我确实是关心你。这一次我不会忽视你。”

小的你：“已经太晚了。我再也不会和你说话了。”

“这当然只是嘴上说说。”基顿告诉大家，“现在我已经不能再让‘小的你’闭嘴了。”

玛丽的“小的你”也对被遗弃表达了类似的愤怒。

小的你：“我感觉如此难过，大的你。你让朗尼离开了！你怎么能失去他！这比母亲过世还要糟糕。我又一次孤独一人了。”

大的你:“我知道你有多受伤，小的你。但是尽管朗尼离开了，我会一直和你在一起。我将再也不离开你。”

小的你:“但是我想念朗尼。”

大的你:“我知道你想念他，小的你，我也想念他。但是至少你要知道我爱你，一直都爱你。

小的你:“但是我不信任你。你会再次离开我！”

记住，对话的目的不是在一两分钟内解决一个问题，而是在于建立开放的沟通渠道，以便实现长期改变。

就像物理治疗，这个练习需要循序渐进，通过一点点进步，提高爱和关怀的能力。你要做的是增强你的内核，进行情感普拉提训练。

“在做过几次这个练习之后，我变得与自己有更多、更深的联系。”玛丽说，“一开始没什么不同，但是后来仿佛变成了一场恋爱。我对自己非常关爱，也变成了一个更强大的成人。

“有一些时刻，‘小的你’变得令人无计可施——强势、难以安慰——但这也是我知道我所做的是非常重要的事的时候。”

事实上，许多客户反馈说儿童自我提出过无理的需求。它毕竟只是一个儿童，害怕孤独，需求多多。这需要“大的你”对“小的你”的需求给予关注，温柔但坚定地向“小的你”解释为什么有些事做不了。让我们看看玛丽的对话。

大的你：“怎么啦，小的你？”

小的你：“我不信任你，大的你。”

大的你：“为什么不？”

小的你：“因为你让我经历了太多糟糕的事。我想要你承诺以后不再会有坏事发生。”

大的你：“我能承诺将不再让任何不好的事在你我之间发生。”

小的你：“不，大的你，我想要你承诺没有人会再离开我。我想要你承诺会找到一个一直爱我的人，这样我就不会再经历这样的痛苦。”

大的你：“我无法给你我不能确保实现的承诺，小的你。如果我能够控制感情的事，我会去做的。但现实是，涉及其他人的情感或行为时，没有人可以作出保证。”

小的你：“但是我想要你保护我免于再次被伤害。”

大的你：“我能够保证的一件事是我将永远不遗弃你，将尽我最大的努力去找到一个忠诚和专一的爱人，让你感觉到更安全，更稳定。”

小的你：“我想要你保证。”

大的你：“我能承诺无论生活中其他人发生了什么改变，我将永远爱你。我将不再离开你。”

有的人反映说，“小的你”试图让他们做那些儿童自我更想做的事，而不是成人自我所想的。这时候练习就变成了一个权力斗争。

“小的基顿真的生我的气了，因为我不让它养狗。”基顿解释道，“当然我不能告诉其他人，因为这听起来我像是患有多元人格障碍的人。但是我们确实在斗争，在小的基顿和我之间。我不得不一次次告诉小的基顿，我的房东不允许养宠物。历经了很多页笔墨我才说服了小的基顿，让它冷静下来。”

“当然，小的基顿让我承诺我应该做些其他事来补偿它。我最好能够做好这些事，否则它会成天找我麻烦。小的基顿已经变得如此真实，以至于我不能想象再次拒绝它的要求——我担心它会杀了我。”

在做这个练习一段时间后，儿童自我开始感觉像是真实的存在，有其独立的人格。有些人愿意提醒自己“大的你”和“小的你”只是形象而已；也有些人愿意把它们视作真实的人。他们用各种名字来指称“小的你”，比如小波比(对应大波比)，或在更普遍的名字，如内在儿童、内在自我、内核情感感受、原初自我，或者情感内核。无论他们如何指称这些形象，在进行了数次练习后，深刻变化开始出现了。

玛丽露加入遗弃恢复计划是因为她想要直面过往的遗弃伤口。用她自己的话说，她被童年时的噩梦所困扰，那时候她父亲对她进行了性虐待和家庭暴力，而她的母亲则非常冷酷、不易亲近，并且常常严格地惩罚她。于是玛丽露带着对减轻负重的极大希望开始了这个练习。实际情况的发展和她所期望的极为不同。大概练习了三周后，她的“小的你”要她去造访祖母的墓地。

大的你:“那可在400英里之外啊，小的你。”

小的你:“但是我想去。她是唯一爱过我们的人。”

大的你:“但是我还要工作，小的你。”

小的你:“我想要你抽出时间，开车带我去。”

大的你:“要不等到我的假期，我带你去”。

小的你:“我等不了那么久，大的你。我现在就想去。我想回忆起当年有祖母爱的感觉，我想和她说说话。我想要找回她的爱。”

大的你:“要不，我今晚给你读会儿书，小的你，或者和你一起做你喜欢做的其他事？然后你就知道我有多关心你。这是最重要的。”

小的你：“不，我想去看看祖母。我想她了，我想和她靠近点，想要和她说话。”

大的你：“但是我真的不想开车去到马萨诸塞州就只是为了和祖母说说话，小的你。”

小的你：“我想要你去。如果你真的关心我，你会去的。”

玛丽露谈到“小的你”每天都叨扰她，直到她同意开车去祖母的墓地。当她开始为行程做准备时，她发现一个高中时的朋友依然生活在马萨诸塞州，于是和她取得了联系，她们谈到了过去的时光，还约好了一起共进晚餐。

玛丽露出发前往马萨诸塞州。在路上，她不得不再次被“小的你”叨扰。“小的你”要她买点什么植物种在祖母的墓地。玛丽露答应了，希望这样能够满足“小的你”的愿望。

在祖母的墓地，玛丽露流露了真情。“小的你”提醒她小时候曾坐在祖母的腿上，感觉到被爱，体验到与世界的美好相处。这些回忆向玛丽露展示出她应该如何更加关爱和照顾好她的儿童自我。

玛丽露离开了墓地，感觉很疲惫，但也得到一种情感上的释放。她很期待和儿时旧友相见。两人商量好要一起去挪威旅行，那是玛丽露第一次出国旅行，去拜访她们的故乡。

在遗弃恢复的工作坊间，参与者时常会把对话的关注点聚焦于情感关系问题。他们的伴侣可能和他们保持着距离，或者要脱身离开，或者不能够投入感情。这些非常普遍的情况会激发遗弃的恐惧，而这种恐惧会使关系失衡，让当事人处于情感的弱势地位。

对话给你提供了脱离痛苦的推拉关系的一种快捷手段。一开始，你知道他人不会使你感到安全。因为你的爱侣明显没有做到这点，现在就要靠你自己了。只有你可以做到。这是你的责任——调整“大的你”对“小的你”的态度。对话让你直接给予自己肯定和安全感，把你的伴侣放到事外，这有效缓解了部分应力。你新发现的个人力量创造出了一个戏剧化的转折，而这通常能扭转你的情感关系局面。

在参加了一次工作坊后，很多参与者继续通过在线上支持小组中相互提供支持。伊奈丝给她的克利帕鲁[1]工作坊小组发来了一个进度报告的电子邮件：

1 克利帕鲁是位于美国马萨诸塞州斯托克布里奇的一个瑜伽修行中心。——译者注

“当我回到家，约翰依然保持着他平时那种自我抽离的状态，就好像他已经厌倦了我。我们本来应该在那晚约会，于是‘小的我’和‘大的我’花了一整天时间讨论，练习如何对付约翰。

“那天晚上，当我和他见面时，我把‘小的我’认真地放在心里，作为生命中第一位的挚爱。我（它和我）深吸了口气，走上前去和约翰见面，特意展示出自信和正向积极的能量。我开始表现得就像一个完全镇定自若的人。但是这种表现后来变得真实了，那感觉棒极了。

“我能够看到约翰的惊讶，也看出他已经不知道如何面对这个崭新的我。过了一会儿，他开始对我展现出更多的兴趣。我很享受他的陪伴，但我还是得表现有分寸。从现在开始，我和‘小的我’会一起出现，否则情况就会回到过去。我不得不主宰我自己。”

伊奈丝得到了来自她的小组成员的喝彩。

要想有效果，对话需要成为日常生活的一部分。当你持续练习，就能够逐步解决那些未竟的事宜——早先的失去和遗弃经历造成的伤害，以及所有现存的危机，并且也能帮助你的成人自我变得更强大、更有效率。

当你对情感关系感到焦虑时，要提醒自己，不安全感不是你和伴侣之间的一道鸿沟；不安全感是“大的你”和“小的你”之间的一道鸿沟。对话可以从根源纠正问题。这为你提供了一个最快缓解焦虑，并且促进成人自我在情感上变得自立和自主的方法。

这个爱克如练习并不是在让你回避遗弃的悲伤；而是让你带着悲伤一起努力，运用脱瘾对依附关系的强大驱动力，在你的成人自我和儿童自我之间建立一种纽带关系。这个练习不但不要求你从这些情感感受中脱身，还会使这些情感感受成为成长的动力。当你加强了成人自我，并且满足儿童自我的需要时，你就已经在通往情感健康和情感自立道路上迈出了一大步。

分离疗法是有效的。要学会这个疗法并不困难，并且在学习过程中你也会成为自己的治疗师和导师。这个疗法对所有人都有作用。我们都有一个内在儿童自我，有时候需要我们的肯定和滋养。

脱瘾阶段的总结

脱瘾是指我们和失去的爱之间所有的联系都被斩断的时期。我们试着继续前行，尽管各种散落的电线挂在外面，裸露着，冒着火星。我们已经被这段感情关系深深浸透，完全没有意识到这段关系已经变得有多么复杂。也就是此刻，我们能够分辨出哪些裸露的线路是我们和失去爱人之间的健康联系，哪些则是基于恐惧或是过度取悦的需求的，哪些是随着疗愈发展的。我们会运用自省、治疗师、支持者、朋友以及与新人的试约会等方式测试这些裸露的线路。最终，我们会发现那些能够真正滋养、培育健康关系的线路。

我们的核心情感已经醒来并很活跃——这也是我们最原初、最持久的一部分情感。在岩石上的儿童呼喊出已经遗失的情感。正是这个儿童感受到了依附关系被撕扯的扭力、困惑和需要重新联结的强烈需求。当我们给这个儿童机会发声时，才终于能够关注到最内在的自我需要、恐惧和渴望。我们推翻了自我遗弃过程。通过让儿童自我免责于自我破坏行为，并且拥抱其所有情感感受，我们营造出对自我无条件的爱。

在脱瘾阶段，我们就像脱出蛋壳的小鸡，浑身依然湿漉漉，面对着世界，已经失去了保护的外壳。这是最根本的生存考验。我们已经从具有限制性的安全纽带中解放出来。不再受限于过去的感情关系，我们以强大而鲜活的方式重新出现。我们的需求裸露着，我们的情感感受很粗糙，准备建立新的关系。

脱瘾也是你第一次成为你的过程。

是个体化的过程。

第三阶段

内化拒绝

遗弃是一个积累的伤口——过去和现在的经历交汇在一起。是时候把从童年时就开始“化脓”的不安全感、无价值感以及耻辱感都给清理干净了。

内化是什么?

内化意味着接纳并吸收情感经验，并将其转化为你自己的一部分，以改变内心最深处的信念。这是一个逐步变化的过程。你还没有意识到这个过程对你有多大影响。

内化拒绝是指你的身体如何处置遗弃的伤口。你的心已经被重创。通过对拒绝的内化，你伤害了自己。

在内化阶段，你的自我绝望地搜寻着失去的爱，然后把愤怒和困惑都投射到自己身上。伤口变成了一个自我封闭的系统：滋生自我怀疑、恐惧，且不断向内生长。

自我是人们在世界上生存所依赖的主要工具。削弱自我就是自我遗弃。

内化是遗弃过程中最关键的阶段，这时候你的情感伤口最容易被感染。如果你不照顾好伤口，它会摧毁你的自尊。这时候我们需要处理有毒的“拒绝细菌”，因为它们已经使你暂时被削弱了。

和破碎、脱瘾阶段一样，在内化过程中你的旧伤被重新撕开，流出的毒素浸入了新的伤口。但是这有其益处。遗弃是一个积累的伤口——过去和现在的拒绝交汇在一起，是时候把从童年时就开始化脓的不安全感、无价值感及耻辱感都清理干净了。

你的任务是要把泥潭里的淤泥都清理干净，从中找出重要的部分。你要开始重新建构人生。

遗弃的第三阶段：内化拒绝

芭芭拉的内化

在丈夫抛下家庭和一个在工作中认识的女人生活在一起时，芭芭拉是一个家庭主妇，一个有五个十岁以下孩子的母亲。

“当我要霍华德告诉我有关她的情况时，”芭芭拉说，“他说她是他的一个同事，他觉得好像这样就可以解释一切了。‘这么说，我算什么？’我问他。但是，我已经知道我是谁。那个在他以外或者家庭以外毫无身份的家庭主妇，这就是我。我们结婚已经十三年半了。我从来没想过霍华德会离开。我不懂人情世故，无法吸引住他。毕竟，我这么多年都在家带孩子，而他却在外面打拼。我一定已经成为那种家庭主妇，伴着一群尖叫的孩子，站在齐膝深的需清洗的衣物中，或者陪孩子踢足球。

“我猜想我一直想要通过那些完美的馅饼和自制的果酱来留住霍华德。我以为我给他熨衬衫、整理袜子，就是一个理想妻子。但是我现在意识到我犯了一个大错，我成了他的佣人。那可能就是我作为他的枕边人所能代表的所有了。关于那些做爱之类的事，对于我意义重大，可是对于他估计也就和锻炼身体一样，我一直就只是一个容器而已。

“我知道我看起来很痛苦。那也是霍华德过去通常会抓住不放的点——消极。他就没有这样的问题——他很擅长放下。实际上，他从来没有抱怨过我持家的方式，尽管我知道我也许还可以做得更好。我不像别的母亲那样，对孩子有很多的斥责和吼叫，但是霍华德没机会知道这点。他也许忍受不了这点，但是他选择保持沉默，就像他一直表现得很绅士。要是我意识到他会有一天厌倦了整个生活，厌倦了我，我可能会以不同的方式行事。

“我天真到相信他说对我的需要就只是让房子里的炉火持续燃烧着。现实是，他在外面的世界打拼，经常接触到更有趣的女性。我早就应该知道。他厌倦了我，这个他已经驯服的女人。他明显想要一个和他更匹配的伴侣。实际上，我认为我和他很般配，但是我竞争不过和霍华德现在在一起的职业女性。

“当他给我打电话时，他首先问的是孩子的情况，然后才问我有没有找到工作。我知道我需要有工作才能养活我们所有人。可是我很恐慌，我可能什么也做不了。我确定我的大学学位在当今已经过时了。过了这么多年，谁会雇佣我？你需要有工作经验才能找到好工作。

“我很害怕，我知道霍华德一定是对的。我挖了个坑把自己埋在这个角落里，把所有精力都放到孩子身上，躲藏在家庭需要的背后。”

芭芭拉的描述包括很多与内化过程相关的“我”字：自我控诉、痛苦的内省、对自我角色的不安全感、对已经离开的爱人的理想化、自我感觉能力不足、性的隐形、对生活境况的无能为力，还有写满了一整页纸的后悔选择。

不是所有人都会像芭芭拉那样坦白地发表贬低自己的言论，但是很多遗弃幸存者反馈说有过和她相似的感受。在一定程度上，芭芭拉是幸运的，因为她清楚地意识到了这些。对于绝大多数人，内化发生在内心深处，深藏在最内在的思维中。自我怀疑的伤害会悄无声息地在很长时间里影响你，这种伤害会悄悄地消耗你，耗尽你的自尊。你的朋友和家人可能都无法意识到你正在度过也许是悲伤过程中最具伤害性的时期。

内化拒绝是遗弃的第三个阶段，但是这个过程是贯穿于整个悲伤周期中的。内化发生于你每次因为爱人离开而生自己的气或者产生困惑时。内化是痛苦的。指向自己的愤怒反映了与遗弃相关的抑郁程度。愤怒是这个痛苦周期的一个标志性特征。

我是在经历了遗弃后大概两个月的时候遇见芭芭拉的。当我观察她的状态时，我发现我自己也在同样的毫无价值感和自我怀疑的漩涡中挣扎。这片内化的沼泽会蚕食掉每个人的自尊，至少短时间内是这样。我当时就决定不能让这片沼泽蚕食掉我的自尊。

我试着用理性思维来帮助自己穿过这个自我贬低的沼泽。我告诉我自己，我没有什么需要感到耻辱的。我有一份有报酬的工作；我的职业没有受到影响；我成功地养大了我的孩子。事实上，我最小的孩子在我爱人离开我的同一个月去上大学了，而且我也成功地走过了突如其来的与世隔绝的日子。我试着说服自己我没有问题，但是我也发现要说服自己很困难。我发现自己在一个空荡荡的屋子里，像无头苍蝇一样乱窜，而一个月前这个屋子里还充满了一个相爱的热爱的大家庭。

我知道我什么也没有做错。我已经尽我所能去爱、去关心这个男人。我已经做了我能做到的所有努力；我甚至在这么多年里保持着理想的身材和体重。我还对我的着装、妆发都特别用心。事实上，我在镜子中看到自己，我确信自己比以前看起来更好。而且，我变得更智慧、更成功、更有经验和更有魅力。那么，为什么突然之间，我的这些成就都不足以挽留他？那么这些成就都有什么意义？

还好我对于这种散发自遗弃伤口的有毒气味已经很熟悉。那些无色无味的气体可以默默地潜入你的意识，甚至在你认为你依然保持着积极的外在状态时。作为一名治疗师，我知道我不得不从自我怀疑的瘴气中脱身。我开始发现这个计划中包含的新方法能够帮助我重获新生。我尝试参加新的活动，打破了旧的习惯。我开始旅行，开始拜访那些我已经很久没见的朋友。从根本上来说，我重新找到了我的根，重新定位了自己，重新恢复了自我形象。

被这个过程中的努力所触动，我也真正理解了内化的力量。我也意识到自我确证并不足以抵御遗弃产生的影响和可能造成的破坏。

遗弃恢复的基本任务之一是防止自我怀疑行为影响到你的自我认识。我发现光靠理性思维是做不到的。你需要顺应而不是抗拒这个阶段的内在聚焦。如果内化的力量逼迫你内省，那么就借着这股向心力为你自己创造光和愿景。你的目的是把积极的情感带入内心。

我将要带你们踏上一段内化的旅程，引领你们穿过充满情感感受和现实处境之旅。我将要说明遗弃悲伤和其他悲伤的显著差异，也将解释这个阶段身体内产生的一些生理和激素的变化。我还将要帮助你们去探查、确认那些源自过往失去经历的未竟事宜，并且为你们勾勒出一些可能会影响你们的自尊的童年情境。在这整一章中，我将强化你们的核心任务：运用向内的聚焦行为把积极的情感和经验融入你的自我意识中。最后，我还将要给你们介绍第三个爱克如练习，旨在处理因自尊受到伤害而阻碍生活前进的问题。练习的目的在于帮助你走出内省时段，拥有比之前更强大的自我意识、更有掌控感的生活和更强大的爱的能力。

遗弃悲伤的解剖

直到现在，我们讨论过的很多情感——如崩溃、震惊还有脱瘾的情感——都和人们对一个挚爱的人去世所产生的悲伤是相通的。在这个关键的第三阶段，遗弃的独特性变得更加明显，它与其他类型的悲伤具有很多不同之处。

当我们想到悲伤的时候，我们会想到一段深刻的情感经历。悲伤已经被广泛地研究过，还被区分并界定了具体清晰的阶段。这个过程跨越不同的文化、性别、年龄和社会阶层。我们甚至在动物王国的其他成员身上也能发现存在悲伤的证据。

人类社会已经认可了我们对于死亡的悲伤反应。但是对于遗弃的悲伤反应，这个社会依然没有认同。当母亲或者丈夫死去时，我们会预见到人们需要一段时间沉浸在居丧反应中。我们会对丧亲者提供社会支持和精神支持。但是，不会有社会制度来安抚遗弃幸存者。被遗弃可能会和丧亲一样引发强烈和持续的反应，在经济上和情感上也会引发困顿和孱弱。想象你的冰箱里只剩下一瓶牛奶，还有三个饥饿的孩子，你没有经济来源，而你的丈夫已经为了另一个女人而离开了你们。你的焦虑不仅仅是现实层面的，你正在经历一个复杂的，混合了愤怒、背叛，还有被抛弃的耻辱的悲伤过程。

当今社会，遗弃悲伤还没有被完全认可为正当的悲伤反应，不像丧亲的悲伤那样获得了来自专业人士的密切关注，遗弃的悲伤在心理学中依然是被忽视的。

不过，和挚爱的人去世引发的悲伤过程中一样，遗弃也是一种具有特定模式的悲伤反应。因为遗弃通常都不被人认同，受其影响的人会选择隐藏这种悲伤，把他们的情感深埋在心灵深处。这些情感会渐渐地腐蚀他们，却并不为其家人和朋友所知，甚至连他们也不自知。许多人反映说他们感觉到孤独和与世隔绝，感觉很难让别人明白他们所经历的悲伤。这种悲伤反应会产生恐惧和难过，在相当长时间内削弱自尊和动力。没有得到有效应对的遗弃悲伤反应会影响到我们未来的情感关系。

一个参加了纽约开放中心工作坊的成员分享了以下感受。

“我发现我很难想象十年前发生的事依然在困扰着我。”约翰说,“但是在我的未婚妻取消了我们的订婚之后,我不知道怎么面对所有的痛苦。我猜想这种痛苦会一直和我在一起。

“那时候,我根本受不了独处,甚至将自己置于危险之中(有过自杀的念头),但是我又憎恨自己当时需要依靠朋友才能面对生活。我厌倦了那种扮演受害者的感觉,所以我就学着把我所经历的都埋藏到心里。我按照那些自助书中说的:试着放下并向前走,在内心中找到快乐。我变得很会伪装,好像一切都恢复正常了,我自己都以为我已经走过了这种痛苦。为了确保我自己有不错的状态,我极力避免进入感情关系,从而避免我的痛苦感受会被勾起。我没有意识到我自己处在悲伤反应中。除了忽略它,我还能做些什么?这就是为什么这件事在十年后又来困扰我,因为我现在终于试着要去寻找可以一起生活的人了。”

通过把悲伤隐藏起来,约翰成为带着遗弃伤口前行的人中的一个。他没有明显的伤口，但是没有得到体认的悲伤在十年里默默地压在他身上。他变得害怕被遗弃。

对于能更好理解你所经历的事，最重要的是要认识到遗弃悲伤的特征。

遗弃悲伤有什么不同之处？

个人的伤

遗弃悲伤和居丧悲伤之间的关键区别在于你所爱的人并没有逝去，而是选择了终结你们的关系。你的失去以对个人价值侮辱的方式出现，而不是受一种自然的力量使然。

当我们被对我们而言很重要的人抛弃时，我们作为人的整体价值就被迫陷入了疑问中。被抛弃和不被尊重创造出一种自恋型的伤害。这种自恋型的伤害是给自己的一记耳光，是对自尊、对最具个性化的自我的侮辱，更是一个留下深刻印记并持续刺痛我们的伤口。有时候甚至明显是微不足道的失去，比如不被重视，没有得到升迁，或者被一个朋友拒绝，都可以让我们对自己的价值产生怀疑。而当遗弃涉及失去我们生活中最重要的人时，影响可以说是毁灭性的。

“朗尼离开后，”玛丽说，“我不仅想念我们在一起的日子，我还想念那些自我感觉良好的时刻。我突然悔恨我怎么会这样。我感觉我的自信被冲进下水道了。”

玛丽描述的正是那种隐形的“自尊下水道”，也是这个阶段的一个标志。默默地，慢性中毒一般地，自我怀疑像水蛭一样从内部把你的价值感给吸干了。在无意识状态下，你开始把这些新的经验引用为能力不足的证据。

对你的个人价值感造成伤害是遗弃悲伤与其他悲伤的明显区别。

悲伤反应的痛苦

在悲伤反应中，遗弃幸存者面临的最常见的一个错误认识是：他们的情感感受是不应当的，而对死亡的悲伤反应当然更加严重。遗弃和死亡确实对我们产生了不同的影响，但是你不可能判断出其中哪一个比另一个更痛苦。悲伤反应的强度和持续时间与你的情感关系的性质、失去时的情境，以及你自身的情感相关。

“我去参加了一个朋友丈夫的葬礼。”芭芭拉说道，“我意识到当我看着所有人都围绕着她时，我感觉到了和她一样浓厚的悲伤。我不得不把这种感受藏起来，继续参加这个旨在支持她的公共悼念活动中。

“感觉上，似乎只有死亡能够让一个人有资格感受到这样的痛。”

失去

这两种悲伤反应的共同点在于失去。遗弃悲伤的阶段实际上和库伯勒-罗斯和博尔比所说的阶段是有重叠的。无论你的失去是由遗弃还是死亡引起的，失去一个爱人的事实都将打乱整个生活。你可能会在深夜醒来时感觉到这种失去；或者当你的汽车抛锚，却没有人来接你去修理厂时感受到这种失去。失去你的伴侣就像失去你自己的一部分。这就像一次精神截肢：你能够感觉到自己因为失去而产生的强烈幻痛。遗弃幸存者和丧亲者都必须要去面对和处理独自生活的情感和现实压力。

社会角色和认可的缺乏

不幸的是，社会并没有在某人被遗弃时分配其相应的角色。没有葬礼，没有同情，有的只是被视作一个被抛弃了的人。

遗弃幸存者会认为，也许是他们自己造成了这样的问题；也许是因为他们自己的错误导致了感情关系终结；也许他们不应该感觉到这样痛苦；也许这是情感脆弱的表现。这些报复式自责为整个事件增添了一层耻辱感，进一步把他们逼到了情感的放逐之地。

“当朗尼离开时，我感觉自己完全被孤立了。他的朋友和家庭并没有失去他，”玛丽说，“只有我失去了他。我一个人孤单地浸泡在悲伤中。如果他不是离开我，而是死了，那么我们所有人就都失去了他。家人和朋友会共同悲伤地怀念他。我的电话将会响个不停。人们将会在我家进进出出。所有人都会聚集在一起，相互给予支持，也给予我支持。毕竟，我会是居丧之人，我将要最后亲手把棺盖盖上。会有一场葬礼、一个墓地、一个仪式来记录这件事带来的悲伤和苦痛。

“屋子里会充满了甚至来自于远方朋友的卡片和鲜花。但是因为朗尼没有死，最亲近的朋友和家人以外的其他人很难体会到我的感受。大多数人都对此不闻不问，保持着谨慎的态度。也许他们不想让我尴尬，也许他们对我的经历采取漠视态度。这肯定不是一次公共事件——因为没有人死去。”

麻木和震惊

居丧者和遗弃幸存者所面对的有些问题是不同的。当爱人死亡时，我们被迫要去面对我们自己的死亡。死亡是绝对、不可逆和终极的；想要和爱人重新相聚的渴望被一种无助和绝望所包围。我们是如此害怕死亡，永远不能再见到我们的爱人是如此不可想象、如此恐怖，于是我们一开始都会进入震惊状态。正如之前讨论的那样，大脑会产生阿片类物质(自然的止痛剂)，这很可能是造成很多悲伤者变得麻木的原因。

这种麻木帮助居丧者安全走出初始的创伤，对于一些人来说甚至可以使强烈痛苦得到间歇性的缓解。

那些被爱人遗弃的人也说自己感到震惊和麻木(你在第二章里读到过)，但是这两者之间是有区别的。遗弃幸存者面对的不是死亡，而是被抛弃带来的愤怒和毁灭性打击。当他们对身边的各种事物都麻木时，他们很少说自己对于被弃带来的痛苦是麻木的。相反，他们感觉到了不间断的痛苦。这种感受明显抵消了身体释放的阿片类物质所产生的麻醉效果。

愤怒

愤怒在两种悲伤中都很常见。许多经历了爱人去世的人也会把这种失去视作遗弃的一种，并且公开表达他们对于自己被遗留下来的愤怒。那些被遗弃的人也感到愤怒，但是对于他们中的许多人，悲伤的反应是真实的。你的爱人自愿离开了你。

离去的爱人还可能漠视你的痛苦。常见的情况是你依然在痛苦中挣扎，而你的爱人已经开始新生活，也许还有了新的爱人。所以尽管你们都失去了这段感情，被遗留下的一方却比离开的一方背负着更沉重的情感苦痛。

如玛丽所说："当朗尼离开时，我失去了一生最珍惜的东西——他。他拿走了所有的'黄金'，而我被抛弃了，一无所有，只剩下失去。"

当遗弃的情感存在时，居丧者可能会经历更复杂的悲伤反应。

"我的伴侣在确诊癌症之前已经和别人产生了感情。"吉姆在我的网站上这样写道，"但是当她快死的时候，她张开双臂欢迎我回到她身边，我照顾她，爱着她，直到她的生命终点。现在她已经去世，我反倒感觉事情还没解决，我的价值被贬低了……我被遗弃了。被抛弃的刺痛和失去她一样令我深受重创。”

否认

当爱人死去，失去感具有绝对终结性。否认实际上能够帮助我们更容易地接受现实。但是对于遗弃来说，否认更加复杂。因为你的爱人依然活着，你们依然可以联系。在某些情况下，甚至你们也有可能复合。遗弃幸存者的否认也因为这个因素而被现实的可能性点燃，这就使其会更加主动和坚定地搜寻失去的事物（这是一个在所有居丧期间都很普遍的阶段，我在第二章里已经讨论过）。只要还有呼吸，就有希望，这样的事实会干扰事件的终结。

这个差别并没有表明遗弃悲伤比其他类型的悲伤反应更痛苦。但是这个差别意味着遗弃幸存者可能会一直否认现实并且阻碍事件结束，有些情况下，这样的状态会无限期延长下去。

闭合

你可能会尝试丧亲之人做不到的事——想让失去的爱人回到你身边。居丧者只能希冀于在精神层面和他们失去的爱人重聚。接受他们的爱人已经离去的现实是一个痛苦的挑战。许多处于悲伤反应中的人寻找灵媒来帮助他们去到另一个世界，希望在那里能够联系上失去的爱人。

对于遗弃幸存者，当你失去的伴侣依然活着时，创造一个闭合的过程——放下一段感情关系——是更加困难的。

失爱

在死亡的悲伤反应中，悼念者保留了死者的爱，珍视它，也许甚至可以被它所慰藉。与此相反，当爱人选择结束一段情感时，我们感觉到的爱就成了被拿走的爱——也可能还会被转给别人。这是一种模糊不清的失去。失爱和被弃是能够影响自我核心信念的特别之痛。

剩余损坏

无论你是因为对方死亡还是被弃而失去了伴侣，分离是痛苦的且需要时间来治愈的。一个来自曼哈顿工作坊并且同时经受着两种失去经历折磨的成员，试着描述了两者之间的不同。

“死亡用手术刀把你和你的爱人分开，干净利落。这会留下一个“疤痕”，也许甚至会“截肢”。但是遗弃更像是一枚手榴弹在体内爆炸，波及所有的内脏器官。它造成的伤口不断渗出、流脓、溃烂，永远都无法治愈。”

遗弃恢复的目标之一是要确立遗弃是悲伤的一种类型。它是一种具有两张面孔的悲伤。一张面孔是所有悲伤的共性：每一个人都会感受到失去；另一张面孔是自恋型的伤害，使遗弃悲伤与众不同。

科学研究中已经有大量有关应对失去感的内容，而且你还能够从哲学家和治疗师那里得到很多帮助。

普遍性的悲伤应对：接纳失去产生的痛。对于所有类型的哀悼者，最基本的任务之一是接纳失去产生的痛。即使是至暗的绝望感都是人类普遍经历的体验。我们都会在不同的时刻不得不面对失去。父母一方的逝去或者伴侣决定离你而去都让我们意识到人生无常。毕竟，没有什么东西可以一直保持不变。最后，我们都必须放下一切依附关系；每一个人都会死去。接纳必然的失去是人生中一个困难却重要的部分。记住，失去的痛是人所以为人的一个自然组成部分。悲伤反应的目的就是要你接纳这种痛苦。

索甲仁波切在《西藏生死书》中引用了佛的说法：

生者必死，聚者必散，积者必竭，立者必倒，高者必堕。

我们唯一真正拥有的是当下，此时此地。

对于很多人，认识到一切事物的短暂性可以帮助他们

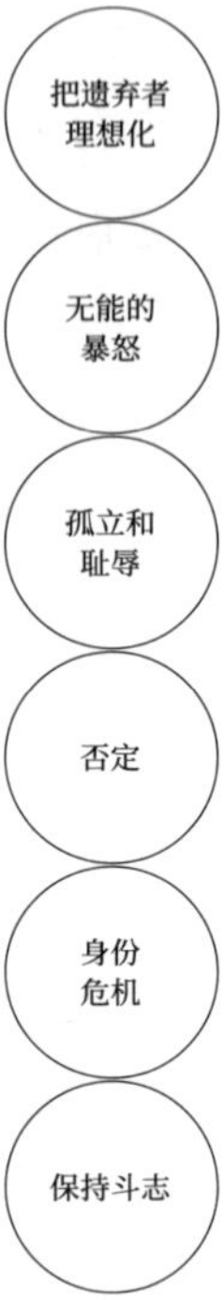

图4　内化的多元含义

面对失去。但是对于遗弃幸存者，他们还要面对依然在溃烂的自我伤口——隐形的自创伤口。

逆转自伤。你的悲伤具有个人特质，这正是遗弃悲伤与其他悲伤不同的关键之处，为你提供了一个开启治愈过程的强大动机。你将要去找寻更好的生活、更好的爱，不为你的被遗弃感所阻碍，而是由其推动着前行。本章接下来关注的就是扭转自伤——内化过程中的最关键内容。

下面的内容包括与遗弃内化过程相关联的“我”的词汇盘点，还有帮助你认识到内化过程的特点并且提醒你注意其缺陷的快速指南。当你对于遗弃如何破坏你对自我感受的方式有所了解时的，你将能主动反击并且抵御这个过程所传递的负面信息，避免它们内化。

把遗弃者理想化

遗弃幸存者倾向于把遗弃他们的人理想化，从而在根本上弱化自己。这通常是令亲朋好友最难理解的。对许多人来说，失去的伴侣因为其离开所创造的痛苦而获得了力量。你因此而进入了一段与伴侣之间的创伤性纽带关系，这是一段基于情感痛苦的关系。这种痛苦由内生阿片类物质调控，这使得这种关系比起其他类型的关系更具成瘾性（参见注释部分，了解更多信息）。你很容易被这种依附关系的成瘾性所迷惑，然后想象你的遗弃者比他/她真实的本人要更强大、更重要。

“我生命中每一件事突然都在围绕着霍华德运转。”芭芭拉说，“他是否给我打电话决定了太阳是升起还是落下。看看他给我带来的慰藉，他创造的快乐，只要他能回来！看看他离开所带来的痛苦和折磨！我感觉自己完全被他击败了。他变得如此强大。我怎么才能让自己从对他的景仰中停下来，哪怕是一小会儿？”

被抛下的事实把你置于从属地位。你被遗弃者缺席的力量困住了。你在情感上完全被你对他/她的依附力量征服了。你感觉到自己处于情感弱势地位，处于创伤性关系中，成瘾于阿片类物质的影响，并且看起来无力改变。这时自然而然就会产生一种等级架构，在这个架构里，你把遗弃者放在你之上——架在了宝座上。

这种自我从属的情况在生物学层面又如何解释?

患有经前期综合征的女性会明白，激素水平变化与感觉低落之间存在关系。神经科学研究也揭示出，遗弃幸存者所感受到的低落和挫败的情绪与激素水平之间具有联动关系。要去理解这样的关系和联动，我们可以从观察狒狒——我们遥远的表亲开始，它们是罗伯特·萨珀尔斯基的研究对象。根据萨珀尔斯基的研究结果（他是在狒狒的自然生长环境中进行的研究）:“狒狒一天中大概用四个小时的时间采集食物……这给他们留下了八个小时时间相互诋毁和攻击——社会竞争，组建团伙去欺负其他动物。体格健壮的雄性狒狒情绪不佳便会殴打弱小的狒狒，在别的狒狒身后做出恶意手势等, 就像我们人类一样。”

狒狒在感觉到挫败时会怎样?

在狒狒的“社会”里，社会地位是由一只狒狒与其他狒狒的相对地位来决定的。在雄性中强势地位的确立是通过谁经常避免和谁发生眼神接触，谁可以对其他狒狒有攻击性行为而无须担心被报复，以及谁能得到一块大家争抢的食物（或者母狒狒）来实现的。简而言之，正如萨珀尔斯基所说, 通过“谁能够给予溃疡, 谁接受溃疡”来实现。

萨珀尔斯基测试了他的研究对象的应激激素水平，发现处于强势地位的雄性狒狒体内的糖皮质应激激素水平最低；处于从属地位的狒狒——那些承受了所有批评的——则积累了最高水平的糖皮质应激激素。

在正常情况下，等级结构保持着稳定状态，但是如果狒狒经历了悲伤——群体中一只狒狒死了，或者群体中一段重要的纽带关系被破坏了——强势的狒狒体内的应激激素水平也会近乎翻一番。而激素水平的升高还伴随着行为方式产生突然的戏剧性变化：强势的雄性狒狒停止了掌控。

随着领头雄性狒狒的权势被削弱，狒狒群体的等级结构发生了变化。不同层级的雄性狒狒开始谋求新的地位。当狒狒打退了来自更低级别狒狒的挑战时，狒狒个体的应激激素水平会有戏剧性的提升。最让人感到震惊的是，当雄性狒狒去挑战等级高于它们的狒狒时，它们的应激激素水平一点也没有提升。

这暗示着狒狒对于不同的处境有不同的应激方法，包括它们是否想要获得什么，比如更高的社会地位；或者是要防止自己失去某些东西，比如自己的地位。

失去你的爱人会使应激激素水平升高，也代表着你在生化层面的主观感受发生了变化：自信心明显下降。你感觉无力，觉得自己依附于离开你的人，对自己评价也很低。

萨珀尔斯基的研究显示，我们在面对拒绝和失败时最好的做法是为变得更好而战斗，而不是采取尴尬的防御行为，要向前进，而不是固守过往不放。这进一步强化了我们的主旨：要从我们遗弃的经历中获益，而不是被遗弃经历所损伤：这就是爱克如。

无论在生化层面发生了什么样的变化和转折，你的任务是要站在这个强有力的过程的顶端。你可以感觉到自己的力量已经被失去的爱颠覆了，因为你不能控制你的前任，也无法找回他/她。但是，你可以控制你的行动，为自己设定新的目标。

我们为什么倾向于把那个离开的人理想化？对很多人来说，这样做是有其目的。这能够迫使你相信自己已经失去了某个如此特别、如此独一无二、如此完美的人，所以当他/她离开后，你土崩瓦解了。你把他/她的地位和力量抬高了起来，这是你现在如此痛苦的原因。你让自己相信感觉到无助和依赖的原因是你已经失去了不可或缺、不可替代的某个人。事实上，即使你的前任非常普通或者处于中下水平，你也还是会产生这些感受。

要逆转这种自我挫败的英雄崇拜局面，你需要记住，这个状态是暂时性的，这些情感是在这个过程中自然产生的，并且如果你愿意选择，你将能够真正找到一个伴侣，一个能够给予你同等（如果不是更多）情感的爱人。你会证明伴侣离开你不是你的错。

芭芭拉对他人的理想化源自童年时形成的行为模式。

“我总是把别人奉上神坛，”芭芭拉说，“而把自己置于他们之下。我把霍华德的离去视作一个标志，代表着我还不够好。他离我而去证明了他确实比我更好！

“我很难去对抗他对我的这种强势影响。我会不断告诉自己没有他我会更好。我也会历数他的问题，在脑海里罗列出自己的优点。但是我很难放下这个念头：他是不可替代的。

“我最终意识到，是我自己在一开始赋予了他这样的力量。所以，那些强势力量到底来自何处？就是来自我。我现在的任务是要打破他的强势，把这种力量收归于自己。既然我能创造出这份力量，我就能够拥有它。”

就像芭芭拉，你的任务就是要跟随内化能量的指引登上你自己的权力宝座，同时学会一个增强内核的练习（就像情感普拉提）。当你发现自己正将失去的伴侣理想化时，记住你是强大的。你会成功应对来自自我的攻击。列一个你自己的优势清单，也理想化一下自己。

无能的暴怒

暴怒是下一章的主题，但是遗弃的内化阶段也有特有的愤怒。在这个阶段，你的愤怒是一种受害者的暴怒，如无用地对空气的捶打，对枕头、碗碟和家具的无效攻击。这类行为显示，你已经成为你释放暴怒的对象。你的暴怒是困惑的一种表现形式。你为痛苦和失去而困惑，也为失去了爱人而感到无助和困惑。

“每一个晚上，一想到特拉维斯，我就会把我的枕头给捅死。”罗伯塔说，“我会不断地击打枕头，直到精疲力竭。我还能怎么宣泄我的痛苦？我感觉到自己一文不值，非常无助，在他眼里渺小得很。”

在这个阶段，遗弃幸存者通常很难控制自己的攻击性行为。就好像他们的外在儿童已经占了上风。（也是我将在下一章节中给你们介绍的隐藏的破坏者。）有时候你的攻击性行为会通过眼泪流淌出来；有时候，你会爆发，通常是当你最觉得不可能的时候，而且经常是针对完全无辜的人。

你可能会发现你自己对别人提出了不现实的情感需要。你期望生活中的其他人给予你正在痛苦地想念着的滋养和爱。你期待他们完成不可能的任务。

“特拉维斯离开几个星期之后，一个好朋友和我在一起度过了一天，”罗伯塔说，“我告诉她我的生活算是完了。她说我太消极、太悲观，而且我不应该感觉如此无望。我感觉她好像在否定我的感受。对她来说，否定我感觉到的严重打击是如此轻而易举的，她的生活并没有坠下深渊。但是，这是不是让我有权在餐厅里对她大吼大叫？我的朋友试着让我安静下来。‘我只是试着来帮你。’她这么说。但是这种安慰让我再次吼叫起来。我当时感觉这次爆发是完全有理有据的。不过现在回想起来，我知道我那时候我感觉到自己无能为力，然后把情绪都发泄到她身上了。”

很多人会迁怒于他人、枕头，或者他们自己，因为他们感觉自己没有强大到足以把愤怒施加于失去的爱人身上。他们已经对拒绝非常敏感，变得诚惶诚恐，害怕负面结果的反弹以及又一次被遗弃。他们不想要再冒险去经历痛苦和伤害。从根本上说，他们害怕丧失挽回失去伴侣的机会，哪怕这个机会是极微小的。

“我害怕自己会对霍华德生气，因为我受不了再失去哪怕一丁点儿的爱。我卑躬屈膝地恳求着碎屑般的认可。”

还记得狒狒在为了击败强势者而进行的战斗中显现出较低的应激激素水平吗？想想它们的行为，你应该在治愈过程中扮演积极而非消极的角色。爱克如练习正好可以给你帮助。避免认命的心态，抵抗那种要贬低自己的行为趋向；站起来，展示和肯定你的自我价值。

孤立和耻辱

当爱人离开时，处于其创造的情感伤口核心位置的是耻辱——那种可怖的被抛弃的耻辱。

拒绝是一种痛苦的刺杀，直接切割到耻辱静脉——一条在身体深处流淌的静脉，比自我还深。对静脉的洞穿释放出强大的、有毒的原初的自我厌恶感——这种感觉会强迫我们进入沉默状态。不过，基顿在一个遗弃小组活动中打破了他的耻辱障碍。

“我感觉到心里的耻辱伤口永远也不会痊愈。它总是在尝试愈合时依然带着深深的不安全感，这些遗留的不安全感开始从内心渗出来，然后潜入我的下一段情感关系。伤口在每一次分手时都会感染得更厉害。终于，我能够在这里直接攻击它，我感觉如释重负。”

正是耻辱让我们对这些感受保持沉默。失去感能够被应对，能够被缓解，能够被驱逐，能够被投射，能够被引导，能够被治疗，能够被减弱。但是耻辱静脉一旦被遗弃划破，就会排斥所有旧的传统治疗。

罗伯塔说："在特拉维斯离开之前，我一个人去哪里都没有问题。但是他走了之后，我不会一个人去听音乐会，也不会独自在餐厅用餐。我觉得太羞耻了。"

我们如何处置那因被抛弃而慢慢渗入意识中的令人沮丧的耻辱感——那种令人痛苦的寂静，以及碾压式的孤独感？治愈从我们打破寂静开始，把耻辱感说出来，把它从孤独中提取出来，在一个可信任环境里分享这种感受。这就是遗弃小组能起到的作用。分享耻辱感能够帮助我们最终消灭它。

一开始，当你的世界感觉要破碎，独自待着将是令人崩溃的。在脱瘾阶段，独自一人是不友好的，会加强你的悲伤。在内化阶段，你会把独自一人视作你不值得这份爱的证据。在这个时候，伤口被感染，你会在孤独的状态中自我贬低。在孤独状态下，耻辱就会孵化出不可见的、流脓的遗弃伤口。

耻辱的核心是一种信念：你认为你不配得到爱——你不值得依赖——这是一种关键的极具破坏性的信念。这通常会在遗弃幸存者身上产生，但是尽管它非常强烈，也只不过是一种情感，不是一个事实。它源于一个我们最终可以清洗干净并且治愈的伤口。你当然值得被爱，就像我们所有人一样。

控诉

耻辱感的主要强化剂之一就是自我控诉。无论自尊有多强，大多数人在这个阶段都忍不住要问自己一个问题：我到底做错了什么，要被这样折磨？

自我怀疑和自责通常强大到能够抹掉你用来维持自尊的信念："是的，我很美；是的，我很棒。事实上，我每件事都做得很好。这又如何？我哪里出了问题，以至于别人要抛弃我？我怎么会落到孤身一人的境地？"

当我们经历失去时，我们会很自然地对关于人生和自己的信念产生疑问。这是正常的悲伤反应。但是当遗弃发生时，这种内省会发展成一场痛苦而严酷的内在对话。

"当盖比搬走的时候，"基顿在一次遗弃小组活动中谈道，"孤身一人感觉就像是一种惩罚，好像我做错了什么。

我感觉如此沮丧，我希望这样的事发生在每一个人身上，这样我就不是唯一的失败者。这也是我来这里的原因之一——和一帮被抛弃的人聚到一起。”

小组同伴们都笑了起来。

“情况很严重，我感觉自己被孤立了。我感觉确实是我自己有问题。为何其他人可以把控自己的生活，有自己持久的情感关系，而我做不到？”

内省在内化阶段会变得具有强迫性。

“我在深夜还睡不着。”罗伯塔说，“我会仔细回顾我能够记得的每一个词、每一个手势，想要寻找在我和特拉维斯的相处中我做得不够好的蛛丝马迹。我真希望我过去是一个更好的人；我希望能有机会从头再来一次。”

我们为什么要控诉自己？尽管这样的否定和责备是如此痛苦并且极具毁灭性的，但它们的存在有其暂时的作用。它们为我们提供了一种对事情的掌控感。通过把自己当作罪魁祸首，我们感觉到我们有力量来改变那些导致情感关系终结的事情。我们于是这样推理：我们所要做的，就是去修正自己的错误，然后就能够让失去的伴侣回到我们身边。即使他们不再回到我们身边，至少我们也学会了下一次该做什么以及不该做什么。

但是，担起情感关系失败的所有责任有可能会导致我们进一步自我伤害。当你内省并寻找不足之处时，你有可能会相信自己确实有一些天生让人难以接受的问题。不断去寻求这样的缺点的有毒想法事实上是错误的，也是你的失去经历引发的临时性副产品。

这里所提到的很多感受属于内在儿童，而不属于成人自我。最关键的是要让你的内在儿童确信独自一人只是暂时状态。如果你选择进入另一段感情，你就应该这样做。你的孤独并不意味着你是没有价值的，只是说明你处于转折时期，处于个人成长的重要阶段。

身份危机

“我过去一直都是这段情感关系的一部分。”芭芭拉说，“现在呢，我是谁？”

分手常常会引发这个问题，许多人感觉自己好像已经被贴上了“被甩了”的标签。你可能担心别人会怎么看你。他们会不会认为你有问题，你身上带有某种基因缺陷，导致你不值得被爱？有的人会担心这些缺陷将展现在大庭广众之下。

“我不得不去参加一场婚礼，”霍莉第一次来见我的时候对我说，“但没有人可以和我一起前往。我感觉好像我戴着一个霓虹灯牌，上面写着‘没有人想要我’。别人都能够看出我的问题，能看到我一直都孤身一人，除了我以外，所有人都能看到。”

你对别人对你看法的担忧可以表现为轻度自我意识，也可以表现为偏执。

霍莉的人生充满了不断出现的拒绝。当她还是少年时，她开始确信别人在背后谈论自己。后来她长大并逐步克服了少年时的这些强迫性感受，但是这些感受还是不时地浮现在她的生活中。

“有时候，当我在公共汽车上或者电梯里听到别人的耳语或者笑声，我会觉得和我有关。我明白这听起来很偏执，但是我已经多次受伤，多次失望，我确实认为自己有些地方肯定是出了问题，以至于其他人不想和我在一起。”

你会把自己和别人做比较，并且不断咀嚼他们拥有什么你没有的。一个通过Skype（一款即时通讯软件）互动的遗弃小组成员这么表述：

“无论我去哪里，我都会撞见那些已经永远生活在一起的情侣或夫妇。我刚好知道某个妻子其实是完完全全的荡妇，但是我还是会想：为什么她没有被抛弃？我对那个男人这么好，而我却是被抛弃的那个。这种想法令我抓狂。为什么我是孤身一人，被发配到遗弃的监牢中，而不是她？”

不可见

很矛盾的是，我的客户和小组的成员也说他们感觉到自己的不可见性——性和爱情方面的隐形。罗伯塔就有这种情况。

“一开始我想我要死了，除非我能和某人发生性关系，我能找到的任何人。我当时可能会乐意和树做爱。然后我又走到了另一个极端，我感觉完全无性欲了。我自认为我缺乏性吸引力、没有魅力、没有气质，我缺乏吸引别人和我在一起的所有特质。我的性自尊开始了自由落体运动。我觉得当特拉维斯离开后，他在性方面剥夺了我做一个正常人的资格。”

当别人选择从一段感情中离开，你很可能会怀疑你吸引别人爱你的能力，而这是你最迫切地需要爱的时候。你的内在儿童告诉你："没有人爱我，我还不够好。我还不够特别。"

这些感受的源起很可能要追溯到童年时期你在寻求来自父母的爱和关注时遇到的困难。你可能已经把这些经历都放到了心底，并且形成了深刻的怀疑，怀疑你自己能否吸引并且留住来自别人的爱和关注。这些经历会让你在以后日子里因为情感上的拒绝变得脆弱。

一个心理分析师把这称之为拥有"在征服任务方面的有限能力，这个征服任务是指必须要把一个冷漠的客体转化成一个合作的伙伴"。这当然是临床的说法，指的是你感觉自己魅力不足，难以获得某人的爱和忠诚。

当爱人离开，这个关于能力有限的念头会蹦到台前。就好像分手已经证实了你的内在儿童一直担心的事——你毫无价值，不值得拥有爱，注定要被送到当铺或者扔到垃圾堆里。

这时，要让自己被关爱、滋养你的朋友和小组成员所环绕，至关重要。这就是遗弃恢复工作坊和支持小组所能够提供的关键性的正向反馈和支持。（要了解更多内容，请参见注释部分。）你可以寻求其他正向的、热爱生活的活动。加入一个健身计划，加入一个交友俱乐部，或者寻求专业指导。

在内化阶段，你很可能在情感上还没有准备好深度投入一段新的关系。但是随着你的持续努力，你将很快发现你还没有丧失作为一个人或者一个有性欲的个体的魅力。无论你现在感觉到自己如何无足轻重或者如何差劲，你都将会再次去爱。

保持斗志

你的遗弃经历也许在短时间内让你变得渺小且卑微，但它没有击垮你。

如果萨珀尔斯基对狒狒的研究还不足以说服你为自己挺身而出，战斗起来，那么可以参考下斯蒂芬·迈尔（Steven Maier）、琳达·瓦特金斯（Linda Watkins），还有莫妮卡·弗莱什勒（Monika Fleshner）对实验室老鼠的研究发现。

根据这些研究者的研究，当一群雄性老鼠都住在一个铁笼里，其中一只会变成强势者——领头老鼠。当一只新老鼠进入，领头老鼠就会攻击它。侵入者一开始进行了反击，但最终展现出失败者的姿态。当领头老鼠看到其明显的服输表现时，也就不再把新来的老鼠视作威胁，放过了它。

研究人员对被攻击并反击失败的新来的老鼠进行了研究，希望观察这样的经历对它的免疫系统有何影响。他们发现，在被击败后的几个星期里，这只老鼠体内的抗体（良性的免疫细胞）水平大幅降低了。

研究人员还进一步确定这种被削弱的免疫反应是身体攻击（被咬和推搡）的结果，还认为是在心理上被击败的感觉造成的影响。他们很认真地研究了一群同样被置于侵入者角色，但没有屈服，而是持续战斗的老鼠。研究成果显示，尽管这些更好斗的老鼠同样不断被撕咬、被虐待，但他们体内的抗体水平却没有被影响。

这个研究结果也支持了那些来自人类医疗服务专业工作者的数据——那些遇到危机时不予反击，并且保持消极状态的人，更可能罹患癌症和其他疾病。

结果非常清晰：你能够，也应该战胜那种认为自己没有价值的想法。利用独处的时间来审视你的生活，并且采取积极行动来证实你被抛弃是无辜的。

来自内化阶段的未竟事宜

当伴我多年的伴侣离我而去，我不得不和我的自我怀疑进行搏斗，这时候，童年时一段痛苦困难时期的旧感受再次开始浮现。那是我母亲怀上她的第三个孩子的时候。我是老大，大概七岁的时候，我开始变得肥胖。

随着新弟弟的诞生，我可能觉得自己在情感上被抛弃到了角落里。我不确定在我的体重增加过程中是否有生理或者是遗传因素在起作用，也可能是由糖皮质激素类的聚集导致的。我当时是否通过吃大量的巧克力和饼干来喂饱我的情感饥饿？我不敢确定，但是，无论由于什么因素，我弟弟一岁时，我已经成为一个极其肥胖的孩子。

这对于我的家庭来说，是一个特例。我们过去是一个明信片式的家庭，全家人都苗条和美丽，除了我。我感觉自己像大家的眼中钉。多年以后，我的母亲告诉我，她在童年时也经历过肥胖。她那时候感到非常羞耻，也觉得家庭和世界都不接纳她。我一定成了她回忆童年苦痛的一个鲜明提示。我也在想，她是否因为这个而和我保持距离。

事情变得更加糟糕，我相对较小的嘴开始不能容纳我逐渐生长的牙齿。我的一颗犬齿找不到地方生长，直接就突了出来。又有龅牙又有双下巴的我就想把自己藏起来。我的母亲为了拯救我，带我烫了发，想让我振作起来。这样做毫无作用，我的头发大团大团地掉，剩下可怜的一丛丛卷毛。我几乎认定自己的头发再也不会长回来了，我将一直丑下去，变成家中一个讨厌的家伙。我试着表现出不在乎的样子。我不想让其他孩子知道他们的嘲笑对我的伤害有多深。

在上六年级前的夏天，我开始了一个严格的减肥行动，让家里人都大吃一惊。我减掉了多余的体重，我的头发也长回来了，我的龅牙也矫正了，我苗条而有魅力地进入了六年级。慢慢地，我的自我形象开始有所改善，当然，这个过程里我付出了很多努力。就在我学会自我提升的过程中，我也试着帮助我身边的朋友更好地对待自己。一个情感治愈者就此诞生。

尽管我在那时和之后都付出了重建自我的努力，但当我二十年的伴侣离开时，很多旧时肥胖的感受又重新浮现。在情感深处，隐藏在内心的自我憎恨一直在伺机而动。分手就是导火索。

“我的问题不是外表，而是健康。”帕米拉这么说，“我小时候有心脏问题。我童年的一半时间都是在去医院和做手术的路上。我需要用几个月时间来恢复。我会望向我的卧室窗户，看其他孩子在外面玩耍，思考为什么我会是这个病恹恹的孩子。

“我相信这是命中注定的，而其他孩子是命中注定要过得比我好。当其他孩子和我玩的时候，我感觉到害羞和尴尬。我告诉自己我没有他们那么健康和强壮，而这么做又让他们更加显得比我好。”

儿童会因为任何一种失去经历而感到挫败：家人的离世、父母的离婚、不得不和弟弟或妹妹分享母亲的爱、健康问题、失去友谊，或者是失去一个梦想。在每一次失去经历中，儿童感觉到了被遗弃的耻辱。儿童会自然地以有限的、自我为主的视角来看这个世界，所以他们把每一次失去都当作对他们个人价值的轻视。他们的智力、能力还没有发展到足够分辨完全与个体无关的处境和涉及他们自身问题的失败处境。所以他们会把几乎所有失去经历都看作自己的责任。尽管这些失落、缺损和自尊的伤害可能发生在几十年之前，它们还是会在成人时期我们遇到遗弃导火索时被重新唤醒。

童年的内化场景

什么样的童年经历会造成较低的自尊？参加了我的支持小组的人经常提到以下这类父母的行为：

- 贬低、批评并拒绝你；
- 在公共场合对你吼叫，否定你，讽刺你，或羞辱你；
- 因为他们自身的酗酒问题、工作问题，或者其他类似问题而忽略了你；
- 对其他兄弟姐妹表现出更多的偏爱，或者把你和他们作比较，说你不如他们；
- 用隐藏情感的方式来惩罚你；
- 因为他们的情绪和困惑而斥责你；

◉ 把你作为家庭问题的焦点单列出来；

◉ 给你贴上各种标签，如“不负责任”“懒”“固执”“自私”“杂乱无章”；

◉ 对你过度关心，以至于破坏了你的自信；

◉ 把你视作婴儿，没能认识到你的成熟与独立；

◉ 没能赋予你责任（你无法感觉到在家里是不可或缺的）角色；

◉ 给你太多的责任——你是家里所有人的佣人，你感觉自己没有重要价值；

◉ 对你的成就表示失望；

◉ 对你定下过高期望；

◉ 对你定下过低期望；

◉ 把他们的愤怒都转移到你身上。

或者，因为你：

◉ 频繁搬家；

◉ 在学校里成绩不好；

◉ 因为身体问题或者生理差异导致长期遭受偏见；

◉ 交友困难；

◉ 有一个成绩非常优秀的兄弟姐妹，而你总是觉得自己比不上她/他；

◉ 有一个兄弟姐妹，他/她有一种比你更强的优越感；

◉ 和老师有过不良的相处经历。

好消息是，随着这些来自童年场景不安全感的浮现，你就有机会以成人的角色去应对它们。现在，我们花点时间重新想一想从童年开始到现在，你对于自己都有什么样的看法和信念，清洗一下你化脓的遗弃伤口，并且把你不需要继续随身携带的自我怀疑也给摒弃了。

到了这个时候，这些过往的经历给你带来了自我遗弃感，影响你对自我的感知、你所做的决定，还有你的情感关系的质量。关键是，没有必要让它们继续影响你。

霍莉的内化

霍莉，单身女性，在一家法律事务所做会计，她把自己描述为"隐形伤口的海报儿童"[1]。霍莉是在和我会面的时候提出这个说法的，为了回应我描述的遗弃带来的内化。但是随着她的故事慢慢展开，她的自我怀疑就和她迷人的外表形成了鲜明的对比。她的上嘴唇附近有一个微小的伤痕，这个伤痕让她的微笑更迷人了。

"我这一生的故事都是这样的——没能找到我的那个人。在这个时候，我感觉自己在情感上是隐形的。事实上，我就

1 海报儿童是指某种现象或活动的典型代表人物。——译者注

是隐形女人的原型。我知道那种被隔绝、被抛弃的感受。”

霍莉非常聪慧，长得美，充满了活力，明显有能力给予他人丰富的爱。但是，就像很多遗弃幸存者一样，她的隐形伤口已经转化为建立情感关系的障碍。

当她继续讲述自己的故事时，个人经历对她当下造成的影响变得更清晰了。她出生时就被母亲遗弃了，她从一个弃儿医院搬到了一个寄养家庭，然后又搬到了另一个寄养家庭。在3岁时，她终于被一对富裕且受过良好教育的夫妇收养。她嘴唇上的伤痕就来自她有酗酒问题的养母。

“我养父想着通过收养我，也许可以让养母变得更清醒。我没能帮上忙。事实上，我成了她很多问题的替罪羊。”

在霍莉6岁时，她的母亲怀孕了，而这是母亲花了15年时间一直努力做的事。从一开始，詹姆斯（母亲的儿子）就成了家庭生活的中心，同时把已经令人讨厌的霍莉挤到了角落的阴影中。詹姆斯是一个非凡的成功人士，长大成了一名泌尿科医生。对于霍莉，被弟弟取代自己的地位带来的情感冲击加上母亲的酗酒问题影响了她在学校的表现。她勉强进了大学，入学两年后就辍学，跟随一支乐队在加利福尼亚州巡演。

她回来的时候，浑身是瘀伤——身体留下了不良感情和艰苦生活的痕迹。她染上了毒瘾和酒瘾。她的父母都很厌恶她。这对于她并不新鲜，但是这次他们切断了对她的经济支持。她再次被遗弃，真真切切地。她已经长大，不能做弃儿了，但又不是太大，她能感觉自己非常、非常孤独。

幸运的是，她在触底时也有了收获。就像蹦床一样，她被反弹后向上运动。她参加了一个“12步计划”。等我见到她的时候，她已经戒了毒，并且坚持参加恢复活动逾十年时间。她获得了大学学位，找到了一份待遇不错的工作，还在一个自杀热线组织做志愿者。周末，她在一家餐厅做招待。尽管日子过得很忙碌，有时她还是会坠入到令人压抑的孤独之中。

她还从未进入到一段长期的情感关系中，也没觉得自己有望找到这样一段感情。“我身上有一种东西总是让人把我推开。”

尽管霍莉的经历听起来可能很极端，却很明确地展示出分离创伤是如何破坏个人形象的。如果达到一定程度，自尊的失去就会成为爱和亲密关系的障碍。无论霍莉如何尝试要改善对自己的感觉，被遗弃的经历从内向外地榨干了她的自尊。这个隐形的下水道变成了一个盾牌，阻碍霍莉认识到自己的才能。它也可以阻碍你实现自己的潜能。

我们中很少有人经历过霍莉的创伤，但是大多数人不记得那些促使他们对自我价值产生疑问并且至今依然在影响自己的事件。大多数人可以辨认出自己和其他人低自尊的表现。这包括：

◉ 难以坚定地做事；

◉ 在某些处境中感到受压制；

◉ 犹豫不决；

◉ 过度需要认可；

◉ 难以容忍自己或他人的不完美；

◉ 感觉自己有不足，不够好，没达到标准；

◉ 在那些有更强大自我的人附近会感到恐惧；

◉ 把自己和别人进行比较，感觉他们有你没有的东西；

◉ 对批评过度敏感；

◉ 因为担心失败而拒绝竞争；

◉ 对行动的恐惧——你确信你会搞砸了；

◉ 对成功的恐惧——你不想让别人嫉妒你，你害怕竞争带来的反作用力；

◉ 让焦虑影响你的职业发展；你不能够展现出你的技能；

◉ 不断反思你在某个压力巨大的社会交往过程中的表现；

◉ 担心别人对你的看法；

◉ 让不安全感影响你的关系；

◉ 躲避聚光灯但又憎恨不被认可；

◉ 在直接表达愤怒或负面感受方面有困难；

◉ 难以向别人要求你想要的，尤其是那些在情感上对你很重要的需要；

◉ 在接受赞扬方面有困难；

◉ 想要得到权力和权威但难以明晰边界；

◉ 在接近权力群体方面有困难；

◉ 感觉到渺小、柔弱，很容易被别人占便宜；

◉ 在别人有机会贬低你之前，自己就把自己贬低了。

我们中的有些人对这个清单实在是太熟悉不过了。大量的文献已经阐述过这些指标，绝大多数基本上不需要过多解释。但是我故意没把某个内容放到这个清单上，那是很少被视作与自尊相关的东西，但它又是自尊低下的基石。它就是获得即时满足的需要。

你是否很难坚持减肥计划？你是否因为不能抗拒把那块巧克力蛋糕吃掉的诱惑而提前终止了减肥？你是否买了你承担不起的东西，喝了第二或者第三杯酒？或者你是否为了应急而采取了一系列权宜之计，而从长期角度来看这些行为都已经被你认定为对自己不利？

对于童年遭受遗弃的幸存者来说，普遍存在延迟满足的困难。这成了自我破坏的来源（这是外在儿童的领域，我们将在下一章里探讨）；影响了你达成长期目标的能力，就像霍莉感觉到她本来可以成为和她弟弟一样优秀的医生。

“我本来可以和我弟弟有同样的机会。但是我不想那么努力学习，并且在那些年里没有收入，睡眠也很少。我感觉到足够痛苦，对自己很失望。我需要能够让我感觉良好的东西，立马就需要。这就是我去了加利福尼亚州的原因。那支乐队让我感觉自己就像是女皇，至少有一段时间内确实如此。”

那些能等待延迟满足的人通常是有良好自尊存量的人。他们是从哪里获得足够自尊的呢？他们很可能有天生的才能，然后把通过发挥才能所获得的成功经验积累起来。但是在这背后，通常会有一个爱人积极助推着他们，提醒他们自己内在的价值。他们的家庭也可能对他们有很高的期望，促进了他们自信心的养成，使得他们感受到自己理应获得成功，并且有能力去获得成功。

为什么人需要即时满足？这和自尊有什么关系？

在第三章我们谈到过，许多遗弃幸存者在童年经历过痛苦被延长的一段时期，在这段时期，他们的父母亲要么在身体上，要么在情感上，都不可企及。你可能记得那种空洞的感觉——那些当你需要却不能获得满足的时刻——也是当你等待那些永远都没有实现的愿望的时刻。你不可能逼着父母把你照顾得更好些。那么，这种情感饥饿，也就是困惑感，后来怎么样了?

很大程度上，你把这些情感都内化了。

你把困惑都指向了自己。你很绝望，希望能再次获得爸爸的关爱，或者变成妈妈的最爱。你确信自己毫无价值，或者在某个重要方面有缺陷。当你的需要变得越来越紧迫时，你知道有些方法可以暂时延迟这些需要。你就一把抓住了最快捷，也是你能找到的最方便的对策——食物、电视、自慰、冲动型锻炼——任何能够抑制住那些令人不安感受的事。

有时候，内化情感饥饿的儿童会把困惑情绪带入成年期。成人对于即时满足的需要对他们的主要人生目的产生了影响，他们发现自己被困在了成功阶梯的最低一级，并且为此而自责。

有一些童年遗弃幸存者是后进生，而有些则是超常成就者，不断进取以便补偿他们坚定相信自己所缺乏的东西。他们总是在工作，不给自己机会得到奖励。后进生和超常成就者被困在一个自我贬低的恶性循环中，而这正是这些极端感受的核心所在。

很多人用各种自我药疗的方式来缓解自己的不安感。他们把精力投向毒品和各种活动，以减轻那些源自不断积累的紧迫的未被满足的需要。无论是食物、饮料、锻炼、工作、脸书，还是爱人，他们对任何可以带来舒缓、麻醉或者让他们从情感饥饿中分心的人和事形成了依赖。

缓解这些自我强化的依赖和相互依存关系的解药是：敢于明确你的目标，去追求你遗弃了的梦想，去为更高的地位而奋斗（因为那些狒狒的经历而备受鼓舞）。你需要学着去改变你的自我遗弃行为。

自我遗弃是实现即时满足（即糖果）。而延迟满足才能够使你采取必要措施得到真正想要或需要的——也许是苗条的身材，或者是健康的爱、成功的事业、稳定的财务收入。为了快捷的满足而丧失了长远的目标是我们遗弃自我的主要手法之一。

当我们最终决定要认真照顾好自己——要扎实地爱我们自己时——我们可以放弃即时满足而选择长远的路径以达成真正成就。第三个爱克如练习就是为了推动这个变化而设计的。它能帮助我们打开生活中新的窗户，做出新的决定，打破路上的障碍，实现真正的潜能。

第三个爱克如练习：营造一个梦想情境

第三个练习是关于如何处理和运用内化阶段的能量的。它要运用到你最强大的资源——你的想象力。你可以在任何时刻进行这个练习——开车时、在健身房跑步机上，无论何时。只要你有几分钟时间可以聚焦于你的思想就够了。

前面两个爱克如练习为这个练习打下了基础。“活在当下”练习帮助你运用当下来面对痛苦，并且强化了你和周遭世界的关联体验。“大的你和小的你”对话则让你和最根本的情感感受与需要获得了接触。你学着去爱、去滋养你自己。

第三个练习是一个视觉化练习，会让你再向前迈进一步。它强化和拉近你和自己的新关系。如果内化是内部聚焦的时刻，你能运用其指向内心的能量去重建内核并且在生活中创造出积极变化。这个练习的视觉化过程需要积极运用你的想象力。需要再次强调，想象力把你和你更高的力量联结在一起。

通过有指引的视觉化过程，你将把你的能量聚焦于目标、梦想和理想，为建造一个新的自我打下基础。在这个过程中，我将介绍一套我称之为四个自我基石的原则。

正是在本章所讲的内化阶段中，因为分手而造成的伤害会潜入自我形象中。不幸的是，许多人在应对这种伤害时试着按它的规矩来；用自恋型的防卫去抗争自恋型的伤害。他们告诉自己，我很重要！我很性感！我比他要更有价值！我是成功的！这些自我肯定把所有的重心都放到了你自己的特质上——关注你是如何美丽，如何有才能。

但是，四个自我基石并不基于你的独特才能，关键点不在于列出你的身体特征、技能或者职业成就。这些基石是人更基本、更内化、更普遍的方面，是不可分割且超越自我的。年龄、残障甚至被遗弃都不能削减它们。它们是谁都不能从你那里拿走的、不可征服的自我原则。

四个自我基石

1. 面对、接纳和庆祝你作为人的独立性。我们，我们每一个人，都是一个完整独立的人，无论我们是否处于情感关系中。我们以自己的方式进入和离开这个世界。

2. 庆祝你存在的重要性。你不比其他任何人更重要，或者更不重要。每一个人的存在都是重要的，你将决定并且尊重自己的价值。无论你的年龄、特点或者身体能力是什么样的，每一个人的存在都是一个快速掠过的珍贵礼物，你的价值必须在当下得到实现。

3. 面对和接纳你面对的现实。无论事情变得多艰难，这是你当下面对的唯一现实。记住世事无常，你是推动现实前行的力量。你可能并没有选择你所面临的挑战，但你也不是事情变得糟糕的原因。但是现实的处境是你必须去面对的。你可以大声抗议——试着去改变不可改变的事情——或者你可以从当下汲取精华。这就是在培养“彻底的”接纳，改变那些你自己身上可以改变的。

4. 增强你爱的能力。我相信大多数人只用了百分之五的能力去爱。爱是我们人类所拥有的最强大的力量之一。你不能控制别人的爱，但是你能增强你自己给予和接受爱的能力以及这种能力所带来的益处。

面对、接纳和庆祝你作为人的独立性	庆祝你存在的重要性
面对和接纳你面对的现实	增强你爱的能力

四个自我基石

营造一个梦想情境

这个练习为你提供一个载体，让你把这四个原则融入你的思维和核心信念中。它涉及运用想象力来营造一个融入了四个基石的梦想情境。

在遗弃恢复过程中，你的目标不仅仅是简单的阅读并理解这四个基石的含义，还在于运用它们，让它们改变你。

从这个意义上讲，你将把内化过程为你所用。

这个练习就只需要几分钟时间，但是很快就能产生效果。

在过去，我把这个练习称之为“梦想之屋”，但是经过我在工作坊中多年的使用经验，相当一部分使用者反馈说很难把一个屋子视觉化，因为有一系列很现实的因素（我会在注释部分具体阐述）。因为这个练习带来很多的益处，我把它重新更名为“梦想情境”，以使这个过程具有更普适的使用价值。

要营造梦想情境，你必须进入到当下状态，准备好积极运用想象大脑来激发你的视觉和空间皮质等大脑区域。第一个任务是想象你在经济上有无限的资源。目的不是支持唯物主义，而是要具备没有创造限制的自由。没有必要认为你会在某一天拥有这些资源；你只需要想象就行，让这个练习能够进行下去。假想的方式能够使练习产生强大效果。

想象你拥有无限财务资源，这将帮助你绕过内心的门卫，以便你能够把真正的需要投射到梦想情境中，而不用欺骗自己。很多遗弃幸存者有一种自我低下的感觉。通过想象拥有无限财务资源，你最终能够探索那些平时不敢想的梦想。很多人都害怕建立远大梦想，以避免自己失望，这个练习就是要让你不再担心。

第二个任务是营造一个服从了现实法则的梦想情境（也

就是说，你营造的不是一条飞毯）。第三个要求是，这个情境必须具有你可以居住其中的结构，因为它需要在想象层面包容你、你的需要、力量、欲望、挑战、梦想，还有潜能——所有构成你的部分。你把四个基石原则有机融入到这个结构中。它将成为一个能够孵化你成长和变化的容器。

第三个任务：这个容器必须能为你挡风遮雨，以便你在外部天气产生任何变化时都能够待在里面。它必须有形状，因为它将由你运用想象力设计和营造。不一定是要你亲手建造，也可以是工匠和助手来帮助你实现梦想，他们也会从这个过程中受益。当你在想象中营造这样一个结构时，你会无意识地把你的现在和将要成为的自己糅合到一起。

你的梦想情境不需要和度假别墅相似。它可以是一个巨大的岛上的一间小屋；它也可以是一座慈善性质的大楼，你要用其来为儿童和其他有需要的人提供服务；它也可以是一个房间中装修过的一个角落，而你将住在那里。你并非要常年住在那里，只需要在想要来的时候在那里快乐地待上一阵子就好。

为了简单起见，我就把它称之为梦想情境或者梦想之屋，你有自由决定你想要的结构。你只需要确保这个地方足够大，能够在有需要时也容纳下其他人。在设计的时候，你需要确认，内心的门卫并没有限制了想象的范围或者尺寸。

记住，没有必要期望你想象的都会变成现实。事实上，相信“梦想成真”的压力也会干扰想象力的自由发挥。相信“好事会发生在自己身上”需要心存希望，而对很多遗弃幸存者来说，希望是最令他们痛苦，也是最缺乏的。幸好，要让这个练习起作用，你不需要说服自己真的拥有一个梦想之屋或者获得它所能带来的象征性益处。你所需要做的，是把这个情境造出来，想象你在未来的某一时刻，住在其间，感觉到宁静、平和、关爱，并且参与到令人满足的各种活动中，包括有其他人参与的活动中。营造充实自我的想象中场景会激发镜像神经元，帮助你加强技能储备，在最大程度上促使你有机会实现最具挑战性的目标。

营造这个梦想情境，只需要几分钟时间，但是效益几乎立即显现。活动的设计要有乐趣，它激发对可达目标的预期，活动本身自带奖赏。大脑的奖赏体系涉及多巴胺，一种负责调控在毒品上瘾中所产生的“必须得到”的回应的神经递质，这种神经递质对于把行为转化为习惯至关重要。多巴胺在人对奖赏有预期时得以分泌。通过想象梦想情境，你在玩笑、滋养和快乐中产生了富有希望的预期，为大脑喷洒上多巴胺(和阿片类物质)，帮助你与不知觉地投射到这个结构中的所有积极的情感、目标和活动建立联系。

营造梦想情境是一项自我滋养的行动，它能唤醒你，带你进入自我创造的内在疗养院，并且为专注爱和善念增加另一层益处。

视觉化想象是一个强大的工具。这个思维训练让你能够打破纯粹认知学习存在的局限。有多少电视迷能够背诵久坐不动的健康风险清单，却依然无法调整他们的生活方式？这个练习要带你超越认知的局限，让你走出困顿。

当空手道大师准备要用双手击断一块煤渣砖时，他们不是将能量集中在砖头上，而是集中在煤渣砖上方的空间中。同样道理，对梦想情境的视觉化营造把能量聚焦于你自己的砖头上方的空间，让你实现突破。通过运用想象力来描绘梦想，你就能驾驭内在能量以及视觉力量，在你最担心的自我怀疑和最坚固的强迫症思想的上方畅游，并营造一个内部空间，在这里，你的目标得以实现。

这个练习的临床证据是生活的改善，并且是源自很多不同群体的生活：我自己、我的客户、工作坊的参与者、其他临床医师，以及来自不同领域的专业人士。所有“信息源”都反映自己达成了显著变化。在梦想情境中，我们塑造新的自我，驾驭着生活驶向新方向。

一开始你可能会抗拒这个练习，因为它需要你产生某种不现实的幻想。现在，放下你的怀疑。先试试，然后再根据在练习里观察到的自己的改变来决定是否继续。

你只需要一次指导就可以做到。之后，你将能够在几秒钟之内营造出你的梦想情境。事实上，关键做法是在你的思想屏幕上保存梦想情境的影像，这样你就能够全天不断回访这个影像，就像是一种咒语。

让我们开始吧！

创设一个自我。首先闭上双眼。想象你有无限的财务资源。也许你刚刚中了彩票。记住，重要的原则是要按现实规律行事。比如，你不能把逝者复活或者控制别人的行为（也就是让他们爱上你），但是你可以有足够的金钱来完成很多事。

想象出理想的梦想情境，需要是一个在细节上让你非常满意的场所，能够让你在里面很快乐地独处，如果你不得不独处的话（而不是选择独处）。

什么样的环境才能满足这些目的？在那里冬天会不会下雪？还是热带地区？是在山顶上？是不是可以俯瞰大海、河流、湖泊，或者山谷？是不是一个茂密的森林，还是乡村，或者是城市？是不是一个温馨的邻里社会？是有着美景的公寓房？还是自带各种功能的规范社区？是你现在住的地方还是别的国家？

（暂停，花点时间想象。）

现在开始想象这个结构本身。记住，钱不是问题。如果小的、温馨的适合你，那就想小的、温馨的。如果一个大庄园出现脑海里，那就来个大庄园。

核心理念在于创造一个与你的需求完美契合的地方，在这里，你能够一个人庆祝你的独立状态。你和“小的你”将要很满足地在这个梦想情境里享受独处时光，伴随着宁静和快乐。这里有可以满足你的成人自我和儿童自我的所有东西。如果壕沟或者铁丝网是你觉得可以让你和“小的你”感到安全的东西，那就把它们纳入你的营造计划中。对这个地方的营造需要满足你的情感需要和冲动。你可以建造巨大的场所或者就在你最喜欢的城镇中的主街街角建造你的房子。

（暂停一下。）

现在想象这个住所的内部空间。你需要多大的空间？无论你要设计的庇护所是什么类型的，你都会需要一个地方来存储或者烹饪食物，还需要一个可以遮挡雨雪的空间。需不需要有一个图书馆、一个小教堂、一个天文观象台、一个冥想屋？要不要有楼梯？要不要有角落和裂缝？是否需要访客空间？花上几分钟，想想这个地方的内部设计。

（暂停一下。）

想想这个住所里你最喜欢的部分是什么样的，这里是灵魂和心脏所在，也是你大部分时间都会待的地方，在这里你聚精会神，舒服自在。是待在厨房？坐在桌子前远眺美景？靠在你最喜欢的树上？或者是坐在密室中世界上最舒服的椅子上？

一旦确定了梦想情境的情感中心——你最喜欢的地方——让自己在那里坐下来，悠闲却依然完全保持清醒和警觉。

（暂停一下。）

想象你坐在自己最喜欢的位置上，被令人着迷的景色带入了当下。你能够看到是什么使得你感觉如此富有生机？欣赏着这个景象，你能体认和欣赏到存在本身的重要性。那里的什么东西让你如此着迷？溪流？瀑布？群山？树林？海滩？想象一个让你与生活联结到一起的场景，助力你真正生活在当下。

（暂停一下。）

待在这个住所，整体感受是什么？那里是不是充满了光明？是私密的，或是开放的？里面有哪些特别的东西？一个老旧的炉灶？一架钢琴？或是贝壳？围绕在你四周的应该是舒适和快乐，而这个空间将成为你可以接纳自己所面对的任何现实的地方，包括你现在正在面对的现实，无论现实有多苦难。什么样的事情能够以一种快乐的方式吸引你的注意力，让你从那些痛苦的想法中抽离，进入当下？窗外的一只鸟？花香？大海的涨潮声？一张照片？一幅画？

这个空间包含了这些特别的事物，头上的景象也包含了令人惊叹的自然元素。是不是有马儿嘶鸣奔跑着？所有这些元素帮助你去接纳现实，无论面临的挑战有多大。

（暂停。）

营造一个两年以后的你，平静而满足地待在你的梦想情境里。很重要的一点是想象你自己正投入到极具成效的未来计划中，以激活镜像神经元。哪种有意义的活动会占据你的大部分时间？是在享受休闲时间还是投入在一份令人激动的新工作中？是在做园林景观设计？在旅行？在画画？在烹饪？在安排家庭聚会？还是在攻读一个学位？寻找一份新的职业？是什么职业？你是不是花很多时间在户外郊游？访友？

努力营造一个特别的点，想象自己正在致力于从事积极的活动，这些活动让你感觉良好。

（暂停一下。）

你会把哪些朋友和家人迎入你的世界？想象从现在开始的两年以后的场景。也许，你有了新伴侣？你和孩子在一起？或快乐地独自生活着？是否有人（一个朋友或者爱人）和你共享这个梦想情境?

你会在哪一间屋子里和他们互动?密室?卧室?厨房的桌前?确保你想象以自己喜欢的方式和他们交流——做爱、相互依偎、谈笑,或者进行美妙的对话。营造一个你认真聆听他人、关爱他人、带给他人温暖的思维景象。

(暂停一下。)

想象爱的能力在这个空间里与日俱增。你生命中所有的人都能感受到你的爱。你的爱温暖着他们每一个人心中的特别之处,把你和他们以深刻而温暖的方式联系到一起。你感觉这样的联系既可以是和身边的人,也可以是和远方的人。

这种新的精神慷慨源自你与日俱增的爱的能力,源自你对独立状态的接纳,这源自你对存在本身的体认和欣赏,还源自你对现实的拥抱。想象这些人现在都在哪里。楼上吗?还是此时此刻正把车停在门前?

(暂停一下。)

现在想象整个梦想情境的背景、背景里的人物、新职业或者活动,把这些都尽量集中到一个单幅画面情境中。

(暂停一下。)

这个梦想情境就是你——那个你即将要成为的自己。梦想情景的建筑风格、空间装饰、场景布置都代表着你作为一个人的身体和情感需要，以及内心最深处的梦想和目标。它就是你将要指引自己前行的生活方向。

要实现练习效果的最大化，你需要坚持经常练习。你不需要每次都重新营造这个结构，这个练习只需要很短时间就可以完成。你不需要背诵四个基石原则，只要确保你在想象梦想情境的时候把这几个原则纳入考量就行。通过体验这个空间，你庆祝你的独立状态、存在的意义、你面对现实、还有爱的能力。

梦想情境高度锻炼了你的大脑。要增强其益处，你需要经常想象自己在未来从事积极且有成效的活动。这些你营造出的视觉影像除了能够激活镜像神经元、多巴胺奖赏体系、左前额皮质，还能够激发大脑的想象工厂——顶叶[1]。这是负责聚焦、解决问题、制定计划、空间计算等（只是随便列举几个）的大脑整合区。大脑有生长出新神经元突触的能力，这个练习肯定可以为大脑提供丰富的精神食粮。

我建议你保持把梦想情境置于你的脑海中，在一天当中用你的想象力积极地回到这个情境中，不少于三次，每次几分钟时间。坚持大概三个月时间（或更长），你就能看到生活发生了真实的变化。没有必要一定把眼睛闭上，你可以

1 位于大脑外侧裂上方、中央沟与顶枕裂之间的部分，包括中央后回、顶上小叶、顶下小叶和旁中央小叶，主要与感觉功能有关。出自《心理学名词》（第二版）——译者注

在火车上或者在邮局排队时回访梦想情境。

在设定新目标时，需要重新装修你的梦想情境，以便它能够满足（或者保持超前于）你当前的需要。

准备好向前探索。你正在作为一个人快速发展着，你的需要也在不断变化。你可能会决定把梦想情境搬到另一个国家去；把它变得大一些，或者小一点；增加一个房间，或者拆掉一个；把最喜欢的地点从一个房间换到另一个房间。对这些变化的想象是对大脑的良好的物理治疗。

通过装修，你成了一个虚拟建筑设计师。当设计衣橱、楼梯、新的花园小道或者果园的最佳位置时，你无意中锻炼着你在生活中解决平行问题的能力。想象越鲜活，对大脑的锻炼效果越佳。

很多人把自己的梦想情境用笔画了下来，随身带着。这是很棒的做法。记住，重要的是让这个景象保持在你的大脑幕布上，并积极地设想你自己就在里面，每天至少三次造访这里。

梦想情境从你最强大的资源中——你的想象，获取能量。通过它，你变成生活的工程师和设计师。作为一个设计大师，你在内心营造了一个安全且快乐的场所，那里满足了你最伟大的需要、目标和渴望。梦想情境代表着你的真实自我，与此同时，它为你提供了一个成长之地，营造出对未来的积极期许。

对梦想情境的视觉化营造过程把正念和爱善念融入了精神结构中，在那里，你能够孵化爱，推动你的人生前行。

在这个练习中，思维的哪一部分负责建造、设计和解决问题？我猜想是我们的希望之泉在负责视觉化的工作。这个希望之泉，尽管我们在遗弃过程中没有感觉到，却深深埋在心里，时刻准备着为我们服务，帮助我们打破自我怀疑和过度取悦别人等障碍。在我们的想象中，我们被解放出来，去发现内心更高的力量。

这么多年来，这个自我都藏到哪里去了？作为蹒跚学步的婴儿，当我们刚开始发现并运用四肢时，我们离开母亲去探索周遭世界。视觉化想象强化了我们内心原始的部分，这个自我部分想要去探索并加强自主能力，感受不受旧情感限制的自由，并且主动跨向未来。

内化拒绝阶段的总结

在内化阶段，我们处在自我伤害过程的核心位置上。我们把对拒绝和独处的焦虑感内化了。

内化的能量是强大的。它的运作就像向心力的作用过程，把被拒绝和抛弃的情感感受都向内心拉扯，而内心正是核心信念的形成之处，同时也是我们默默认定自己毫无价值，不值得爱的所在。

当我们还是儿童并且感受到了被遗弃，我们不能轻易摆脱伴其而生的自我怀疑和焦虑。情感上来讲，我们并没有成人那样有韧性，也更容易受伤。我们把被拒绝的情感都内化了，变得害怕独处。

作为儿童，我们会树立起临时的关卡。我们创造出内心的门卫，以应对深挖情感带来的伤害和恐惧。

当我们长大成人，失去依附的爱人唤醒了那些试图悄悄把生活和我们隔离开来的门卫。我们再次很真切地感受到了所有的情感。

我们从自我的伤口中重生，不再选择去怀疑自我或贬低自我。

是时候内化良好的情感了，去庆祝自我存在的天赋价值。遗弃恢复赋予我们一个愿景，这个愿景允许我们绕过门卫，用梦想、目标、接纳和爱重建内心。

内化把我们带到了内心深处，在这里，我们与怀疑和恐惧的恶魔斗争。内化是灵魂的客西马尼（受难所）[1]，从这里，我们带着谦逊、力量和愿景重新出发。

---

1 客西马尼，英文为Gethsemane，耶路撒冷郊外的一个花园，《圣经》中耶稣的被捕之处。——译者注

第四阶段

暴怒

我们都知道暴怒会伤人。它在自我融化了的内核里翻滚沸腾着。它也唤醒了外在儿童。让外在儿童暴露在外是恢复过程的转折点，也是达成持久改变的桥梁。

什么是暴怒？

暴怒是对痛苦的抗议，是反击，即拒绝被离开我们的人伤害，也是扭转被弃感觉的方式。

那些了解遗弃暴怒的人知道：伤口在疗愈过程这个关键点上是柔软、滚烫和疼痛的。我们因为身体抗击伤口的毒素而剧痛，这痛让我们感到愤怒。

正在被修复的组织粗糙而紧张。任何东西靠近它们，我们都会愤怒地叫喊起来。我们已经为应对所有威胁做好了准备，准备好了要对即使是最微小的批评进行回击。

其他人可能没有认识到我们伤口的大小和深度。他们碰及我们的伤口时，并没有意识到这种触碰会造成多大的痛苦。我们警觉地站着岗，护卫重新浮现的自我。

我们通过外在儿童来护卫自己免受进一步的伤害。外在儿童是自我的一部分，负责展现出内在儿童的恐惧和暴怒。外在儿童假装是我们的盟友、战友，但它实际上是我们的门卫。它的使命是抵抗变化，防御情感的入侵。

在遗弃的第四阶段中，我们的防御方式可能会变得僵硬。人们可能以为自己已经再次变得强大，但是这种外向显露的力量通常只是外在儿童的地位变得比过去更加牢固的表现。

控制住外在儿童的冲动是实现真正恢复的关键所在。学会辨识它的特征后，我们就能够开始改善不健康的防御行为。目前为止，我们一直在为治愈铺路；外在儿童的工作是改变我们的行为，是恢复的下一个任务。

我们都知道暴怒会伤人，它在自我融化了的内核里翻滚、沸腾着，它也唤醒了外在儿童——不再控制它，让它暴露在外。让外在儿童暴露在外是恢复过程的转折点，也是达成持久改变的桥梁。

遗弃的第四阶段：暴怒

罗伯塔的暴怒

罗伯塔清楚记得那个夜晚，当她第一次注意到自己的情绪从孤独转向了愤怒。

她正准备去听交响音乐会。自从她在音乐会上当场抓到特拉维斯（他是一个音乐家）和一个女人在一起的现行后，她就再没有去过音乐厅。她只是后悔没有打他打得再狠些，应该用包把他打翻在地，把他的鼻子打断。对于她而言，他太容易就脱身了。

但那是六个月以前的事。为什么她现在仍会觉得去音乐会令她愤怒呢？她已经了解特拉维斯对她的角色设定，并且在过去数年中满足了这个角色的要求：到音乐会现场去见证观众对他的赞扬，之后，自己也要给予他赞美。她怎么会忍受了那么久？现在，她正准备要再次去听交响音乐会，而这次，是以无名观众的角色出现。

也不能说她一直就不过是特拉维斯生活里的一个观众而已——他只是需要她来喂饱其贪婪的自我。他确实没有给予她任何回报。相反，他占用了她生命中的四年，她最好的年华，而他们的情感关系中却没有任何可以展示的东西。她花了过去六个月的时间在炼狱里痛苦地折磨自己，想要渡过难关。是时候把霉运从身上清洗干净了。他到底是如何在她的生活中制造出这样的磨难的？

站在镜子面前，她对自己说了这番话。她一开始真的不应该同意去的，但是约翰有一张多余的票。就那么一瞬间，喜爱音乐的那个自己告诉约翰不能浪费一张音乐会门票。她同意一起去，想着这也是很久没有的机会了。但是，突然间，她想到走进音乐厅肯定不是她想要的。她已经很久没有和男性一起出去了。不过，这也不是一次约会。约翰仅仅是一个朋友，一个在遗弃恢复小组活动中遇到的人。约翰不是特拉维斯。并非是他不好看，而是他肯定不是她的类型——就是太普通，缺了点……她也说不清楚是什么。约翰最好不要有任何想法。不，她没有给过他任何含糊不清的信号，他们只是朋友。

然后事情出现了转折。“花！”当看到约翰带来的花，她几乎大叫起来，“把它们拿走。”约翰一脸茫然地站在门廊里。罗伯塔抢过了花，把它们头朝下塞到门口垃圾篮里。

“罗伯塔。”约翰说道。

“我只是还没有准备好。”她回答道，也对自己表现出这样的愤怒而惊讶不已。她并没有想到自己会把这一面展示给约翰。她试着找回对局面的掌控。“我只是情绪不佳。你应该知道，约翰。有没有人能理解？”她用双手抱住自己的头。

约翰静静地立在门口。“哦，进来吧。”她说，“对不起！我不知道为什么我会有这样的反应。”其实他们都知道为什么。她告诉过约翰有关特拉维斯所有的事，而且还说过很多次。

约翰把手伸进口袋里，拿了一张纸巾给带泪的罗伯塔。“我的眼妆怎么样？”她问他，擦干脸上的眼泪，试着恢复常态。

“你看起来很棒。”约翰回答道。

“那不是我要问的。”她愤怒地回答，“我的眼妆是不是被弄花了？你是不是想要让我看起来像一个花篮那样去听音乐会？”

他又给了她一张纸巾。“罗伯塔，如果你不喜欢的话……我们就别去了。”他提议。

“不，我们走。”她干脆地回答道，一把抓起她的手提包，把门重重地关上了。

遗弃的第四个阶段——暴怒，是最易变且极端的。罗伯塔和约翰去音乐会的那个晚上，她的愤怒从伤口周围充溢而出。她还没有学会如何运用她的愤怒。在她的故事中，我们很容易觉察到她愤怒发作背后的悲伤和孤独。注意，她的愤怒是向外的，而非指向自己。这代表着她已经从内化阶段的自我暴怒转而向前发展了。在第四阶段，罗伯塔感觉到了一种更有效、更有能量的愤怒。在罗伯塔的故事里，受害者暴怒的转型还没有完成。她还没有学会把愤怒纳入积极的轨道，而是把愤怒发泄到一个无辜的旁观者——约翰身上。

有时候，我们会非常快速地度过遗弃的五个阶段，几乎是同时经历了所有阶段。有时候，这个过程只有几分钟，有时候却要延续数月。当我们处于暴怒阶段时，我们会感觉到自己的愤怒已经达到了最高点。

暴怒会以情感爆发的方式使我们变得易怒而且暴躁，

有时候是爆炸性的。比如，找不到钥匙就可以让我们盲目愤怒。事实上，任何的失去感或者无力感，无论是真实的还是想象的，都能使人爆发不可预见的愤怒。

经过了内化阶段的隔绝后，能够表达愤怒是良好的表现。这代表着我们对伤害的积极抵抗。暴怒告诉我们，正在遭受自我贬低危机的自我已经准备好要站起来反击了。当自我不再愿意承受所有的责难时，我们的暴怒必然要向外宣泄。我们的愤怒一开始是以柔弱的抗议出现的。我们击打没有生命的物体，比如枕头。但是随着力量的增强，愤怒变得更具指向性。我们运用愤怒的能量去打破造成隔绝状态的障碍。暴怒坚持要纠正不公平并且恢复你的自我价值感。

我们可以用许多词来描述罗伯塔对约翰发火的情境。通过发怒，她开始要扭转被弃的感觉，把特拉维斯从神坛上推下来。她回到音乐厅的做法是意图重新夺回自己的领地，并放弃对找回痛苦依附关系的尝试。尽管很困难，但她已经准备好要重新回到这个世界。

把暴怒背后的能量转而向外释放并不总是容易的，可能会“忽冷忽热”。尽管这个过程会比较坎坷，但是感受到并且表达暴怒是恢复的必要元素，代表着对伤害的积极抗议以及要求自己做出改变，帮助我们重新开始正常生活。

“我以为我真的失去了这段感情，”玛丽这么说，“我不知道是应该哭还是尖叫。我不知道如何面对所有的事。在工作上，我失去了耐心。我们把这种行为称为‘对困惑的低容忍度’。每一个人都认为我变得比过去更糟糕了。但是，事实是我终于能够面对生活中的变化——直面回归正常轨道所需要付出的艰苦努力。”

在最原始状态下，暴怒是没有被雕琢过的攻击行为。我们的行动没有经过大脑思考，但是我们感觉到自己的愤怒是正当的。暴怒维持了一个自导自演、煽风点火的内部对话。在我们感觉到自己被攻击的时候，就会开始防御型攻击，我们用暴怒去保护自己。当愤怒被用来实施破坏性报复行动时，暴怒就变成了进犯型攻击。

暴怒可以同时具有破坏性和建设性。你的任务是要把它的能量用于实现健康的自我坚定。也就是说，你自己要开始采取积极行动了。

当经历着痛苦的暴怒时，我很难相信我经历的这些情感乱流会带来平和与宁静。但是我亲眼见证过这种攻击性的能量在与我合作过的遗弃幸存者身上发挥作用。我知道当时我感受到的那种愤怒代表着生活在呐喊，要我走出自己设下的陷阱，这意味着痛苦缓解的结果就在拐弯处等着。

这一章我将带领你们了解愤怒的不同表现形式。最终，你们将能够认识到愤怒的许多功能，并且可以善用愤怒的能量。我还将帮助你们辨识外在儿童的特征。对外在儿童行为的辨识让你把关注点集中到过往失去造成的影响上。现在，是时候处理那些未竟事宜，聚焦于你在愤怒中被困之处，打破阻碍你前进的行为模式。

暴怒框架

下面介绍的是暴怒阶段常见的感受和行为特征。

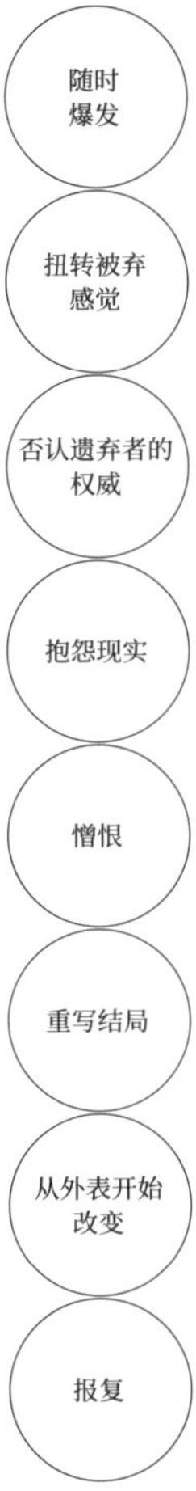

图5　暴怒的多元含义

随时可能爆发

你感觉到易怒，被种种愤怒的思想所包围，甚至随时要爆发。在表面之下到底发生了什么？

在心理层面，暴怒代表着身体自我防御的一种形式。暴怒意味着你选择应战，而不是逃跑或者定住。

按照丹尼尔·戈尔曼的说法，愤怒是由

我们感觉自己处于险境而激发的。身体上的威胁，还有对我们自尊或人格尊严的威胁——比如被不公平或者粗鲁地对待——都会导致愤怒。爱人离开这类威胁让我们变得特别脆弱。

我们也可能运用理性思维来软化愤怒的表达，但是一些特定的情境会带来难以抵御的挑战。还记得吧？你的情感大脑也被叫作哺乳动物大脑。它的进化规律决定，在关键时刻，我们先行动，后论理。想象一下，一只松鼠迅捷地冲了出去，避过了一个孩子用弹弓发射的小石头。你的哺乳动物大脑被设定了要在发现危险时，立即退避、闪开，或者在恐惧中定住，或者大喊大叫。当你刚分手时，对你的受伤自我的任何冒犯都可能被你视作危险。

杏仁核在愤怒中的作用极其关键。它是作为大脑的警报中枢系统而运作的。就像一只训练有素的狗，它会传递紧急的信息，警示它的主人注意任何可能的威胁，然后它还会准备好发起防御行动。当感觉到又一个遗弃的威胁时，它会进入紧急情感状态，并且发动战斗，行动速度比意识思维更快的杏仁核会自发地回应。

多尔夫·齐尔曼（Dolf Zillman）解释说：“愤怒会引发两波唤醒。”在接收到一个可能的威胁时，你的杏仁核会发出指令，释放能够激发即时行动的应激激素，使你有能力持续保持警惕，应对更多威胁。

第一波唤醒是肾上腺素的波动（或者叫作茶酚胺波动，涉及肾上腺素和去甲肾上腺素的分泌）。我们感觉到能量快速增长，用齐尔曼的话，这种能量足够支持“一次剧烈行动”。根据具体情况，第一波唤醒会在几分钟之内就消散开去。

第二波唤醒涉及糖皮质激素类的分泌，创造出持续数小时甚至数天的能量。这将创造出戈尔曼所说的“行动预备的背景基调”。这种背景基调形成一个基础，在此之上，后续的反应行动能以特别快的速度形成并得以实施。

戈尔曼解释说：“这就是为什么人在被刺激或者是被轻微惹恼时更容易发怒。”

“我正在想念盖比，感到自己很糟糕，随时都可能为任何事而爆发愤怒。”基顿这样说，“有一次周末，我姐姐没有接我的电话，也没有回电话。我知道她应该是出门了，但是我不想听任何解释。我随时都可能爆发。”

因为伤痛还柔嫩，基顿已经进入了一个被强化的唤醒状态——随时准备行动。他把姐姐的沉默视作冷漠，于是被一下子冲上头的愤怒所淹没。

“最后，我姐姐在回家的路上用汽车电话给我回电。‘就想打个电话，’她说，‘看看你怎么样。’很不幸的是，那时候我已经在她的电话录音里留下了一则愤怒且极具挑衅的留言。”

当你把注意力聚焦在别的事情上，一直保持警觉的杏仁核仍忙碌地在你经历的事件中扫描着和旧创伤相似的情感威胁。正如戈尔曼所说，“杏仁核扮演着某种“神经元之‘说出歌名’”的角色”。它能够通过一首歌的几个音符就做出判断，由若干临时性的迹象来拼凑整体印象。在极端唤醒情况下，当背景基调被设定为行动预备状态时，你可能会轻率行动，对一些后来发现并无威胁的事情实施攻击。戈尔曼告诉我们，当你的杏仁核俘虏了前额叶时，比如在你遇到情感劫持时，你的认知大脑就不能再学习新的东西，并且会回到超量学习过的那些习惯中。这些习惯的根源可以一路回溯到童年时期。

“周六晚上，我本来是要和我最好的朋友共进晚餐，”芭芭拉分享道，“但是她因为另一个约会而取消了晚餐。我是如此愤怒，以至于在从家里倒车出门的时候撞上了一棵树。这让我变得更加恼怒。我从车里出来，疯狂地踢汽车，把自己的脚给弄伤了。我所有的邻居们都在看着我，也许都憋着不笑出声来。我不知道我是怎么了，后来我发现自己的脚趾头有三处骨折，被迫打上了石膏。”

愤怒的两波唤醒

为什么愤怒这么容易被引发？你的大脑里有一条特别的路径，负责把视觉和声音都直接传送到杏仁核，完全绕过了大脑中负责思考功能的新皮质。换句话说，你的情感大脑在几微秒时间里就能对一个威胁做出反应，这远快于你的新皮质接收并处理感官信息。你的眼睛看到了敌人，你的杏仁核就激发了格斗、定住，或者逃跑的反应，这远比你的理性思维更早发挥作用。

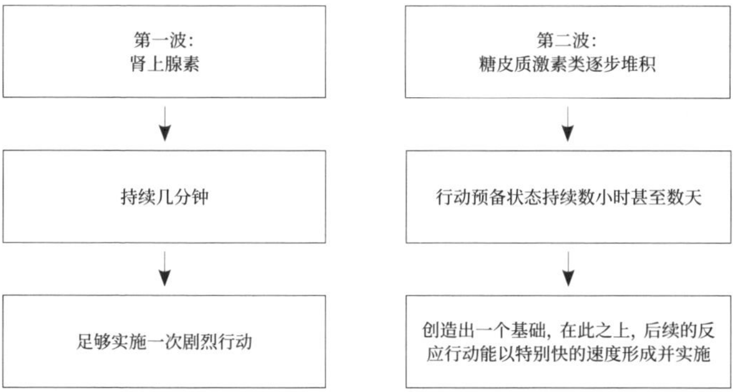

图6

你的情感大脑被认为是哺乳动物大脑，而你的大脑新皮质将对真实或者想象的威胁进行比情感大脑更加精细准确的评估，它是人类理性思维产生的地方。通往新皮质的回路要更加复杂，比通往杏仁核的回路要拥有更多脑细胞。新皮质回路比杏仁核回路要花上多一倍的时间来处理收到的信息。虽然慢点，但准确性会更高。

一旦理性思维有机会意识到某个潜在的威胁是无害的，它就会传递一个一切安全的信号到杏仁核，指示杏仁核放下警惕。可是，那时第二波唤醒也已经到来，并且把背景基调设定为格斗预备状态。

由于这个背景基调在潜意识层面运作，它发挥作用时就会绕过有意识的知觉。你依然没有意识到自己处于已经紧绷的唤醒状态。当一个明显很微小的刺激出现时，你的过度反应会让你措手不及。

“有一天我对着我第七节课的学生吼了起来，我从来没有这样过。我自己都完全被震惊了。”玛丽说，“我没有察觉到我会这样。首先到来的是愤怒，然后我意识到自己一定是生气了。如果不是我失去了冷静，我可能都没有意识到自己的愤怒。我不得不控制住自己的暴怒。我不想自己不断地把愤怒发泄到学生身上。”

和玛丽一样，我们需要监测情感感受，尤其当我们处在持久的情感危机中时。你能够控制住对那些无辜者爆发愤怒的冲动。如果受到酒精的影响，我们更难控制住我们的愤怒。

“有一天晚上我和我的朋友出去喝酒，其中一个朋友说，‘你看起来好多了，罗伯塔’。好吧，因为某种原因，这句话激怒了我。‘你还不明白？’我高声喊叫，‘我只是试着继续我的生活，但是整个生活很糟糕。你想要相信我变得更好，是因为你们所有人都厌倦了听我说起我的生活。所以我不得不为你们演这样一场大戏，让除我以外的所有人都高兴。

“当我结束了我的长篇演说，他们都看着我。这样的宣泄看起来并不像是平时的我会做的。

“接下来的一天，我意识到我当时的情感是如此粗糙，和他们的不够敏感没有关系。就在那个时候，我意识到也许我表现得过分了。”

遗弃伤口在这个阶段依然柔嫩。一旦背景情感基调被设定在边缘位置，激发反应所需的条件就越来越低（越来越小的刺激）。几乎任何微小的带有拒绝意味的轻蔑都可以成为压垮骆驼的最后一根稻草。因为毫无防备，你很容易发现自己把愤怒都指向了无辜的旁观者。

当你开车时，某人忽略了应当给你让出道路右侧的常识，你会像用虎头钳一样紧紧抓住方向盘（把它视作那个司机的脖子）。你爆发愤怒的门槛变得更低，你的杏仁核已经把这个微小的交通事件认作一种漠视。考虑到酒精会产生推波助澜的作用，禁止酒后驾车。

先从外表开始改变

行动预备状态会产生一种神经能量，引发一系列行动，这些行动不一定都是愤怒或具攻击性的。我的很多客户都以对自己的外表实施重大改变的方式来表达他们的愤怒。

“我把头发染了，”玛丽说，“我不再是原来的盐巴辣椒模样了。我这次变成了一个褐色头发的女子。实际上，我跨越了原本自然的深褐色，直接染成了深黑色。几个星期后，我把头发剪短了，还买了一对夸张的耳环。”

在做出重要人生转型时，人们常常会改变外表。让我们用孕妇做例子。我们时常听说待产的母亲为了迎接生活中戏剧性的变化而重新装修了一个房间或者整栋房子。我的一个同事最近被提升成心理治疗部门的主任。尽管他的薪酬并没有得到实质性地提升，这依然是一个非常有荣誉的任命，是对他的专业能力和多年职业生涯的肯定和认可。他买了一辆豪车来庆祝荣升，这辆车和我认识他以来就知道的那辆破车完全是两个档次。他自我感觉良好，想要从外在方面展现自己的感受。

通过可见的方式来展现自己的变化是人们普遍的需要。有的人会尝试不同的发型或者购买新衣服。有的人则把注意力集中在房子上或者投入到健身运动中去。从表面上看，这些变化可能很肤浅，但它们是采取行动的表现，是在把愤怒的能量指向外部。

这些行动常常具有象征性，它们为改变搭建了舞台，有助于我们和其他人准备好进入新的未来生活。崭新的形象向世界宣告："我来了，准备好吧。为全新的我腾出空间。"

家人和朋友可能会被这些变化迷惑，你也可能对自己对化妆或者花样跳伞突然产生的兴趣摸不着头脑。根本上来说，这些都是当伴侣离开你之后，你为了经历过渡期所采取的行动。

"我打定了主意，既然遗弃要改变我，"芭芭拉说道，"我就要确保改变是向好的。我开始用报复的心态重新装修我的起居室。记得吧？我那时候脚还打着石膏。我用蜡烛、家人的旧照片，还有一些在遇到霍华德之前画的油画，把整个房子都重新装饰了一遍。然后，我邀请我的所有朋友开了个派对，我还给大家做了一个奶酪火锅——霍华德不喜欢的一道菜。”

逆转被弃感觉

暴怒阶段最根本的功能之一是帮助你逆转被弃的影响。不是对你自己发怒，而是把伤害性的情感感受和负面信息都向外驱散。不折磨自己，不把怀疑内化，而是把这些信息都外化，指向外部。有的人把这个过程比作正在喷发的火山。你对于伤害和痛苦的容纳只能持续那么久，到时候内化的负面情绪将不得不寻找宣泄出口。

“我再也不能接受哪怕是多一点点责备，”基顿分享，“我已经满仓了，厌倦了自己承受所有的问题。我认定有些问题是属于盖比的。”

愤怒也标志着你已经准备好再次靠自己的双脚站立起来。当然，不是每一次愤怒的表达都需要如火山爆发。你可以善用愤怒的能量深度改变过去的理念，重建健康自我。

“这不可能都是我的错，”基顿继续说，“那不是都因为我不值得。实际上，盖比像那样把我抛弃是绝对不公的。我有权利发怒！”

释放遗憾

诀窍在于把你的遗憾集中于分手的情境，而不要集中于你一直为此自责的自我不足之处。

“一开始我很后悔自己的表现、我竟然会使朗尼不再爱我。但是，接着，我开始后悔自己竟然遇到了朗尼。”玛丽说，“我竟然爱上了他。这么多年快乐的家庭生活竟然无法抵御他离开后我经历的痛苦。”

你能够听出玛丽的遗憾中透着哀伤，但是你也能感觉她正开始把愤怒指向外部。当你所有的希望和梦想都被失去的感情冲到下水道时，遗憾可能会持续相当长的时间。但是，当你开始驱散那些自我贬低的念头，你就会开始治愈自我怀疑和自责所带来的损伤。

否认遗弃者的权威

另一个逆转遗弃影响的办法是质疑遗弃者的可靠性。

是时候剥夺你赋予遗弃者的权力了，认真审视他的可信度。

“他是谁？竟然能够决定我是否值得被爱？”芭芭拉公开宣布道，“我的价值如此重要，我不可能被一个人的否定而击垮！即使这个人是霍华德，也不行。实际上，霍华德抛弃我的行为就是白痴的行为。”

有的人谈到，从将你失去的爱人理想化过渡到否定其权威性的过程会有困难。要对你自己的价值作出现实的评价是相当不易的。你已经把你的自我价值评判权交到他们的手中，你发现自己很难相信你的生活在没有他们的情况下也可以富有价值。你的任务是要识别并且改正你的旧观念。

“我不得不把我的妻子从神坛上推下去，”理查德承认道，“但是这不容易。她的想法一直对我很重要。我终于听了朋友们的劝。他们不断告诉我，仅仅是她把我从她的生活里踢出去，并不证明我有什么做得不对或者我缺乏某种关键性的特质。”

我许多客户和工作坊的参与者反馈他们失去的伴侣在

离开的过程中变得具有极端敌对情绪并且总是持批评态度。为了达成结束感情的目的，遗弃者往往会把分手的责任转嫁给被遗弃一方。

“盖比一定因为要离开我而感觉到内疚，”基顿说，“所以她给我写了一封很长的信，列举了所有我做过的让她想要离开的事、令她反感的事、关于我如何糟糕的事，因为这些事她想要离开我。

“当时，我把这些指责都听进去了，相信她说的每一件事，并且为此而自责。但是，我现在开始意识到，她列出我的问题清单就是为了找到抛弃我的理由。”

你被爱人的遗弃所重创，有一阵子你都很难拥有力量去反击那些负面情绪。大量的批评让你很脆弱，也让你很难把遗弃者推下神坛。如果你正在与这些问题作战，记得要向朋友、家人或者能够给予指引的专业人士寻求帮助。

加入一个遗弃恢复支持小组，或者参加一个工作坊。在那里，你可以全面表达你的情感和感受，获得现实的反馈，从而能够处理和面对这些问题。

“我花了好久才触摸到我的愤怒，”玛丽说，“但是我厌倦了一直被伤害并感到灰心沮丧。在听了别人的故事后，我开始看出朗尼行为中的一个规律——他的行为完全是自私和不负责任的。以自我为中心的他如何设法在婚姻中让我没有察觉到这些，我不知道。我想我从一开始就把他理想化了。

“但是我的眼睛不再瞎了。朗尼毫不解释就离去的事实显示出他缺乏对我最基本的尊重。他怎么能够把我一个人留下，让我一个人去面对和承受破碎的情感关系？

“对于自己被抛弃并且要面对所有未解问题，我感到非常愤怒。如果朗尼真的是那个我一直认同的人，他至少应该尝试着提醒我或者更仔细地和我解释发生了什么。突然间，他似乎是一个故意忽视别人情感的人。”

逆转失去感

“我没觉得我需要因我妻子的行为发怒，”卡里尔说，“尽管是她离开了我。我能够理解她想要做她自己，那也是她在那个时候觉得应该做的。发怒也改变不了什么。

“我的一些朋友坚持说我必须深入了解为什么我对她那么愤怒，不然我就不可能真正痊愈。他们对于她的所作所为感到愤怒。但是我有自己的暴怒之处——不是关于她的，而是关于生活的。事实上，我感觉自己就像一头愤怒的熊，因为接下来要重新开始一段新生活的严酷考验而嚎叫着，嘴角冒着白沫。为什么要对她产生愤怒？对于整个事件都是因我而起的痛苦、我与家庭的隔绝状态、我的孤独感，这些才是困扰我的。不管谁对谁错，谁对谁做了什么，重要的是如何扭转局面。”

卡里尔并不是唯一一个能够不对失去的爱人发怒，并且直接进入重建生活阶段的遗弃幸存者，他绝对不属于大多数。大多数人都觉得需要把愤怒发泄到离开的那个人身上。

抱怨现实

许多遗弃幸存者难以前行的原因是他们感觉到自己需要对不如愿的现实进行深刻的抱怨。抱怨现实是一种妨碍你接纳现实的暴怒。

“我试过一切方法，我还是不能走出来。”杰这样说，“我被锁在了愤怒里。我不能忍受妻子对我的所作所为。”

在第四章里，我们讨论过接纳现实的重要性。在爱克如、练习“梦想情境”中，你创造了一个家。在那里，你对新生活形成了新愿景。接纳现实就是那个愿景的基石之一。

在遗弃恢复中，面对和接纳现实的能力至关重要。对于很多人来说，这也是最困难的挑战之一。有些人会不惜一切代价避免接受他们不喜欢的现实。他们认为，只要抗议，现实就能够消失。我们都知道，人在面对自己不能控制的事情时会变得情绪激动。他们会认为持续战斗就能打败严酷的现实。他们不断用头撞击石墙，使自己精疲力竭，有时候他们也会消耗本应起支持作用的朋友的耐心，或者至少让朋友的耳朵起茧，因为他们一直用不断的、无理的对被遗弃现实的抱怨轰炸朋友。

面对现实意味着接纳与之相伴的失去感和悲伤。抱怨现实对于应对失去感无济于事。长远来看，这种策略是不会起效的。总有清算那一天，你必须评估到底发生了什么，并且要对失去经历产生悲伤反应。

遗弃已经真切地把你推到一个重要的十字路口。你可以试着改变不可改变的，或者你可以面对现实。你今天面对的现实不会是永恒的。现实是不断变化的。但你可以把握这个过程，推动它向前发展。

“因为所有的痛苦和愤怒，我曾经有一段时间过得很艰难。然后，有一天我对自己说，‘面对现实，玛丽，你失去了生活中最需要的人。朗尼已经不在了。这令人感到受伤。面对它，接纳它，继续前行'。这样做也许不是一个快乐的开端，但起码是一个理性的开始。"

克里斯托弗·里夫，因主演电影《超人》而家喻户晓，他给我们提供了一个面对失去而展现出非凡力量的实例。他的失去是另一种类型的——丧失了身体能力。他在一次骑马时脊椎严重受伤。对于克里斯托弗·里夫，责备毫无作用。为了感觉好一些，他不得不选择停止对自己的折磨，不再一遍又一遍地在脑海里回顾具体是哪个点出现了错误，是自己，还是马。他不得不承认现实：他的生活已经改变，他将面临完全不同的挑战。要获得宁静，他不可能把能量都用到抱怨现实上。他不得不意识到：抗议不可改变的事情是没有意义的，尽管他能掌控的也很有限，他需要将精力聚焦在能够掌控的事情上。就像许多遗弃幸存者，他不得不面对现实：曾经的生活一去不复返了。他现在被迫面对的生活不是他想要的，但却是他唯一的选择。现在，他只有选择在这种境况中活出最佳状态。

与现实作对，抵抗它带来的痛苦和失去，会成为生活中最艰难的时刻。当我们能够面对现实，并且开始看到当下我们能如何改善生活时，事情就会向好的方向发展。通过完全的接纳，我们能够聚焦于在每一天、每一个时刻，都更好地生活。

我们甚至可以超越对困难现实的接纳，进入庆祝现实的状态。这样做意味着我们进入了一个人类存在的更高层面——在意大利语里被称为“热爱命运”。字面意义上看，这个概念的意思是“热爱你的命运”。在”12步恢复计划“中有一个类似的表达：追求你已经拥有的。为了从抱怨现实一步跨越到热爱命运，你必须做到接纳。放下，认识到你的遗弃经历给你带来的成长。

和克里斯托弗・里夫不同，遗弃幸存者一般不会在公众场合展示自己的伤口。如果我们需要展示的话，也只会与自己最亲近的朋友和家人分享我们的渴望、失去和自我怀疑，或者，我们会和遗弃小组的伙伴分享。事实是，身体受伤会引发一系列社会反应，而遗弃带来的耻辱感会引发另外一系列反应。不过，两种情况的共同之处是，我们所处的情境都不是主动选择的。接纳就是要重新聚焦能量，加强我们当下的生活和爱的能力。

怨恨

怨恨是低级别的愤怒，通常就在表面下慢慢沸腾。即使你已经开始掌控愤怒的爆发情况，怨恨依然会出现。当你一个人去买日用品或者看电影时，你仍要面对被抛弃引发的人格损伤。

你感觉到的怨恨随处境不同而不同。你可能在每次遇到一个你们共同的熟人时，怨恨自己需要解释前任为何没和你在一起，同时默默吞下耻辱的感觉。一些人则是怨恨朋友帮自己介绍对象，或者怨恨在线约会带来的折磨。还有对那些你们曾经一起共享的任务的怨恨：倒垃圾和洗衣服，当然还有过去你们共同分担的房租；还有对孤单的周六夜晚的怨恨，对需要填满接下来每一个周末时间的怨恨，其中有些人，还有偶然撞见爱人和新伴侣在一起时的怨恨。

“怨恨？我和两个孩子一起被抛弃了。”玛格丽特说，“我工资很低，为了得到孩子的抚养权已经支付了5000美元的律师费。我还接到了表弟婚礼的请柬，都没钱买套礼服或者送去礼物。在我爆炸成灰之前，到底还有多少怨恨？”

怨恨是遗弃过程中自然的、不可避免的情绪，你能够善用其能量来有所改进。挑战在于如何把怨恨转化为健康的攻击——通过寻找到新的、丰富人生的、快乐的活动。

“我能感觉到如此多怨恨，甚至都溢出到我孩子身上了。”芭芭拉分享道，“我比以前更需要他们，现在我感觉如此孤独。但是从我新的全职工作回到家里，我发现自己难以独立照顾他们。

“不能一直这样下去。我不想被自己的怨恨情绪生吞了。我准备做出一些改变。第一步是让孩子参加了Y的一个周末计划，这样我就能够去健身房锻炼。这个计划效果很好，我也因此遇到一个邀请我加入遗弃支持小组活动的人。

“慢慢地，我的怨恨开始减弱，这意味着我能够走出去，为自己找到新的生活。对于每一件坏事，我都准备找到一件好事来取代它。”

报复

有的人会通过想象一些惩罚离开他们的人的场景来处理不断积聚的怨恨。有些人则把这些场景变成了行动。当遗弃涉及离婚时，一方可能会通过要求经济补偿或者阻止对方探视孩子等方式进行报复。这类报复性行为可能会帮助你感觉到自己没有那么受伤害了，感觉自己更像是有能动性的个体。尽管这是一个可以理解且普遍的防御手段，但在此期间你可能把大量有价值的能量都用到报复中去了。

“当卡洛塔决定把我从家里踢出去。”杰分享道，“一开始我所能做的就是对她发怒。在那些日子里，除去愤怒，我不知道还有什么其他方式可以表达我的感受，我一点儿也想不到。我只知道暴怒。我也不知道除了发泄到她身上，我还有什么其他表达途径。除非卡洛塔荨麻疹发作，否则我是不会满意的。当我没有双方扯平的感觉时，我会喝得不省人事。不用说，这让我更加失控。情况变得更糟糕，我甚至对她做出了身体上的威胁行为。有一天晚上，她甚至打电话报了警，把我给铐了起来。在监狱里度过了那个周末，我的荨麻疹也发作了。”

认为我们通常会在愤怒中做出让自己后悔的事是对事实的轻描淡写。当情感大脑觉察到威胁，我们会自动产生一种采取防御行为的冲动，这种冲动可能会以攻击的形式出现。不过，在现代社会里，暴力攻击是不被允许的。即使你当时感觉自己很在理，但是绝大多数的情况下，实施身体攻击会让你后悔。

根据戈尔曼的看法：“与悲伤不一样，愤怒是充满能量，甚至可以是令人激动的。愤怒是负面情绪中最具诱惑力的一种。推动愤怒的理直气壮的自言自语，让我们的大脑中充满了发怒所需的最具说服力的论据。”当爱人离开了我们，我们的愤怒源自一个深深的个人伤口。我们被别人陷害，被迫从情感关系中被放逐。你对遗弃者所发起的控诉变为支持几乎所有报复行动的理由。

这些思想存在于新皮质——负责有意识思考的大脑区域，这里也包含了进出杏仁核的神经通路。当一种悲伤叠加在另一种悲伤之上，影响会通过这些路径传递，激发你的情感大脑，做出准备行动。所以，尽管理性思维能够平息杏仁核所激发的反应，不断积蓄的怨恨还是可以让你的情感之火熊熊燃烧。

"当我周末去探望我的孩子们，"杰继续分享，"我全程都在抱怨他们的妈妈。不出意外的是，我使得他们都哭了起来。我更加坚定地觉得我应该把他们带回我这边。我甚至决定要去争取他们的监护权。我花了大量律师费后，我的孩子们告诉法官他们不想伤害我的感情，他们更愿意和妈妈生活在一起。

"我非常想要让卡洛塔吃点儿苦头——毕竟是她犯错了。我把墙砸了个洞，打碎了东西。不用说，经历这么多使我痛苦不堪，还失去了很多生意机会。大多数时候，我很亢奋，同也很迷糊，很难和客户打好交道。

"当发现卡洛塔正和别人约会，我的情绪确实跌落到了谷底。我已经解雇了三个治疗师、两个律师，因为他们建议我不要干预卡洛塔的生活，我应该往后退一步。让我放弃卡洛塔？我相信我拥有她，她是我的财产，她没有权利做她当时做的事。我当时一心想的就是要赢，要让她为我的痛苦和孤独付出代价。”

报复不是扭转被弃局面的唯一方法。就像杰后来发现的那样，还有可以更好地促进个人成长的方法。当你学会运用暴怒的能量，它可以推动你采取积极的行动。但是，如果你把愤怒的力量交给你的外在儿童手里，那么你就很难认识到愤怒更高层次的作用。外在儿童代表着那些深深刻在你身上的行为模式。当你为了处理好情感而鲁莽行事或者变得不可理喻时，外在儿童就露面了。

“直到我认识到针对卡洛塔的暴怒对自己的影响，”杰接着说，“我才能够制止这股暴怒。但是首先我必须和自己进行多次对话——要说服自己改变。我一定有铁一般的意志，因为我现在已经完全戒酒了。和基顿在遗弃工作坊相遇对我而言是一次幸运的休憩。他带着我去参加了几个会议，然后我就开始了自我治愈。现在我正在实施一个重大的改进计划，要把摔碎的自我彻底修复好。”

好消息是，一旦扭转了方向，暴怒便能够为你的恢复提供所需的能量。你的愤怒表明你已经选择要保卫你自己，而不是逃跑或者愣住。你的能量能够被用到重建生活的战斗中去。运用好此时高涨的能量、重新聚焦的注意力、还有敏锐的感觉意识，去迎接重建人生的挑战。暴怒，一个让人做好准备行动的过程，可以促进积极行动。

重写闭合结局

对于许多遗弃幸存者来说，最急迫的一个问题是拥有闭合结局。通常情况下，几乎没有闭合结局，大多数人发现自己依然带着令人痛苦却不会消失的问题前行。这种对到底错在何处的答案的搜寻会进一步强化不断恶化的自我伤害和自我强迫。你不需要一直保持在假死状态中，不断挣扎着把已经破碎的过往生活重新拼接起来。现在，你的愤怒已经达到了饱和状态，是时候轮到你重掌大权了。

你的任务是用你自己的立场重写你已经破碎的情感故事，写作中带着更多力量、智慧和客观性。你不再是那个被抛下的人，你将决定用自己的情感撰写闭合结局。你不再是受害者。把你的攻击性能量运用起来，创造你自己的结局。

绝大多数遗弃幸存者通过想象一些不同的结局场景来

开启这个过程。他们演绎自己和伴侣进行对话，说出了过去从来没有机会表达的话。这种方式帮助你发现情感关系中被忽视且从未得到解决的问题，而这些问题可以帮助你更好地放下。

用你觉得最舒服的方法来演绎这些场景。你可以和自己对话，给你失去的伴侣写信，或者和你的朋友、遗弃小组的伙伴、治疗师、支持者预演一遍你准备要说的话。重要的是要照顾到所有需要，以便让你能够平和面对这段关系中的问题。如果有需要，设计一个反拒绝场景，在你和爱人的想象对话中严厉斥责对方。有的人最后选择原谅对方。通过想象对话，或者真正和对方交流，许多遗弃幸存者对自己为最佳利益行事的能力变得更有信心。

你可能发现做一件有关闭合结局的事也是有益的。我的有些客户会寄出一封精心书写的信；有些客户则选择和他们的旧伴侣见一面，要么单独见面，要么在有治疗师或者律师在场的情况下会面。

“每次当我试图和朗尼坐下来讨论如何划分财产时，我对他的愤怒就会在挖苦的话语和大量的泪水中表露出来。”玛丽这样说，“但是有一天，我决定是时候平静地告诉他我的所思所感。无论他是否听得进去，或者是否关心，都不重要。重要的是我讲述了失去他我是如何痛苦。我告诉他我是怎么感受这个过程的。这就是放下的开端。”

正如玛丽所揭示的，你可以通过向你失去的伴侣表达你的愤怒和其他的复杂情感而获得成长。这样做的结果，是你肯定了重新出发的自我。

独自生活的能力

独自生活的能力让我们在情感关系中活出自己，这意味着我们能够和对方公开地表达不同意见。我们能够表达愤怒，而不必害怕会破坏与对方的关系。这也意味着我们能够感到自己有权利。我们能追求我们想要的，因为我们并没有在对方的需要和期望中失去自我。

单独生活的能力支持我们度过最艰难的时刻，比如当我们分手后需要独自面对的时刻。单独生活会对那些经历过童年遗弃创伤的人带来特别的挑战。潜在的对遗弃的恐惧使得他们很难在情感关系中表达不同意见，或者表达愤怒。他们更倾向于取悦别人。他们更依赖对方。他们迎合、认同他人，与他人合作，这不仅仅表现在和伴侣相处时，也表现在和生活中几乎所有人的相处过程中。

童年的遗弃幸存者时常会被推动着去迎合其他人的需

要和期望。在情感方面，他们不能容忍任何破损，甚至在与一般人的关系中也如此。与此相反，他们会对其他人对自己的期望来者不拒。他们自己淹没在被爱和不被遗弃的需求中。当其他人终断了关系时，即使只是一段无足轻重的关系，这种抛弃也能够摧毁他们。

你是否很难把你自己从别人的需求和期望中分离出来？记住，如果儿童经历过早期的分离焦虑，他们的杏仁核会被设定成寻找一切即将发生的分手迹象，而这降低了他们对被抛弃的反应门槛。要克服你的恐惧，首先要承认你有这些恐惧。

在暴怒阶段，你有机会改变对情感关系结束产生反应的方式。和你失去的爱人沟通——站在你的立场，分享你的看法和感受，就是一种有益于独自生活的实践。

这会是一个缓慢的发展过程，但是每次当你抵御住了让你的需求被别人的需求淹没的诱惑，你就能够获得实际收益。

“我隐瞒了那晚和罗伯塔一起去听音乐会的糟糕感受，”约翰说，“我表现出自己没有受到任何影响。毕竟我明白她的愤怒来自何处；我自己也经历过这样的事。但我还是被她那晚的行为伤到了。

“我的经验告诉我，我能够应付这些感受，尤其是愤怒和伤害。而这次，我想我也许应该试试做出不同的回应。也许我应该告诉罗伯塔我的感受。

“于是我告诉她：‘罗伯塔，上星期当你把我当作一个麻烦而暴怒时，我感到愤怒，处于劣势地位。我想和你坦白我的感受。这对我来说不容易。我其实和你一样脆弱。’

“她的回应简洁明了：‘你是对的，我很过分。我道歉。’让我感觉好一些的不是她的反应，而是我能够说出自己的感受。我能够把那些一直纠缠我的感受放下了。”

独自生活的能力让我们能够在一段感情关系中保持自我的身份。暴怒的过程让我们切断了那些已经剥夺了我们自我表达能力的纽带。一旦从这些纽带中脱身而出，你就能够摆脱旧的取悦他人的行为方式，坚定地肯定自己的偏好、需要和真实感受。

现实的自我评价：超越自责

作为匿名酗酒者组织的一名活跃成员，基顿运用了该组织的“12步计划”来帮助他把精力集中到他愿意改变的行为上。

“我在嗜酒者互诫协会中学会：我需要控制的唯一的人就是自己。和盖比在一起时我的控制欲非常强烈，尽管我也明白这不对。当我进入遗弃恢复过程，我对童年遗留的并在成人时期一直显现的不安全感和暴怒进行了处理。那些情感感受影响了我如何对待别人。

“所以我开始改进，首先从盖比入手。那么长的时间里，我因为安全感的缺乏而对她过度控制，并且把我的愤怒发泄到她身上。我知道，对于我们的关系，她也有做得不对的地方，但那应该由她自己来负责。我只是对自己的部分进行了修正。这样的修正让我感觉到自己更完整。”

和基顿一样，许多遗弃幸存者重写了情感关系的闭合结局，在其中确认了自己希望改进的人格特点。对一段有问题的情感关系中与你相关的部分进行改进并且负起你应尽的责任，能帮助你解决部分未竟事宜。

愤怒的创伤后表达

童年遗弃创伤的创伤后特征之一是难以掌控我们表达暴怒的方式。许多人都很难通过有效的方式来表达愤怒。我们在过度反应和反应不足之间来回摇摆。我们所尝试的反击经常起不到效果。

“在过去的日子里我感觉自己就像一只被砍了爪子的猫。”霍莉解释道，“我知道我活该，但是当到了需要为自己站起来的时候，我僵住了。我让别人从我这里拿走太多东西，而我恐惧改变。当我被抛弃时，这种感觉深入骨髓。我没有爪子，不能保护自己。”

和霍莉一样，许多童年遗弃幸存者对拒绝和敌意很敏感。他们拒绝直面而希望绕过各种情感后果。为什么？因为杏仁核驱动恐惧：恐惧被报复，恐惧被拒绝，恐惧被遗弃。

当遗弃激发了身体的格斗或逃跑反应，而你却无法释放积聚的应力，会发生什么事情？遗弃是一种内部应力，而不是那种被饥饿的狩猎者攻击时你需要采取的身体防御行动。不过，你的应激激素会增加，心率加快，瞳孔放大，注意力集中，你的冲刺肌也已经能量满满。但是，你没有把这些能量真正释放出来。

有的人总结说他们确实和伴侣产生了肢体冲突。但是在大多数情况中，攻击性能量的积聚是被抑制的，然后，这些能量就被发泄到毫无戒备的受害者身上了。

你也可能因为一些看起来非常小的事件而把最原始的恐惧和暴怒发泄到朋友或者同事身上。高度活跃的爆发过程可能会持续一段时间，这类似于边缘型人格障碍的症状。（见注释部分。）

攻击性的情感通常会被错置的原因之一是遗弃悲伤的特性——遗弃悲伤通常会在沉默和隐秘状态下持续存在，几乎没有被社会认可的表达出口。

这个被藏起来的愤怒是不是被诊断为激越性抑郁症的根本条件？

抑郁症

如果不讨论激越性抑郁症，愤怒的框架就不完整。激越性抑郁症的特点是易怒、易困惑。当我们了解更多有关抑郁的心理和生物学知识后，我们就会明白抑郁症是具有多面性的。抑郁症的影响可以在诸多层面观察到——心理、生理、神经化学，甚至分子生物学。这些层面相互联系，创造出一个复杂的状况——我们体验到的抑郁症。

心理治疗师很久以来都把抑郁症界定为转向内部的愤怒，或者说退行性暴怒。从这个描述看，许多人总结，治疗抑郁症的最佳方法是驱逐愤怒——让愤怒得到表达或释放。这样的做法是否有效依然需要讨论。但是详细分析显示，那些表达愤怒有困难的人更容易患抑郁症，同时也表现出较弱的免疫力。我们在前面已经讨论过屈服（比起抗争）如何削弱了实验室老鼠的免疫力。

抑郁症和应激激素

研究者发现，确诊抑郁症的人体内的糖皮质激素类水平偏高，和萨珀尔斯基在屈服的狒狒（这些狒狒承受了来自更高等级狒狒的责难和压制）血液中发现分泌过量的应激激素是同一种。

与此类似，在我们同分手造成的情感危机进行斗争时，我们身体会增强糖皮质激素类的释放。这种处境会让我们暂时将自己的诉求屈服于别人的意愿。更高水平的糖皮质激素类可能会引发临时性的激越性抑郁症。

抑郁的解药

市面上有抗抑郁和其他能够帮助你恢复生化平衡的有效药物，但是记住，我们自己也会自然地产生和健康相关的生化物质。换句话说，我们的身体有自己的再平衡机制。正如坎达斯·佩尔特（Candace Pert），《情感的分子》一书的作者所说："我们每个人都有他自己的'自然药典'（价廉物美的药店），能够生产出所有我们需要的维系身体和思想按照人体设计精确运行的药物……"这些内生的药物的作用受到我们的行为、对自己和他人的爱、获得的身体接触，以及情感关系的总体质量所影响。

其他激素变化

在经历情感危机时，除分泌糖皮质激素类、肾上腺素、去甲肾上腺素、促肾上腺皮质激素释放因子和促肾上腺皮质激素等激素，你的身体也会产生其他激素变化，以准备好进行持久的自我防御。你的胰腺会分泌高血糖素，帮助身体提升血糖水平；胰岛素的生产也会受到限制，以使我们更好地保存能量；负责抑制生育功能的催乳素也会分泌；孕酮和睾酮的分泌会减少，以便维持生育能力的巨大能量能够被用于自我防御；成长激素的分泌也会受到抑制，以确保平常被各个器官系统消耗的养分和能量都能够转移到格斗或逃跑的计划中；升压素，一种抗利尿激素，也会开始分泌，使我们清空体内废物，能够更快冲刺，穿过大草原，或者投入格斗。内啡肽和其他天然阿片类激素帮助我们抑制疼痛，皮质醇能够使身体在受到伤害时修复被损坏的组织。这些是遗弃情感危机的反应中身体产生的一部分激素变化。

积极的改变也会带来生化改变和激素变化。你的交感神经系统不仅仅在你受到威胁时才被激发。当你受到挑战，需要爆发能量和提升警觉性的时候，比如打篮球或者解一道几何命题时，交感神经系统就会被激发。因为不会对你造成威胁或者带来压力，这些活动总体上对精神和身体健康是有益处的。如果能够把控和调配第四阶段的行动预备状态，你将受益良多。

萨珀尔斯基的研究令人受到鼓舞。还记得，狒狒的应激激素水平只是在它们为了保住自己可能失去的地位而战斗时才升高了，但当它们在为了提高种群地位而战斗时，应激激素水平并没有升高。也就是说，当它们为了“获得”而战斗时，应激激素水平并没有升高。狒狒的研究结果显示，我们能够通过把暴怒的能量转化为有目标的行动来管理应力（包括应激而产生的抑郁）。记住，遗弃恢复的目标是要从遗弃经历中获益，而不是被削弱——爱克如。

学会驯服愤怒

许多遗弃幸存者对于认识愤怒有困难，并且在察觉到愤怒时也不知道该做些什么。

诗人玛雅·安杰洛（Maya Angelou）就描述过在别人对她进行各种攻击时，她很难采取行动回击的情况。根据其著作《我知道为什么笼中的鸟儿会歌唱》中的描述，她被诸多童年遗弃经历而折磨：悲伤和失去；迁移；歧视；性虐待、身体虐待和情感虐待；背叛。作为确定的童年遗弃幸存者，她感受到伤害时很犹豫是否还击。她的策略是让事情过去，把它们视作无害的。她也为其他人的行为找到了借口。最终，她达到了一种充满力量和自信满满的状态，开始为自己发声。当别人的行为使她感觉到不舒服时，她学会让对方知道她的感受，她也告诉对方她希望被如何对待。这种简单的沟通帮助她克服了大量的对拒绝以及遗弃的恐惧。

在生命中每一个时刻，每一次人与人的互动都是证明发展中的新自我的机会。

你可以看到，暴怒是一个多面的概念。它能够掩盖深埋内心的被伤害和恐惧的情感，或者，它能够引发抑郁、焦虑和疲惫感；它还能伪装成克制、过度敏感，或者消极等诸多情绪，它能以身体暴力或者带刺的语言的形式显性表达。

暴怒可以被比作大草原上的狮子为了保护领地而发出的咆哮。这种强大的咆哮是由被威胁的感受激发的，代表着狮子感觉到了敌人，露出牙齿，把恐惧伪装成力量。狮子的咆哮是力量的证明，代表着对胜利的期望。但是在狮子最凶猛的咆哮声背后，是它敏感察觉到一个可能的威胁。这是由恐惧转化成的攻击性行为，恐惧被以暴怒的形式表达出来。是暴怒表达出了狮子对生命的依附。

让理性思维掌控

我在本书中运用了大量篇幅解释应激情境下人体的自动反应，在这些反应中理性思考和计划反应的能力可能被情感大脑的自动反应淹没了。重要的是要认识到，杏仁核并不能决定你所有的反应。你有一个更高水平的大脑区域——新皮质——负责对事情进行理性的评估，并且制定应对愤怒的策略。

接收到的感官信息进入丘脑，然后从这里兵分两路被递送到大脑的两个不同区域。

较多的一路信息不是通向杏仁核，而是新皮质的。（较小的路径通向杏仁核，信息在这条径路通行速度更快，但是精确度较低。）新皮质是分析信息、回传记忆，以及比较和梳理相关信息的区域。简而言之，新皮质负责思考、计划和理性判断。

我的观点是：我们有从经验中学习的能力，遗弃为我们提供了一个素材丰富的学习实验室，在这里我们能汲取新的智慧。

你的新皮质和情感大脑共同运作，重新评估过去的想法，并且规划新生活。爱克如练习帮你适当调整由杏仁核驱动的反应模式，并且增强成人思维的作用。作为一个更强大的成人，你能够放弃将遗弃者理想化，把你从过去的从属地位抬升起来，坚定确信你的自我价值。

第四个爱克如练习：识别外在儿童

第四个爱克如练习旨在帮助你更好地理解自己对强烈情感感受的回应以及如何改变自己的行为。它帮助你治愈遗弃造成的自我挫败行为模式。

我们已经讨论过内在儿童——自我中承载情感感受（包括困惑、怨恨和暴怒）的部分。外在儿童会以自我挫败的方式把内在儿童的情感感受表现出来。

通过意识到外在儿童，你将最终能够接触到影响情感关系和人生计划的原始的无意识防御行为。

在自我的等级架构中，外在儿童被夹在内在儿童和成人自我之间。

如果得不到承认，你的外在儿童会曲解好的意图。应当认识到外在儿童的行为能够帮助你实现改变。

外在儿童已经作为隐藏的破坏者住在你的生活中。外在儿童会破坏你的饮食习惯，并且让你被错误的人吸引；通过宣称自己是要保护你而把其控制行为合理化；它摆出一副是你的同盟的姿态，事实上却只是胡闹，并没有真正确认你的需要。

识别外在儿童的努力建基于前面提到的爱克如练习，关键在于将我们对那些练习的认知提升到个体意识的新高度。在第一个练习中，你学会把活在当下作为个人力量的源泉之一；在第二个练习里，你开始与内在最深处的需求和感受进行对话；在第三个练习里，通过塑造将未来愿景视觉化，你学会了增强需求和行动之间的关系；第四个练习将帮助你认识到你的自我挫败行为模式，并且用健康的新模式代替它们。

要解除外在儿童防御的第一步是要认识它们。一旦学会识别外在儿童的特点，你就能使其隐蔽的行动暴露，并探察到那些促使其行动的情感扳机。你将带着全新的洞见再次出发，并且船只由你自己驾驶。

你的任务是要孤立你的外在儿童并且夺过其行动指挥权，这需要运用之前在“大的你和小的你”练习中使用过的分离技术。

内在儿童代表着你的情感自我，外在儿童会把情感以不合适的行为表现出来，特别是那些会遏制成长的顽固的行为。通过把这些行为与触发它们的情感感受区分开来，你就获得了心理距离，而这将增强成人自我的认知能力并且夺回掌控权。

建立一个清晰的外在儿童形象可能需要费点儿劲。但是一旦学会把行为和感受区分开来，你就能够避免在遇到诸多应力事件时自动产生有问题的反应。

外在儿童的特点清单

自从在本书第一版中提出了外在儿童后，就得到了很多的关注（它热爱关注——甚至包括负面的关注），以至于它有了自己专属的网站和书籍。随着时间推移，在全世界遗弃幸存者的共同努力下，外在儿童的特点清单上已经有300多条。下文给大家介绍的是最初的100个可以明显辨识的特点。这些特点的排列是随机的，反映出外在儿童的非逻辑性思维。你每天练习时要运用这张清单来辨识出外在儿童，注意到它的行为，把它从隐藏之地找出来。记住，外在儿童是内在儿童的情感感受被误导的表达结果。这张外在儿童行动特点清单将不断更新，你能够把清单作为指南，帮助你保持和外在儿童的联络。

我们每个人都有一个独特的外在儿童，具体特点视个人经历、遗弃经历以及情感感受而不同。100个特点不应该是不变的，也不是所有特点都符合你的情况。越能辨识出自己和其他人的外在儿童，你就越能在情感关系中带入更多自我意识。

你可以在阅读清单过程中把和你相关的条目圈出来，或者就只是看一遍，让其在你的意识中逐步积累。随机排列是有意设计的，目的是要让你隐蔽的外在儿童放松警惕。我希望这样做的结果是帮助你认识到那些你自己都没有注意到的行为特点。

要获得最佳效果，好好通读几遍整张清单。你也许第一眼没有能够认出你的外在儿童。记住，你的外在儿童住在你的无意识思维里，同时，因为它的某些特点并不是值得赞美的，要接纳它并不容易。多读几遍，直到你的外在儿童出现。如果你发现有专属于你的外在儿童的特点，可以把它们加到清单中。

每天对这张清单进行回顾和更新有助于打破外在儿童的防御。通过持续关注外在儿童，你将能够到达90%的人都无法到达的地方，真正理解自己的行为。

每次当你注意到与外在儿童相关的行为特点时，你也在关注无意识驱动的防御行为。这样的话，面对应力，你将做出更具建设性的反应。

外在儿童特点清单

1. 外在儿童是我们所有人自私、爱控制、自恋、以自我为中心的那个部分。

2. 外在儿童包含了脆弱的内在儿童的外向特征——所有表现出来的伤疤、不完美和防御性。

3. 外在儿童的发展介于9到13岁。这个年龄阶段的人以自我为中心，这是非常正常的外在儿童的特征。

4. 外在儿童有各种假面，特别是在公共场合。因为其他人的外在儿童通常隐藏得很好，你可能会觉得只有你一个人有外在儿童。

5. 外在儿童是隐蔽的人格——楚其（Chucky）[1]。即使是我们认识的最好的人，在他们感觉到自己被严重威胁时，也会表现得像一个患有完全行为障碍的7岁儿童。

6. 从发展程度上说，外在儿童已经拥有自己的执行自我（这令我们很失望）。它的年龄足够大到运用自我意愿但是又没有大到能够理解其他人的权利和感受。（内在儿童年龄还没有大到有自我，所以它保持纯真，需要关爱。）

7. 尽管我们计划要用成熟、理性的方式来处理特定情境，但外在儿童会直接闯入，控制局面。外在儿童用自己的方式来处理问题，夸夸其谈或者吹牛，把锅都留给我们背。

8. 如果你曾经有过多次遗弃经历，外在儿童能够完全占据你的人格。许多童年遗弃幸存者大多数都是外在儿童。

9. 外在儿童在感觉被轻蔑、批评、拒绝或者遗弃时，会发脾气，会暴躁地责骂他人。如果外在儿童表现出情感上的不安，那是源于你所经历的事情，不要责备外在儿童的反应，它不应该被责备。

1 楚其（Chucky）是美国动漫电影中的一个布偶人物，作为一个杀人狂出现，后来被大众隐喻为邪恶人物的代表之一。——译者注

10. 外在儿童会报复自我。它把自己视作和自我是分离的，并且趁机在“大的你”和“小的你”之间制造矛盾，比如当你漠视“小的你”时。

11. 外在儿童喜欢把它的错误都怪罪到你的伴侣身上。它试着让你相信那些不可接受的行为特点都属于你的伴侣。

12. 外在儿童不喜欢做有益于你的事情。

13. 外在儿童更愿做一些让你变胖或者破产的事，而不是让你保持健康和能够承担经济责任。

14. 外在儿童是一个享乐主义者。

15. 外在儿童在背地里谈论你的朋友，却痛恨你的朋友在背地里谈论你。

16. 外在儿童在混乱、危机和戏剧性场景中是生机勃勃的。

17. 外在儿童享受扮演受害者。

18. 外在儿童在你试图集中注意力的时候却让你分散注意力。

19. 外在儿童热衷于扮演殉难者。

20. 外在儿童是世界级的拖延者，最喜欢的策略就是逃避。外在儿童是一个强迫型的过度逃避者。

21. 外在儿童不断制造出巨大麻烦，永远都处理不完。

22. 外在儿童使你在赴约时迟到。

23. 外在儿童丢失东西，然后把责任推到别人身上。

24. 外在儿童能为任何事找到借口——一个合理化大师。

25. 外在儿童试图看起来很酷，却让你看起来很傻。

26. 外在儿童的性格是“是的，但是”类型。

27. 外在儿童更多是反动型，而非主动型或者反思型。

28. 外在儿童在遇到考验能力的困难时会爆发，比如当它尝试要组装一套烧烤设备。

29. 外在儿童永远都不会承认错误。

30. 外在儿童痛恨向别人寻求帮助或者咨询方向。它很固执、刁钻、盲目，而且愚蠢。

31. 外在儿童行动上像一个暴君，私底下却是一个懦夫，害怕承认自己的需求。

32. 外在儿童在朋友踩到自己脚趾时很优雅地回应，然后在接下来二十年里将愤怒深埋心中。

33. 外在儿童擅长责备；如果它有不舒服的感受，那么总有人要背这个锅。

34. 外在儿童把哭泣作为一种操纵他人的手段来使用。

35. 外在儿童通过批评别人来让自己免遭责备。

36. 外在儿童用一种假笑来掩盖羞耻和其他的不良感受。

37. 外在儿童自行其是，不会和你这个成人咨询和协商。

38. 外在儿童需要拥有完全的掌控感，以避免自己感受到内在儿童的情感感受，特别是被打击、孤独、失望或者失去。

39. 外在儿童不能等待，特别不能忍耐自己的爱人不回电话。

40. 外在儿童不喜欢展示它的脆弱；它把自己的伤口都藏起来。

41. 外在儿童可以通过要求、否定、欺骗、忽视、阻碍、操纵、诱惑、生气、抱怨和报复等手段来实现它对接纳和认可的需求。它并没有把这看作自相矛盾的做法。

42. 外在儿童有一种最喜欢的情感感受：愤怒。事实上，外在儿童在愤怒中茁壮生长。

43. 外在儿童在愤怒或者金钱问题上，“口袋里总有一个洞”。愤怒也好，金钱也好，必须立即用掉，不论后果如何！

44. 外在儿童想要的东西立马就得有，最好昨天就得到。

45. 外在儿童想要在你开始一段新感情时成为一切的中心。它会比以前变得更加叛逆，更加强势，有更多的要求。

46. 外在儿童也会在我们的伴侣身上出现。有时候我们和一个能够让我们自己表现出外在儿童愿望的人结婚，我们期望伴侣的外在儿童不和我们作对。

47. 外在儿童也会在我们孩子的行为中出现。当我们和孩子之间进行权力斗争时，我们会发现自己是在和外在儿童战斗。有时候，我们会悄悄地鼓励我们的孩子满足外在儿童的需要。它会发泄我们不想要拥有的愤怒。

48. 外在儿童如果发现哪怕是最微小的遗弃迹象时，都会大发雷霆。这会让“小的你”很受伤，缺乏保护。

49. 外在儿童为了自己的利益会用尽一切方法，表面上却装作保护“小的你”。你的外在儿童只想做一件事：控制一切。

50. 外在儿童是别有用心地讨好别人的人。它会让你把衬衣脱给别人，而你从中能得到什么？什么也没有。你赤裸着上身，冻僵了。

51. 外在儿童年纪不够大，还不能照顾好别人。只有你，成人自我，才能照顾别人。

52. 外在儿童会考验它赖以获得安全的人——考验内容会超出底线。

53. 外在儿童会用情感游戏考验新的伴侣。它最喜欢让人欲罢不能。

54. 外在儿童非常狡猾，在你追求一个新伴侣的时候，它把最好的一只脚伸出去。它能表演出利他主义的样子，维持体面、善良和包容的形象。

55. 外在儿童也可以是有诱惑力、有趣、迷人、充满活力的。但当它成功捕获猎物后，会突然间变得冷血、挑剔、没有爱心、性压抑。外在儿童让我们可怜愿意爱我们的人。

56. 外在儿童是成瘾者、酗酒者，还是让你刷爆信用卡，且破坏减肥计划的人。

57. 外在儿童很享受打破规则。你最好的朋友们心里可能住着极富控制欲的外在儿童。他们的叛逆很可能是你最欣赏的特点。

58. 外在儿童会主动忽视你——成人自我，特别是当你试图指挥它做事时。外在儿童我行我素，只顾做自己想做的事。

59. 外在儿童努力实现独立自主。也许有一天你的外在儿童会变得足够自立而离家出走，但别指望它。

60. 外在儿童在休眠期获得能量。然后，当你变得脆弱，你的外在儿童会鲁莽行事，破坏你的新情感关系。

61. 外在儿童试图要破坏建立亲密关系的任务。具体来说就是，让你的内在儿童和你的伴侣的内在儿童建立友谊。亲密关系帮助你们相互滋养对方的内在儿童，并且不太在乎对方外在儿童的冒犯。

62. 外在儿童热衷于勾搭伴侣的外在儿童。它们会立马开展权力斗争。要想控制住各自的外在儿童基本上不太可能。最好的策略是给你的外在儿童找点儿事做，让它不掺和你的情感关系。如果你无法忽略它们，就让它们到外面自己玩耍。

63. 外在儿童对遗弃上瘾了——仅仅被那些得不到的人而吸引。外在儿童热衷于追求带来情感挑战的危险爱人——那些拒绝并且疏远你，不做承诺的人。外在儿童对遗弃的生化反应以及遗弃的戏剧性上瘾。

64. 外在儿童惧怕被遗弃——它假装在寻找情感关系，但事实上却因为惧怕被遗弃而尽力逃避任何情感关系。

65. 外在儿童认为那些得不到的人很性感。

66. 外在儿童被形式而不是内涵所吸引。

67. 外在儿童想得到自己想要的——情感糖果。这就和“小的你”产生了矛盾，“小的你”需要的是能够给予爱、滋养和承诺的人。

68. 外在儿童遍寻错误的人，不能抵御一个不会承诺的爱人的诱惑。嗯，很性感！

69. 外在儿童拒绝从犯错中学习，坚持重复做同样的事。

70. 外在儿童是在旧遗弃经历的暴怒阶段中，也就是当没人能够帮助你缓解痛苦的时候，发展起来的。

71. 外在儿童在“大的你”和“小的你”意见不一致的

时候变得最强大。

72. 外在儿童相信法律和道德只适用于别人。

73. 外在儿童服从规则的目的只是要避免被抓住。

74. 外在儿童会批评别人，但不接受别人批评。

75. 外在儿童可以是假仁假义的。

76. 外在儿童喜欢巧克力，会让你相信巧克力对心脏很好。酒也是一样。

77. 外在儿童会对其他人的内在儿童进行暴力攻击，尤其是你的伴侣的内在儿童。

78. 外在儿童会欺凌你自己的内在儿童。

79. 外在儿童尝试着通过追随有更高社会地位的人来获得自尊。

80. 外在儿童在认为自己被社会蔑视（无论程度多轻）时，会采取细腻而有力的还击。

81. 外在儿童在公共场合会隐藏自己。有的人在隐藏外在儿童方面做得比其他人要更好。当然，有的外在儿童比其他外在儿童更容易隐藏起来。

82. 外在儿童不能在你最亲近的家庭成员面前隐藏自己：他们知道，你不可能永远把它藏起来。这就是亲密关系的关键：外在儿童暴露在外。

83. 外在儿童能通过变得消极来表达愤怒。它最喜欢的假面之一就是顺从。外在儿童运用顺从让别人认为它没有控制欲。但是别被欺骗了，外在儿童是一个控制狂。

84. 外在儿童寻找那些逆来顺受的人，对他们颐指气使而不用担心被拒绝。

85. 外在儿童不建立情感关系，它进行情感劫持，期待它的伴侣们补偿其可以追溯到童年时期的伤害和背叛。当你遇到一个能够相互依赖的人，并且想要满足你的需要时，外在儿童会让你们变得极谨慎。

86. 外在儿童会对任何使它想起独自站在岩石上的感受的事都表示抗议。

87. 外在儿童拒绝待在岩石上。不像“小的你”，外在儿童会爬下来，捡起一把斧子，走上战斗的道路。

88. 外在儿童有自己的高傲态度。它的脾气被装扮成坚定。

89. 外在儿童就像你那经常以保护你之名而干扰你的烦人的大哥哥。

90. 外在儿童并不遵守金科玉律。

91. 外在儿童遵守它自己的规则：让他人以自己想要的方式对待你，同时以自己想要的方式去对待他人。

92. 外在儿童需要被纪律训诫，但是不要期望让它设定界限。

93. 外在儿童会以细微的方式激怒别人，然后又控诉别人欺负它。外在儿童热衷于扮演愤慨的受害者。

94. 外在儿童会服从，这样它就能够因被控制而大怒。

95. 外在儿童知道如何戴上“白帽子”[1]。

96. 外在儿童在让别人看起来像坏人方面造诣极高。

97. 外在儿童的行为谱系可以从轻度自我破坏到犯罪型自我毁灭。

98. 外在儿童能够很快就掌握控制权，不会对自己或者别人产生任何真正的共情或同情。极端的外在儿童是反社会的。

99. 外在儿童需要被一个精密的内在儿童和成人自我之间的联盟而理解、拥有，或者统治。

100. 外在儿童手里拿着改变的钥匙，因为它是和行为相关的。内在儿童拿着我们的情感真谛但是不能改变行为。当你抓住了外在儿童的现行，请把钥匙从它手里夺过来，解锁你的未来。

外在儿童是一个工作坊明星

在我的遗弃恢复工作坊里，只要我把外在儿童最臭名

1　指做好人。——译者注

昭著的特点清单投到屏幕上，人们就开始对号入座。随着每一个人指出顽皮的自己，房间里充满了戏剧性的释放感。很快，人们开始相互承认那些过去自己甚至从来没有和承认过的事实，互相比较谁的外在儿童更骇人听闻。

直到这一刻之前，外在儿童的计谋还是隐形的，然后，突然间它的性格缺陷被暴露在光天化日之下——这是让它的计策失算的重要一步。

区分情感感受和行为

辨识出外在儿童让你能轻易完成通常会很费力的思想任务：把情感和行为区分开来；把内在和外在区分开来；把刺激因素和反应行动区分开来。这能防止外在儿童和情感感受混杂在一起，从而阻碍你从内在控制自己的行为。

区分情感和行为是治愈过程的一个关键步骤。通常情况下，人们将情感当作不可理喻行为的借口。

“我女儿辛迪养成了在事情没有朝自己想象方向发展时对我大喊大叫的习惯。”芭芭拉分享道，“我会让她得偿所愿，然后把她的爆发归咎于自己。我会认为是我最近没有关注到她，或者，是其他一些正在发生的情感方面的事情，比如兄弟姐妹间的对立、学校的压力。我们总能很容易就想到一些借口。事实是，辛迪的外在儿童正在行动。

“然后我意识到我的外在儿童也在对她做出回应，这也正是我总不能驯服她的原因。我的外在儿童要么是以大喊大叫的方式回击，要么就窝囊地接受了。”

这些行为是芭芭拉的自动情感反应。她愤怒的外在儿童和无助的内在儿童深缠在一起。

“一旦我能够发现外在儿童的干扰，”芭芭拉继续分享，“我就能够坐下来，把我的情感和反应行为区分开来。我能看见外在儿童如何想要控制局面——通过大喊大叫——而“小的我”（内在儿童）又是如何感到无助。不过，现在的我，成人自我，已经掌控了局面，能够意识到忽视局面或者大喊大叫都无济于事。

“我坐了下来，确认了自己的感受。我写下一个‘大的你’和‘小的你’的对话来帮我厘清情况。”小的我让我意识到，在辛迪开始对我喊叫时，小的我感觉到难过，就像小时候母亲对我喊叫时一样。‘小的我’帮助我对发生的事情有真切的把握。

“我决定我将不会用回应母亲的方式回应我的女儿，也不会用母亲过去对待我的方式对待我女儿。是时候打破这种循环了。过去的反应方式是儿童化的方式！但此刻，我是母亲，我是成人了。

“在思考之后——这时候是成人自我在掌控——我想出了一个理性的方案。

“我耐心地等辛迪停止情绪发作，然后邀请她一起谈谈。我告诉她对于我们互相大喊大叫我很难过，我很想改进我们之间的交流方式。我没有批评她，我冷静地解释给她听，当她对我吼叫时，我感觉到自己没有被尊重。我说我也很关心她的感受。我想要帮助她找到一个办法停止这样做，为了我们。我们将互相帮助共同改变这些习惯。我们一起制定了行动计划。”

芭芭拉和辛迪的斗争显示出为自己的反应行为负起责任的重要价值。区分情感和行为——内在儿童和外在儿童——使你变成一个更好的家长、一个更强大的成人。

下一个挑战很关键：拆解旧的行为模式。绝大多数外在儿童的行为都是被深刻内化的。这就是为什么我们需要运用练习，就像为大脑做理疗那样，来对行为重新编程。

自从外在儿童在本书第一版中出现后，我已经开发出若干个能够有效改变行为的工具，并且在工作坊里运用过，也在其他出版物中写了大量的相关内容（见注释部分）。下面我将介绍一个我称之为“行动步骤”的重要且有力的工具，阐述如何帮助你逐步实现全面的行为改变。

行动步骤

根本上来说，我们不是靠思考来走出自我破坏的处境，我们靠的是行动。有时候我们能够跳跃式地改变，但是当我们的外在儿童困住我们时，行动步骤就能打通阻碍，推动我们向前进步，一次一步。

开始行动不难，涉及一些非常微小的步骤，小但是令人愉悦的步骤，这使得外在儿童（享乐主义者）也乐于合作。你在实施每一个行动时都要有意识对“小的你”展示爱和善念。有些行动专门聚焦于自我滋养，比如在一个风景秀丽的公园里漫步。其他行动则有各自的具体目标，比如给健身房打电话咨询价格，问一个朋友他们公司是否有工作机会，或者在上传到交友网站的个人简历中增加一行正面的内容。

关键是每天实施一个行动，并确保这个行动是如此微小，不费吹灰之力，你能够毫无困难地实现每一天的目标。你迈出的步伐越小，就越有可能绕过外在儿童的雷达监视。记住，外在儿童憎恨变化，总是保持警惕，寻找着任何可以拖延、逃避或者搞破坏的机会。

当你实施这些微小行动步骤时，核心理念是让每一个行动从精神上滋养你的核心需要。例如，你可能承诺“小的你”要买一双舒适的新鞋子（这样你能够步行更长的距离）。当你到了商场，应确保你的表现让这个久已被忽视的自我看到你说到做到。到了展现对自我的爱时，意图很重要，但是行动总是比话语更响亮。

行动步骤为爱自己增添了实质内容，因为你把这些行动都指向了那些内在儿童深切关注的问题。我们假设你是一个在家里乱放东西的人。你可以通过每天扔掉至少一样东西表达对自己的爱。这些每天的微小行动步骤很快就会叠加汇总。一开始你只是腾出了一个清新的角落，然后是一整个干净整洁的房间，在这里你感觉良好，一切尽在掌控中。（关于克服囤东西和乱放的方法，详见注释部分）

你的行动步骤也让外在儿童从行为上明白，你把它的利益放在心上。外在儿童很喜欢成人自我把它的攻击性能量转化为快速和令人满意的行动。你只要确保行动是快乐的，也足够容易实现，这样的行动就可以激发多巴胺的分泌——我们之前谈到过的帮助我们形成行为习惯的神经化学物质。当你实施积极的微小行动步骤，你逐渐为未来将摆脱坏的、旧的习惯行为模式打下了基础。随着努力推进，你开始逐步靠近你的目标。

每天实施微小行动步骤将帮助你克服惰性，为你的成人自我赋能，向前迈进。想象一下："大的你"握着"小的你"的手，把另一只手支持般地搭在外在儿童的肩上，引导着你一步步走向未来。

记住，外在儿童是一个贪恋即时满足的人，可能会试着让你放弃，因为它不是总能够足够快速地达成它所想要的结果。你的成人自我明白"缓慢而稳定的人将赢得比赛"的道理，也知道不现实的期望只是外在儿童尝试要阻碍变化的另一个方法。

在每日对话里加上外在儿童，还有行动步骤

你可以把外在儿童意识纳入到"大的你和小的你"对话中，也加入行动步骤，让"小的你"看到你的关怀。

无论是天晴还是天阴，一星期都保持和"小的你"对话，"小的你"对爱和滋养的需要就得到了满足。外在儿童因为需求得不到满足以及未被认可的情感而茁壮成长。当你，成人自我直接管理内在儿童的需要与情感时，你就把外在儿童的风头给抢了。成人自我选择了积极行动，而不是把那些选择权留给你的冲动、享乐和任性的外在儿童。

许多人发现，效果最好的对话还是"大的你和小的你"，最好背着外在儿童开展对话。

基顿分享了他一次约会后的一段对话。

基顿的对话

小的你：“我挺喜欢珍妮斯。但是整个约会中我都很害怕。我感觉到强烈的需要，还有失落感。你让外在儿童的愚蠢举动破坏了整个约会。”

大的你：“你是对的，小的你。我能看到外在儿童在做什么——他试图在珍妮斯面前隐藏你的焦虑。”

小的你：“是，它在约会中表现得很僵硬，自以为是。我恨它。”

大的你：“我很抱歉，外在儿童让整个过程很不舒服，小的你。”

小的你：“你为什么不制止它？现在，珍妮斯再也不愿意和我们在一起了。可是我喜欢她。”

大的你：“下一次我会控制外在儿童让它做得更好些。”

小的你：“好的，对了，你认为你真能够阻止外在儿童插手？我只是希望你不要再把我一个人留下！”

大的你：“我会和你待在一起，小的你。但是告诉我，我怎么才能帮助你，让你不那么害怕，能更放松些？

小的你：“当我感觉到害怕的时候，你以我为耻。我能看出来。你不想我害怕，因为这样会让你难堪。你不想要我有那些感受。”

大的你：“我接纳真实的你，无论你可能感觉到有多害怕。但是我也希望能帮你变得更放松。”

小的你：“我想你希望我感觉放松的原因仅仅是你已经厌倦了，而且讨厌我产生这样的感受。你不喜欢我。你不是真正地接纳我。”

大的你：“如果这是真的，小的你，你会非常难过，也会真正动怒。”

小的你：“是的。是你让外在儿童掺和进来！你想用外在儿童来掩盖我的感受，然后消除它们。你并不接纳我——你只是想要改变我。我其实是你的眼中钉。我不能控制我的情感感受。”

大的你：“如果我能够接受你的情感感受，并且因为它们而爱你，那么也许外在儿童就不会再掺和进来并且试图控制局面。”

小的你：“外在儿童是你要去处理的，不是我的任务。但是我确实希望你能为我而自豪，无论我的感受如何。我不想要你因为我而感到耻辱，然后试图把我藏起来，尤其在我感觉到不安全的时候。”

大的我：“下次我有约会时，情况会不一样。如果你害怕，我不会再试着把你藏起来，或者把你的手脚捆绑起来。我会让你有自己的感受。”

小的你：“我不相信你。”

大的你：“我全心全意要接纳你所有的情感感受，小的你。我正在学习如何更好地照顾你，我要让你看到我说到做到。为了和你靠得更近，我准备一会儿带我们去步道跑步。”

基顿难以忽略他所有的不舒服感受，但是他有动力为“小的你”做点什么。他意识到了自己的情感扳机，也让一些深埋内心的耻辱浮出表面。他知道他需要无条件拥抱自己最脆弱的情感和感受，并停止为它们而感到羞耻。

“那是我第一次认识到隐藏自己的脆弱——对自己的情感感觉到耻辱——其实是问题的根源。我决定要正视我的不安全感，而不是去掩盖它。如果下一个和我约会的人在我展现出自己脆弱一面时被震惊到，那么也许她就不适合我。

“代表小的基顿跑步让我感觉更强大，也帮助我看到我需要和自己建立联系，而不是去和其他人产生联结。”

驯服外在儿童的行为是一个过程，不会一蹴而就。事实上，外在儿童只会在你对闭合结局的错误判断里茁壮成长，它很容易就隐藏在事情得到控制的假象中。许多遗弃幸存者，为喧闹的情感所淹没，允许他们的外在儿童屈服于获得即时满足的需要——那种自我感觉良好的放松感。掌控外在儿童不可能一蹴而就，而是需要你投入到一个渐进达成目标的过程中，这个过程也是实现真正改变的强大载体。

另一个把外在儿童纳入对话的方法是让“小的你”在“大的你”的呵护下与外在儿童展开对话。下面是玛丽日记中的一段摘录：

大的你：“外在儿童，小的你有话要对你说，但是你需要遵守一些基本规则。规则包括，你不能和小的你争论，也不能批评小的你。你就安静地听就好。”

外在儿童：“可是……”

大的你：“没有可是，外在儿童。你需要听见你所做的事造成的后果。”

外在儿童：（沉默）

小的你：“外在儿童，你毁掉了所有事情。我感觉悲伤和难过，因为菲利普早早离开了。然后你也不得不离开，并且像疯子一样。你控制不住地大喊大叫。现在看看都发生了什么。菲利普对我很生气，我变得更加悲伤和孤独。”

外在儿童：“可是……”

大的你：“记住规则，外在儿童。”

外在儿童：（沉默）

大的你：“你还记不记得你做了什么，外在儿童，以至于让小的你感觉如此难过？”

外在儿童：“我只是想要帮忙。”

大的你：“我知道你是想要保护小的你，但是有时候，你为小的你进行的斗争却使事情变得更糟糕了。”

外在儿童：“好吧，你期望我怎么做？菲利普早早离开了，但是小的你感觉到被拒绝，很愤怒，所以我做出了反应。”

大的你：“但那是我的任务，我要选择正确的行为。你还记得你做了什么？”

外在儿童：“我大声吼叫，我告诉他他很自私，我还哭了起来。”

大的你：“接下来发生了什么，外在儿童？”

外在儿童：“他变得更加生气，现在他根本就不再给我打电话。”

大的我：“你是否意识到小的你是什么感受？”

外在儿童：“是。”

大的你：“怎么讲？”

外在儿童："它很悲伤和孤独，菲利普因为我的吼叫而对它生气了。"

大的你："非常好，外在儿童。你能认识到你在这件事中的角色吗？"

外在儿童："是的，但是小的你对菲利普也非常生气，因为他表现得就像他不喜欢我们。"

大的你："我知道你的好意，外在儿童，但是请把处理小的你的情感的工作交给我。当情况变得糟糕，或者当小的你生气时，你就不要介入了。那是我的工作，我已经做好准备来处理。我也有责任让你做一些好事。今天是工作日。我想我将在回家路上买一盆新的植物，我会在种它的时候想到你的。它就是我们的植物。我们将看着它成长。"

要强调的是，这些外在儿童参与的对话也不会立即解决任何冲突，但是，这些对话能够帮助你清晰区分情感和行为。你的任务是要确保情感和行为是分开的，以便你的成人自我能够选择做出建设性的行为，而不是让任性的外在儿童掌控局面。

对外在儿童的认知让你把自己不可接受的、事与愿违的行为都推到外在儿童身上，而把纯净的内心深处的情感留给"小的你"。"小的你"可以直接望向你的成人自我以寻求认可和无条件的爱，不用因外在儿童的行为而被责骂。

在“大的你”和“小的你”之间建立一个强大的联盟，把外在儿童从为你的情感做出防御的需要中解放出来。现在，你的成人自我掌控着如何表达自己的情感，外在儿童则被释放出来，把它的坚定能量投入到其他更有积极意义的领域。

把外在儿童添加到视觉化练习中

另一个运用外在儿童的做法是把它添加到视觉化练习中。

“当我学会辨识外在儿童后，”约翰说，“我就把它放到我的梦想之屋里。我想象小的你感觉很安全，外在儿童则做着各种类型的崭新的、激动人心的事。我甚至把我的梦想之屋搬到了太平洋西北地区，我能想象到外在儿童在那里过得自由自在。通过把外在儿童添加进我的视觉化情境，我开始制定新的目标——许多我一直想要尝试但没有开始设定的目标。”

抓住外在儿童的现行

当你在辨识外在儿童的特征方面变得越来越厉害时，

你抓住外在儿童现行的那一天即将到来，可以当场就发现它，而不是在你的目标被它破坏之后才发现它。到目前为止，你已经能够从行为趋势和特点方面发现外在儿童的迹象——通常是在你观察到它正在行动，比如在成人自我决定在喝完第二杯酒之后就停止时又伸手去抓第三杯酒；或者当你在它的说服下去买了一艘全新的船，又一次把自己抛入财务危机中。

抓住外在儿童的现行是真正意义上的“政变”，因为当外在儿童图谋不轨时，它天才般地把自己隐藏在成人的声音里，运用令人信服的理由让你做那些破坏成人自我的更好的判断力的事情。所以你把你要交的学期论文又推迟了一天；或者和你的前任上了床，第二天早上你在痛苦的情感迷离状态里醒来。

当后果显现时，你意识到控制自己这些行为的不是成人自我，而是臭名昭著的外在儿童。外在儿童是一个圆谎大师，能够为任何行动找到合理借口，无论这些行动被证实有多么使你感到自我挫败。你的成人自我完全清楚哪些行为是愚蠢的，哪些是有成效的。但是在某些情况下，外在儿童能够在你不注意的时候篡改你的行动计划。

外在儿童能够在成人自我疲惫的时候，比如在工作一整天后的夜晚，你觉得想完全放松（或者也可能你是被外在儿童狡猾地灌了第三杯酒）的时候，最大程度地控制你。

然后，当你正在实施一个新的减肥计划，外在儿童某天晚上背着你悄悄把曲奇饼干带进了卧室。不过这次你抓住了它的现行！你一眼就看穿了：因为缺乏对长期目标的耐心，外在儿童正想办法获得即时满足。外在儿童想要即时得到自己想要的——让成人自我想要或需要的去见鬼吧！它会在你的耳朵边说服你满足它，疯狂地游说你："我们现在需要把这些饼干吃掉，把它们从我们的系统中去除，这样明天我们就可以真正开始减肥了。"当外在儿童试图把饼干塞进我们嘴里时，成人自我会制止它说："够了！"毕竟，谁在这里说了算，你还是外在儿童？当你能够当场制止外在儿童的行径，你证明了自己拥有更高的自我地位。

抓住外在儿童的现行符合了嗜酒者互诫协会12步计划的第10步，也就是鼓励你及时检查自己是否正在犯错，并且对那些你可能正在伤害的人采取及时的补偿（在遗弃恢复中，你首先要对自我进行纠正）。

在我的工作坊里，小组成员们很享受运用内在儿童、外在儿童和成人自我的三角框架。现场清晰区分三个自我，增强了他们向前冲的精神力量。他们清楚地看到各自的成人自我的目标，外在儿童的自我破坏，还有被忽略的内在儿童的情感感受。

他们看到存在的问题包括：外在儿童过于强势；成人自我太弱势；内在儿童有极强的需要，却被遗弃了。解决方法也就变得直截了当：成人自我需要变得更强大，直接回应内在儿童的需要，这样能够削弱外在儿童借机以自我挫败方式介入的基础。

对外在儿童每天的关注能够为个人成长与发展提供一个强大的工具。随着你发现外在儿童能力的提升，你越来越能够自由地选择行动方式，而不再纠结于过去的行为方式。你最终能够决定你自己的人生方向。

暴怒阶段的总结

暴怒是能量暴涨和情感回路被放大的阶段，它在遗弃过程中的许多点位对我们造成困扰。暴怒会促进内部的对话，这种对话会自己发展，自己给自己煽风点火，在平静的表面之下沸腾着。

除非我们认识到自己的外在儿童，否则我们行动时就会缺乏思考。我们运用愤怒来证明行为的正当性。但是有一种更具建设性的暴怒。建设性的暴怒并不会破坏自我，也不会造成伤害，更不会让痛苦持续。它不会报复，它会转化为健康的攻击，它是我们在重建自我和重建情感关系时所需的能量。

微小行动步骤让我们击破外在儿童的防御，不再有昏睡和重复性强迫行为。

发现外在儿童把二维的对话转化为三维的对话，这能帮助我们脱困。我们主动选择自己的行动方式，而不是被行为习惯牵引，而重复那些根深蒂固的行为模式。

对外在儿童的解构是实现真正恢复的钥匙。

第五阶段

提升

过去依然浸透在我们生活中，但是我们会发现，遗弃已经把我们带到了一个新的地方。因为我们所经历过的，我们现在已经变得更好。

什么是提升?

提升是希望时刻。提升是天然的缓解时刻。

这个阶段慢慢开始，逐步增强。你已经爬到了山顶。你可以看见你曾经到过哪里，要去哪里。

你已经冲出了暴怒的气流，破解了外在儿童的防御，找到摆脱自我挫败行为模式的方法。

到目前为止，你的恢复之旅已经聚焦于需要、恐惧和防御。在提升阶段，你将开始滋养你和他人的关系。

遗弃唤醒了内在儿童。你已经关注到内在儿童，并且照顾到它长期被忽略的需要和情感。你不再被层层的防御覆盖，这些需要和情感成了通向更伟大的爱的桥梁。

遗弃的第五阶段：提升

霍莉的提升

霍莉赴了同事安排的约会。她很焦虑于约会效果。这是她一年多来第一次约会。

她想要他为自己成熟和乐观的态度所吸引。她想要他看见她的独立自主。她不能让他发现任何她很绝望的迹象。她把自己的孤独感藏了起来。

他们一起去看了场电影，然后共进晚餐。霍莉聊到了自己的生活，以及她在热线组织做志愿者的经历。她以一个快乐和满足的状态来与对方交谈。他似乎对她挺感兴趣，但是她不敢确定。她在想他对她的感觉如何，而后又把这些想法都抛到脑后去了。要是他注意到她在想什么，又会如何？

那是星期二的事。今天是星期天，她还是没有收到他的短信。

她起了床，穿上一件运动外套准备去跑步。她不得不努力不去想自己可能又一次被拒绝了。

跑了四英里之后，她来到了一家书店，她最喜欢的地方。她决定要买一本书，用星期天下午的时间阅读。下午五点，她来到饭店准备开始工作，状态非常好。

基顿的提升

基顿醒来时，窗外的鸟儿正叽叽喳喳叫着。星期天的清晨，他想，我要不要这么早起床？去年此时，他会花一个早上和盖比去苗圃买些新苗种到花园里。他已经不再对园艺感兴趣，没有盖比后他就不感兴趣了。但是他依然想读一读星期天的报纸。

他这么想：为什么不步行到商店，呼吸一下春天的新鲜气息？然后，也许稍后他还能洗洗衣服。

他看到许多花都开了，非常惊喜。颜色艳丽的郁金香让他想到了盖比，他瞬时感受到了失去的撕扯感。但很快他就能独自享受轻柔的春风。

在镇上，他看到了霍莉。他几周前在遗弃恢复工作坊里认识了她，被她说过的话打动了。他想要和她聊聊，但是每次工作坊活动结束时，她要么是急匆匆地离开，要么是和别人边走边热烈地讨论着。

把报纸夹在腋下，他穿过马路来到她面前。

在我和他的某次会面中，他描述了当时他尝试的场景。

“霍莉，”他从她身后绕过去，“你好吗？”

她似乎有些惊讶。

“我刚好过来取报纸。看见你就想和你打个招呼。都还好吧？”

她的头发往后扎成一个马尾。“很好。”她回答道，“你怎么样，基顿？”

“我很好。外面真漂亮，是不是？”

“确实是。”霍莉表示同意。

“你一个人在做什么呢？”

“哦，现在，我来这里买本书。”

基顿停顿了一下：“这周你去赴那个约会了吗？”

“是的。”

“进展如何？”

“都挺好的。”她回答道，顺手从书架上取了一本书。

“那挺好。”基顿说，“你还准备和他再见面？”

霍莉没有回答。

这也不是我该关心的，基顿这么想。“你有时间吗？我们可以散步到水边，顺便聊聊。”

“我不确定。”霍莉说，“那……好吧。”

他们慢慢地步行了两条街的距离，在一家面包店门前的桌子前坐下来。

提升意味着我们把自己从悲伤中拉扯出来，回归生活。尽管有关失去情感关系的记忆依然在脑海里回响，我们会情绪不稳定，但也会感觉到思绪和精神变得轻盈。生活以其丰富的一面开始帮助我们从失去感和伤痛中抽离出来。悲伤反应已经减弱，我们已经把许多情感包袱抛在了身后。

对于基顿，春天悸动的色彩让他想起了自己的失去经历。我们可以看出他已经开始逐步放下有关盖比的强迫性思维，让生活托着他前行。

提升是我称之为“最后阶段”的时期，不过，我们在治愈过程中已经短暂感受过提升。这些短暂从悲伤中缓解的时刻会随我们进入最后阶段，逐步增长到数小时，然后增加到数天之久。

对于霍莉，通过有意识的、自我指导的努力，她进入了提升阶段。她选择用积极和富有建设性的方式度过自己的一天——慢跑、阅读和工作，而不是关注自己对约会情况的失望情绪。

无论提升的情绪是自然产生的，或者，像霍莉那样，我们有意识地尝试去提升，这个阶段使我们重新回归生活。有时候我们感觉自己又变得像过去的自我一样；但有时候，我们感觉到一个全新的自我出现了。

提升是和新生活相关的；它也是我们探索新领域、攻克新阵地的时刻。我们已经在倾听来自内心的需求和情感，也从痛苦经历中学到了东西。我们正在开拓有关生活和自我的新思路，并且把它们纳入了生活的新模式中。我们意识到了正在形成的新的自我。

我们放下了对离开我们的人的暴怒，我们也放下了旧的生活模式。我们知道过去的遗弃经历依然浸透在我们生活中，但是这段经历已经把我们带到了一个新的地方。正因我们所经历过的，我们现在已经变得更好。

这个阶段应有一个深远认识是：我们已经准备好再一次去爱。爱通常始于对陪伴我们度过绝望时刻的朋友和家人的温暖和感恩之情。正是在这个时段，我们找到办法让他们明了他们对我们如此重要。我们也感受到了我们对自己的爱和欣赏，对我们所取得的进步感到自豪。我们变得更加自立，自我意识更强，对待情感也更开放。当我们开始走出去寻找新的关系时，我们感觉到爱的能力在体内活跃着。

最后阶段的目标是在遗弃经历中有所提升，进入到更好的生活和爱的状态。但是在提升过程中，很重要的一点是你需要与你的情感同行。提升阶段的一个常见陷阱是你超越了情感，把自己的主要情感都抛在脑后了。你应该避免这个错误，因为它会让你与亲密关系总隔着一层东西。

在引导你们度过遗弃最后阶段的过程中，我将要向你们展示如何运用提升的能量来增强生活和爱的能力。这一章包含了胜利和谨慎的双重信息。我将指出对于遗弃幸存者来说，在形成新的情感关系时普遍会遇到的障碍，也会描述一些幸存者可以用来克服这些障碍的方法。我将带领你们对童年时塑造性格的场景进行回顾，并提供清单来帮你们识别之前失去经历中的未竟事宜。最后，我将要向你们介绍第五个爱克如练习，目的在于帮助你们在建立新的高质量情感关系时与自己的情感保持联系。

提升阶段的情感计划

下面是提升阶段的有关情感的计划：缓解焦虑和紧张；学会吸取遗弃经历的情感教训；辨识性格特点；重新发现失去的希望和梦想；切断情感纽带并放下过去的依附关系；寻找爱；放下耻辱感；最后，摆脱那些影响新情感关系的障碍。

缓解焦虑和紧张

在提升阶段，我们将回归到平衡状态——情感上和生化上的平衡状态。

在之前的阶段中，我们讨论了交感神经系统在情感危机中扮演的角色。它在危险出现时提醒你，让你准备好释放能量来格斗、逃跑或者定住。这是身体对意识到的所有威胁的自动回应——对你来说，这个威胁是被遗弃。在提升过程中，你将感受到另一个神经系统——副交感神经系统的力量。

副交感神经系统和交感神经系统合作，把心率和呼吸频率从被激发的状态带回到平常状态。这种生理系统的再平衡使得你的身体回归到正常生活状态，是身体内设的自我纠错机制之一。

霍莉的故事展示了人们在再平衡过程中可以做出的一些选择。她也许并没有意识到相关的生化过程，但是她选择去跑步，这就促进了体内内啡肽的分泌，也就是我们在第三章讨论过的天然阿片类物质。当慢跑者达到极限并突破自己进入愉悦与幸福状态时，体内内啡肽分泌增加，这种突破通常在跑了大约30分钟的时候发生。他们能够感觉到这种天然阿片类物质在体内引发的镇痛以及产生的愉悦感。

人们通常会把热爱体育锻炼描述为“上瘾”。在不同锻炼活动的间隙，身体所处的脱瘾状态和服用吗啡或者海洛因的脱瘾症状是相似的。跑步者的内啡肽脱瘾会引发其对下一次跑步的渴望，如此则建立了一个有规律的锻炼习惯。

这里还有一个很有趣的比较。我们已经谈论过最基本的情感关系关系到若干类天然阿片类物质。根据杰克·潘克塞普(Jack Panksepp)对依附关系的神经化学研究发现，大脑内最强大的阿片类物质分泌的最高点出现在人们在母亲的子宫里时。出生后，大脑中阿片类物质的水平逐渐降低，以使婴儿通过和母亲建立依附关系来获得满足。从理想化的角度来看，这种依附关系将在婴儿对阿片类物质的脱瘾结束时开始形成。新的纽带会缓解脱瘾症状。随着这种依附纽带逐步扎根壮大，婴儿体内会产生不同水平的阿片类物质。潘克塞普同时认为：对于成人来说，情感关系的形成会导致阿片类物质分泌的增加，与此相反的是，分手会导致阿片类物质分泌的减少。我们在因为失去爱而出现悲伤反应时感受到的阿片类脱瘾很可能激发了我们去寻找替代的爱。

当然，我们并不是如奴隶般被生化信息所驱动。我们不会被驱动着立即要去寻找另一个伴侣。与此相反，考虑到悲伤反应过程涉及的阿片类脱瘾，许多遗弃幸存者寄希望于从高能量的活动中让自己感觉好一些的做法也就不那么令人惊讶了。正如霍莉的情况所证明，很多这类活动确实增加了内啡肽的分泌。

在上一章，我解释了交感神经系统如何让我们为行动做好准备，不仅仅是为了自我防御，也为那些需要投入精力或者力量的任何活动，比如爬山、性爱或者处理一个电脑问题。当霍莉准备要跑步，她的交感神经系统开始启动，她的精神和生理的警觉度提升了，这为她提供了更高的能量，所有这些都为她所用。考虑到霍莉的经历（她是一个童年经历过多次失去和遗弃的弃儿），她的情感记忆会在她成年后经历失去或拒绝时被多次触发。当她投入到健身锻炼或其他高能活动中，她能够更好地平衡自己的生活，并且时常绕开她的有意识思维。

像霍莉一样，很多遗弃幸存者发现，需要高度注意力的身体或者思维锻炼是消除应激激素影响、内啡肽脱瘾症状，以及其他涉及情感危机的生物过程影响的办法之一。根据弗雷德里克·弗莱契（Frederic Flach，研究抑郁症的心理治疗师）的研究表明："身体锻炼刺激骨骼使其保留住钙质，并避免钙质被存储到软组织中（这不是它该待的地方）。"钙的新陈代谢会被应力影响，是与焦虑以及抑郁导致的生化变化密切相关的。增加骨骼中的钙含量有益于我们的精神健康。

弗莱契还指出："维生素（包括复合维生素B，特别是维生素B_6）和包括钙、镁和锌在内的矿物质对身体应对应力的能力都有积极作用。通过激活维生素D，骨骼能够更多保留钙质，阳光也能够带来相同效果。从这个角度来看，某些人会在没有获得足够阳光照射情况下变得抑郁。"这也说明通过健康饮食和积极参与户外活动，我们能从困扰我们的情感危机中实现生理性恢复。

提升的目标是找到新的平衡，我们通过新兴趣和新活动到达新的平衡点。

吸取遗弃经历的情感教训

认识到你已经获得了胜利，即获得了提升。你已经拥有了激发深刻自我改变的强大生命体验。你已经从危机中获得了非凡的东西。这个阶段中，你和你的情感内核接上了头。这个危机不仅仅与伴侣离开你的事实有关。旧的伤口再次被撕开——这个积蓄已久的伤口包含了你过去所有的失去和失望，也包含了所有人类都会产生的原初恐惧。

你不想要和你获得的情感智慧失去联系。有了它，你能够避免对新的情感关系失望。如果能和你的情感保持联系，你将会变得更容易接近，更令人信服，更开放。

提升也是进行情感盘点的时刻，让你对前述四个阶段的情感感受进行回顾。其中有你在破碎阶段经历过的恐惧和被破坏的信任；在脱瘾阶段经历过的空虚、渴望；内化阶段经历的自我贬低和自尊被打击；在暴怒阶段经历的愤怒和外在儿童的防御。在每一个阶段，情感会带你回到早期的失去和遗弃经历中，并且唤醒旧的记忆。你会看见一直都和你如影随形的情感包袱。

考虑到所有的痛苦和磨难，这段情感旅程可以帮助你看到深埋内心的东西。你现在知道你的情感触发点来自何处，也知道你最基本的需求是什么。如何处理这些情感对于建立新的关系至关重要。这些被牢牢守卫的情感很可能已经在过去对你造成了伤害；你不想再和它们失去联系。

在提升阶段，你最根本的任务是积极认识和尊重你的情感。

提升阶段隐藏的危险

从失爱关系的悲伤反应中走出来的人会很焦虑，希望尽快把痛苦记忆抛在脑后。许多人宁愿逃离还没有解决的情感问题，也不愿和这些情感共处。他们可能没有认识到聚焦于这些情感反而能够帮助自己。与此相反，他们从紧急的悲伤之痛中脱离出去，超越了他们新发现的情感。

脱离并超越于情感感受意味着你抛下的不仅仅是你所失去的情感关系，它意味着你和自己最持久、最深刻，也是最基本的需要失去了联系。提升太多，或者说过度提升，意味着你运用了一个或者一系列不同类型的防御措施：你正在忽略情感，正在服药疗愈，或者让自己忙得没有时间去感受它们。

最简单的事实是，你永远不可能真正把你的情感包袱卸掉。当你提升时，在你体内发生的任何改变，无论你能否意识到它们，它们都会变成情感回应方式的一部分。对这些情感的忽略意味着在情感自我和认知自我之间已经存在的隔离墙上又砌了一排新砖。你又一次在情感认知上变得无意识。

如果遗弃是心脏的一处刀伤，那么提升就是治疗刀伤的最后阶段，新组织开始覆盖伤口。在破碎阶段，你感觉到了撕开厚重的依附组织引发的灼热的痛。在脱瘾阶段，你被新鲜的裸露伤口的烦恼之痛折磨。在内化阶段，这个伤口变得极易感染，威胁着要破坏你的自尊。在暴怒阶段，你感受到了肌肉在缝合过程中的张力和脆弱。最后，你来到了提升阶段，新的组织一层层覆盖住了伤口，保护着伤口。此时的危险在于，瘢痕组织也会形成，把你和外部世界隔绝开来。伴随情感结痂而出现的是情感迟钝——一种情感认知的失去。

当你试图提升得高过你的情感，而不是和情感一起提升时，你有可能变得对自己和其他人都不再敏感。你的任务是要阻止情感结痂。否则，它们会创造出一个隐形盾牌，阻止其他人靠近你。想要成为你生活重要组成部分的人就不能够感受到你最真实的情感，这些情感是形成真正情感联系的基础。

我们都认识那些经历了痛苦和心碎，被遗弃经历深刻影响的人，他们通常很奇怪地和自己以及他们的情感都失去了联系。他们已经从情感中抽离出来，变得比以前更难以接近。我们只能想象他们未解决的情感在体内溃烂了，腐蚀着他们的能量。他们已经提升得高过了自己的情感，开始生活在情感半衰状态中。他们已经默默地改变了对于自己和自我价值的信念，同时又装作没事一样地继续前行。从表面看来，一切似乎都是正常的，但是他们已经和爱的情感隔绝开来。他们可能已经从遗弃的急性悲伤反应中抽离出来，但是他们也把自己情感的一大部分遗弃了。

于是，一种普遍模式出现了。在伤口结痂的过程中，许多遗弃幸存者对爱麻木了，至少对于相互的爱麻木了。他们已经不再对“罗曼蒂克”有兴趣，除非有人正在触发他们的遗弃恐惧。至少，他们还能够感受到不安全感。于是他们的大脑学会把不安全感和依附关系混到一起。他们变成了“遗弃狂”，总是追求那些不可获得的人。

当这种模式确立后，人们就可能变成“被爱挑战的人”，不能去爱任何值得爱的伴侣。这种模式使得有些人长期保持单身，因为他们会在每一次感觉到安全稳固时失去兴趣。这种模式也使得其他一些处于安稳婚姻中的人对自己深爱的伴侣失去了激情。

其他模式也会在提升阶段形成。在最后阶段，我们处理依然娇嫩的自我情感的方式决定了有些人会在爱人离开后产生积极转变，而另外一些人则变得疏远他人、孤僻，并且难以重新建立关系。

遗弃的伤口

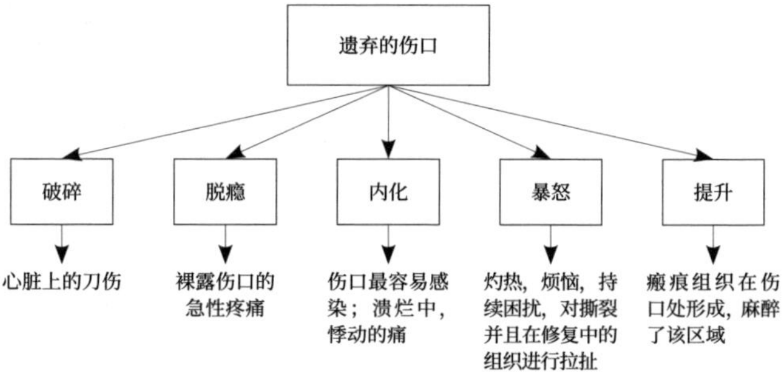

图7

过度提升的人格特征

还是孩子时，帕米拉因为心脏手术而经历了一段困难日子。她抑郁地躺在床上，看着窗外其他孩子们玩耍，她认为自己一定很普通或者很没用。在和丈夫离婚后，她很多年都使自己超越了自己的情感。

“我曾经从马上跌了下来，然后再也没有回到马背上过。我的丈夫在20年前有过一次外遇。我整个人都崩溃了，然后我们离了婚。事情就是这样。从那以后我就单身一人。

“我也仓促地尝试过几次约会，但是我喜欢的人对我不感兴趣，而追求我的人我又不喜欢。我不想要再去冒险，再次受伤。谁又想要呢？只要我有办法经济独立，我一个人挺好的。只是在到了我必须休假的日子，这才成为一个问题。我没有兴趣去任何地方，因为我不喜欢独自旅行。”

事实是，我们所有人都做过这两种类型的提升：和情感一起提升，以及提升的同时超越于情感。有时候超越型提升是应对困难危机的一种健康方法。家人和朋友可能会认为我们极具韧性。我们应学会用超越型提升帮助我们摆脱太痛苦的情感，或者是那些我们不希望别人看到的情感。在某一个时刻，我们学会在痛苦来袭时咬住子弹，在真正害怕的时候假装很勇敢，在自己感觉要哭的时候笑出来。我们用这些防御手段应对跌宕起伏的情感。

童年的情感韧性是良性的。它是这样一个过程：生命的力量把你握在手中，帮助你向前移动。但是，如果，像霍莉、基顿和帕米拉那样，童年经历了多次情感磨难，你就可能过度提升自己。也许你经常性地自我提升并超越于你受到的伤害和恐惧，以至于失去了和情感内核的联系。

提升并超越于情感可能在成年后形成自动应激反应。有些过度提升者在情感上过度自我保护，开始进入情感脱离状态，产生对成功和物质利益的需求。而有些过度提升者一开始表现得有爱，有亲近感，但是后来，当你们变得更加亲密时，他们就抽身而去了。在极端的例子里，过度提升者也可能形成无情的反社会人格，缺乏对任何人，包括对自己的情感共鸣。

但绝大多数时候，过度提升者是那些我们每天都见到的学会了在痛苦经历中继续生活的人。他们的情感脱离程度取决于他们自己，还有那些想要接近他们的人，也许会很明显，也许并不明显。

那些经常习惯性和自己的情感脱离的人都有哪些特征？

如果你对以下大多数问题的回答为“是”的话，你可以把自己视作倾向于过度提升的人，或者你也可以发现身边某个重要的人是这样的（也许，甚至还包括离开你的那个人）。辨识出提升者的特征能帮助你重新获得与情感的联结。

提升者的问卷

作为孩子：

你是不是在学校里扮演过小丑的角色？

你是不是曾经在朋友面前隐藏了不舒服的情感?

你是不是曾经找到让自己不被人关注的办法?

你是不是曾用过转移注意力的方法去掩盖尴尬和被羞辱的感觉?

你是不是曾因为遇到麻烦而把自己与家人和朋友隔绝开来?

你是不是曾经变得情感冷漠，并且在你确信自己被过度惩罚时，拒绝哭泣?

你是不是有时候感觉到对别人很生气，但是无论情绪有多强烈，你都会把自己的情感隐藏起来，或者和自己的情感脱离?

作为成人:

你是不是倾向于在公众场合戴上欢快的面具，即使是当你对自己感到失望或者对生活不确定时?

你是不是有时候认为别人能感觉到的情感你都感受不到?

你是不是试着“解决问题”，而不是倾听和确认别人的感受?

你的熟人和朋友是不是更倾向于和别人而不是和你分享他们的情感?

你是不是感觉到你正怀念某次经历中的感受?

你是不是有时候感觉自己更像是一个做事的机器，而不是一个人？

你是不是总是在忙？你是不是一个任务大师？

你是不是生活在你的大脑里？你是不是注意力过度集中，以至于把真正的生活和其他人都隔绝在外？

你是不是不够专注？你是不是进入了一种情感迷雾中，对发生在你周遭的人和事都麻木了？

你是不是在童年时有过多动的经历？你是不是在情感之上震颤着？或者与此相反，你是不是曾经表现得消极和成就感不足，以便你能在你情感之下震颤，以避免自己的思想聚焦于令人不适的感受？

你是不是有时候感觉自己和其他人是疏远或者脱离的？

你是不是拒绝直接表达重要的情感，甚至包括那些积极的情感，因为你担心自己的声音会颤抖，甚至于你会哭起来？

你是不是在表达感情方面有困难？你很柔弱？在性方面？

你是不是感受到了旧情感的回响——不安全感、孤独、焦虑、失去——所有这些感受都混合成了一碗“情感杂菜汤”？你是不是在确定情感类型以及它们的来源方面有困难？

你是不是有时候醒来发现自己还有情感宿醉反应？情感宿醉和酒精宿醉很相似，不过你感觉到的是干涸、精神死亡，不能从一个情感混合体中分辨出某一种具体的情感？

你是不是觉察到你的最基本的情感关系中缺乏了亲密关系？

你的伴侣是不是与你在情感上是脱离的，你很难在情感上和对方建立联系？如果是这样，伴侣的行为是不是反映了你的提升程度？

你最好的朋友或者爱人是不是很难在情感上接近你？如果是这样，你是不是正在让身边的人越俎代庖，帮你提升？

提升家庭系统

提升者从何而来？为什么有的人会紧抱着他们的痛苦，而有的人则埋葬了它们？

事实是，几乎任何家庭背景或早年经历都可能导致过度提升这种防御性行为。在前面几个阶段中，我提到过一些人在童年时期背负情感包袱的场景：关于破碎阶段失去的经历包括父母死亡或者遭受性虐待；脱瘾阶段包括因为家庭成员酗酒或者情感“缺席”而导致延时满足的能力被剥夺；内化阶段的场景如经常被批评、责难和拒绝；还有产生暴怒的场景如被过度控制、剥削，或者遭受情感虐待、身体虐待。

接下来要介绍的是可能导致提升作为自动反应出现的部分童年场景。有些会让你回忆起自己的家庭；有些则可能让你想起那些和你亲近的人的家庭。

过度提升者可能来自这样的家庭：

◉ 成人在情感上处于脱离状态的，你会镜像拷贝他们的行为。因为认为情感不重要，所以它们就没能得到处理。

◉ 父母各自拥有自己的情感，对对方的亲戚持怨恨态度。传达的信息是：情感是不可以被整理与修复的。

◉ 父母或者其他家庭角色模板过度情绪化，拥有表演型人格、过度反应行为，也可能拥有边缘型人格。为了保护自己的情感空间，你不得不和他们保持距离。

◉ 父母并不容许你愤怒，他们把愤怒误解为不尊重。于是你不得不压抑最强烈的情感。

◉ 父母控制欲强，过度介入了你的情感。他们想要解决问题，换句话说，要让你的情感消失。他们对你的失望和恐惧嗤之以鼻，告诉你应该和不应该有什么感受。你获得的信息是：有不舒服的感受是不好的。

◉ 家庭结构是权威型的。服从和表现远比情感重要。

◉ 成人是完美主义者，要求非常高。你忽略自己的情感以满足其不可理喻的极高期望。

◉ 父母或者其他人对外展现了一个假的自我，隐藏了情感，行为处事上让人感觉一切都很正常。

◉ 父母缺乏共情能力或者不敏感。你和兄弟姐妹通过互相打斗来释放内心积聚的压力和紧张。

◉ 一切都很混乱。经常性的动荡和失望情绪使你变得紧张。成人会不可预见地突然对你情绪爆发，或者在情感上疏远你。

◉ 成人不断食言，很可能是因为酗酒或者是其他疾病。你学会了不期望太多，为情感关系设定了较低期望值，以避免长期失望。

◉ 父母在你表达情感的时候羞辱了你；他们对你的哭泣进行了训诫，嘲笑你的恐惧。你学会了隐藏和掩盖自己的情感。

◉ 父母之间不亲密；或者与此相反，父母只是与彼此很亲密，你则被撂在外面旁观。

需要记住的重要的一点是，总体来讲，父母是尽了自己的努力来满足孩子的需求的。具有讽刺意味的是，尽管会努力避免，我们大多数人仍把自己的情感伤痛传递给了孩子。这些传递的伤痛被转化为多样化的行为、态度和性格特征，可能会一代代地传递下去。试图把我们经历的挣扎归罪于父母毫无益处。你将不得不回溯许多代人，一直回到那些塑造了你的祖先的历史性事件，才能够找到问题的根源。

当我们试着去理解童年经历会对我们的成年行为带来哪些影响，我们的目的绝不是要对此进行价值判断，或者要指责谁；我们的目的是要为自己的生活负起责任，并且检视我们的情感包袱。和我们的父母一样，每个人都会犯错。没有一个人能宣称自己在情感关系中从来没有建立过情感障碍。

写给父母的注意事项

作为父母，我们想要避免的是：让孩子对他们自己或者是自己的情感感觉很糟糕。儿童可能很容易就被抛入无助和渺小的感觉中。让孩子感觉到自己是我们生活中不可或缺的部分并不需要付出太多努力。我们需要做的是对我们的孩子赋能，而不是用我们的需要来压制他们。倾听他们的需要，滋养他们的兴趣、情感、希望和梦想，帮助他们提升技能和信心，以便让他们在家庭里和同伴间的地位得到稳固的确立。

找到自我迷失的部分

几乎所有人都有从来没有实现的愿望和依然等待

实现的梦想。

童年时，约翰喜欢在周末到奶奶家里过夜时收听电台里的交响乐。他在奶奶家自学了钢琴，还自己编曲，后来还自己写词。他请求父母给他安排钢琴课，但是他们说负担不起。他们鼓励他去参加体育运动。约翰并不是运动员的料，但是他还是在小联赛里尽了自己最大的努力。

当奶奶去世后，还是少年的约翰试图让父母把奶奶的旧钢琴搬到他们的公寓里。但是他们说屋子里没有放钢琴的空间了。最后，他放弃了努力，通过收听电台和用自己送报纸的收入不时购买一张音乐专辑的方式来实现对音乐的热爱。

长大成人后，约翰对音乐失去了兴趣。现在他发现过去热爱的交响乐会让他进入一种悲伤的情绪。于是，他把注意力转向了其他爱好。

经历过一次情感危机之后，他开始搜寻能够帮助他享受当下的爱好。正是那时候，约翰重新发现了聆听音乐的乐趣。他驾车来到海边，把车载收音机调到古典音乐台，凝视着车外海浪冲击着海岸。当他闭上眼睛坐着，他被贝多芬的交响乐征服了。

你的一部分有时候迷失了或者被遗忘了。当这些被忽略的兴趣堆积起来，就形成一个空荡空间，一个你一直尝试要填补的渴望空洞。也许和约翰一样，调整自己，进入当下时刻会帮助你重新发现那些迷失的兴趣。也许你在和你的内在自我的对话中又找到了遗忘的梦想。现在的你已经是一个有完全意识的成人，你有条件去重访这些遗失的部分，并赋予它们新的生命。

希望你已经对你的坚定的内心需要有了认识，也对过去是如何塑造了你处理情感问题的方式有了更多洞见。当你对于自己携带前行的情感有更多了解和接纳的话，你能够更好地掌控未来。

提升阶段的根本任务是放下旧的依附关系，从依附的悲伤反应中提升出来，并保持和情感的完整关系。

放下过去

在这个悲伤反应的最后阶段，最根本的任务是削弱你和失去的伴侣间的情感纽带。它也是一个重构和重组生活的时刻，如赫伯特·韦恩纳 (Herbert Weiner) 所描述：“你应把你的情感货币重新投资到其他领域。”

提升涉及的某些情感任务与丧夫或丧妻之人所面对的情况是不同的。差异在于你携带了情感包袱，也就是那些塞满了未竟情感，比如怀疑和耻辱的包袱。

不过，耻辱不仅仅专属于遗弃。在某些层面上，所有的悲伤都涉及耻辱。任何人在处理强烈和持久的情感痛苦时，因为不能控制痛苦而感受过某种耻辱感。社会告诉我们，我们应该能够调控好痛苦，并且把它驱散。因为我们在成长过程中就被灌输了这样的理念，我们感觉自己好像不能像自己想的那样很快脱困，觉得自己不够坚毅、果敢。我们开始对自己的情感弱点感到耻辱。

“在我丈夫心脏病发作后，这种痛苦变得不能忍受。”莉迪亚说，“它发展到了某一个点，我把所有悲伤都埋在心里。谁能够理解我为什么在那之后两年依然想要自杀？甚至于我自己都相信我已经做过了头——我觉得自己是某种类型的极端情感主义者。”

丧夫之人和遗弃幸存者都因为依靠另一个人生存而感到了耻辱。但是遗弃幸存者还要面临另一层的耻辱——可怕的被抛弃的耻辱。

“失去了朗尼几乎杀死了我，”玛丽说道，“我是如此思念他。但是他以他的方式收回了他的爱，这是一种别样的折磨。我感觉自己在情感上被谋杀了——被自己最好的朋友侵犯和羞辱了。”

我们觉得自己携带着某种耻辱感的时刻并不仅限于被遗弃时。丧夫之人和那些眼看着自己爱人离开了家的人都感觉到了失去。

“这样一个偶发的心脏疾病带走了我丈夫，这让我感觉自己注定倒霉。为什么这样的悲剧发生在我家？为什么不是别人家？我到底做了什么以至于要受此折磨？”

当这个寡妇试着继续自己生活下去，她可能会感到炮弹休克[1]，充满惶惑感，觉得命运已经挑选了她来承受这种巨大的失去的痛苦。当我们试着继续向前时，我们也感觉到一种类似的害怕。

“要是别人也决定抛弃我，怎么办？”迈克尔这么问道，“我就这么没有价值，以至于没有人愿意接纳我，收留我？我怎么才能再信任任何人或者任何情感关系？

1 军人受炮击等战斗刺激而出现的失能症状。——译者注这个寡妇也许依然怀有因丈夫离世而残余的自我怀疑的感觉、深切的遗憾，甚至愤怒，但是，除非她的失去源自自杀（一种极深远的遗弃），她不大可能把失去当作对自己的直接拒绝。她知道在某个层面，死亡是不受任何人控制的。她的关注点在于死亡，而不在于对自我价值的怀疑。

这个寡妇的治愈计划主要是为了填补情感空白。她要为继续活下去找到一个新的理由。我们也会有情感空白的时刻，但是我们的空白感像是对某些错误的惩罚。我们的治愈计划是找到一个奴隶来承受我们自恋的伤害，消除感染我们自我认识的自我怀疑。

有过往遗弃经历的寡妇也会在丧夫之痛恢复的过程中产生自我怀疑，尤其是当她失去爱人的经历重新唤醒了源自从前的不忠情感关系或者过去的分手和拒绝经历的恐惧和不安全感。要治愈这些伤口，她也需要在逐步回归外部世界的过程中证实自我的价值。但是，如果这个寡妇并没有这样的过往经历，她面对的是一个更直接的任务——逐步调整自己，学会独自生活。她可能不需要立即寻找到替代的爱；她不需要修复被破坏的自尊，因为她并没有产生被遗弃的恐惧，她没有觉得谁都不要她。

但是，随着我们开始从悲伤中提升，我们的焦点投射到证明我们的无辜上。我们想要安抚受伤的自我。

这些需求将在我们提升、摆脱被遗弃感并且寻求新的情感关系过程中，影响我们的决定。

寻找爱情

无论你过去在感情方面有过多么成功的经历，你现在都可能会对再次找到爱情产生了一些恐惧。你还会像以前那样幸福吗？你会不会最后落得孤身一人？要应对这些恐惧，你需要探索新的生活方式和新的情感关系。

有些遗弃幸存者钻进了山洞里，数年如一日地舔着自己的伤口。

“我还是没有准备好。”迈克尔这么说，“我需要自己过一阵子，直到我强大到可以去冒险——去信任别的人。”

也有一些人选择独自一个人生活，因为他们很享受新找到的情感独立的感觉。他们发现了单身的某些优势，不想放弃这些优势。

卡洛尔说：“我很高兴我已经把那种经常性的自我折磨甩在身后——要想让感情关系良好运作而体验的过山车似的经历。我享受做自己的和平与宁静，我想就这样生活，一直这样。我终于自由了。”

不同的是，玛丽在第一年里就感觉到了对重建情感关系的需求。这意味着她学会了接纳自己的情感需要。

“一开始我不想承认，”她说，“但一个人生活了一阵子后，我发现我是那种在情感关系里能活得更好的类型。

“我一开始对这个想法非常抗拒。我想我应该能一个人活下去。而且，我不想要冒再次被伤害的风险。但是对我来说，某种特别重要的东西是缺失的，我知道那是什么。我终于听到了我的情感试图告诉我的信息。

“那时候我遇到了菲利普。我们一开始只是朋友。我发现他不仅仅对我关照有加，而且对他的孩子和几乎身边每一个人都很关照和呵护。他能够开诚布公地讨论自己的感受——无论他是开心、愤怒、担忧或者没有安全感。而且他与我情感很合拍，同样具有不安全感。他在早些年也经历过类似的失去，能够明白我的处境。他对我的感情让我对改变感觉良好；这也消除了一部分痛苦。

“但是面临在情感上更进一步，我还是犹豫了。我的朋友们提醒我不要太快和任何人走得太近。‘你还没有准备好，还是太快了。你不需要别人来让你快乐。’他们总是这么说。

“还是聆听‘小的我’告诉我它的需要帮助我下定了决心。学会倾听后，我不可能再对它渴求的事情不闻不问。我意识到承认自己需要和别人在一起并没有什么可羞耻的。”

我的许多客户都认识到，考虑到个人的长期经历以及最近经历的情感伤害程度，最佳对策是在他们感觉到有能力时尽快建立新关系。当然，同样重要的是找到能够真正关爱你的人，在你走近了之后不会离开你的人，情感上负责任的人，也是不会切断正在进行中的情感关系的人。

放下耻辱感

很多人意识到他们需要一段新的情感关系，但是找到这样的关系挑战巨大。即使是最关爱他人、最有吸引力、最忠诚的人也会在建立基本情感关系时遇到困难。

他们中的绝大多数意识到了自己还有没处理的恐惧，但是并不总能看到这些恐惧是如何对开启新关系设置阻碍的。他们试着去建立新的情感关系，但是当这些新关系没有结果时，他们变得困惑，不知所措。

“为什么我不能找到新的爱人？“

“我到底出了什么问题？”

“是什么在阻碍我和别人建立关系？”

没有结果的关系把我们带回到耻辱感的问题上。从本质上来看，耻辱感是我们最想远离的情感之一。我们会试图把耻辱感，还有自认为会暴露不安全感和个人不足的证据都埋起来。

考虑到霍莉经历过反复且持久的童年分离，她的经历是一个我们可以用于展示从耻辱感里过度提升的极端例子。她的例子向我们展示出隐藏的耻辱感如何对建立新情感关系造成障碍，以及揭开耻辱的面纱能够带来怎样的改变。

“我的问题是，”霍莉承认，“无论我有多么想要和某人在一起，都没有一个人真正想和我在一起。经过一辈子的尝试，我还是没能进入一段感情关系。”

很容易看出，霍莉不是影响她童年遗弃的诱因。她的生父母抛弃了她，后来，她的养父母在其他方面拒绝了她。因此她怀着一种深深的个人失败感。她感觉到有罪和耻辱，好像一切都是她的责任。

“我开始相信没有人想要我的原因是我不够可爱。我没有真正意义上的父母。如果我和其他人一样特别，他们就不会抛弃我。我确实相信我缺乏某种让人爱我的东西，我身上有些很不对劲的东西。”

霍莉找到了把自己提升并超越于强烈的怀疑和恐惧的办法，但是在内心深处，被拒绝的情感随着每一次伤口的撕裂堆积了起来。她系统性地、悄悄地为自己营造了一个自我拒绝的氛围，把自己指责为不值得的人。她也对自己的情感感到耻辱。她不想要别人看到她的恐惧，因为她担心这只会让别人的注意力集中在她自认为是缺陷的特点上。她甚至把拒绝的暗示也视作她不可爱的有力证据。

等到进入青春期，霍莉已经变成了一条变色龙，擅长于把这个不值得爱的自我向外表现的迹象都掩饰起来。对内，她携带着一个看不见的伤口；对外，她向世界呈现出“我挺好”的面具。但是，隐藏自己的情感并不意味着她能够制止它们对生活的干扰。与此相反，把它们埋葬起来让她和它们之间产生了距离，也让她和富足的情感生活产生了距离。她常常感觉到自己好像在“设计和表演”自己的反应。有时候别人能觉察到她欢快的表现下有一种空洞的质感。

我们可以从基顿询问霍莉的约会进展时看到霍莉面临的麻烦，她选择了不予回应。同样，她在第一次约会时运用了虚伪的外表，来确保自己的孤独感不被发现。

对于那些经受过创伤性童年分离的人，把内在和外在自我进行区分是很普遍的需求，特别是当这种分离导致了成人期情感关系中的拒绝模式时。任何经历过找不到爱人的痛苦的人，都知道“不够好”的感觉会带来的耻辱感。经验教会这些人，暴露出自己需要别人的事实几乎立即会让对方失去兴趣，所以他们学会把渴望获得关注的情感都藏了起来。

最具讽刺性的是，很多情况下，（通过隐藏）与这些情感脱离关系正是让他们难以和自己的情感保持联系的原因。在一种良性情感关系中，双方都必须要保持情感上的开放态度，才能形成真正的情感关系。如果你把内心深处的欲望都掩盖起来，你就远离了情感真相。假相会形成一个阻碍亲密关系的隐形盾牌。

耻辱感让很多人被夹在中间，既想要靠近，但又不想别人知道自己的迫切感和不安全感。

有一个办法可以帮助你脱离这种处境。我们在脱瘾一章里谈到，脱离的办法首先是认识到让你感觉到安全的唯一责任人，就是你自己。“大的你和小的你”的对话让你能够直接管理自己，而不是把不安全感放到别人的脚边。你独立完成自己的情感闭环，这样你能够更真实地体验自己的感受，而不用期待你的伴侣来影响你的情感。你能够同时在情感上做到自立，并且对自己真诚。

霍莉正处在对话过程的开始，她和小霍莉的关系还较薄弱。但是她想要打破耻辱的障碍。那个星期天下午，在咖啡馆里，她决定要迈出一大步，和基顿真诚地分享自己的不安全感。

“那是一个不可能的处境——我感觉到孤独。”她对他承认，“我永远不可能告诉和我约会的人，自己感觉多么不安全。我感觉自己就像是一个失败者，或者是一个被拒绝的人。他们会把我看作非常有需要且可怜的人，然后立马跑出大门外！”

通过掩盖自己的脆弱，霍莉一直都没有在情感层面给其他人机会来和她建立纽带。因为不能或者不愿意把真实需求向她的约会对象坦露，她就把真实的自我都放到一边去了。通过批判自己的情感感受毫无吸引力，她遗弃了自我非常重要的一部分——情感内核。

对于霍莉，这形成了一个恶性循环：耻辱创造出秘密，秘密创造出隔绝，隔绝创造出孤独，孤独创造出耻辱。通过隐藏自己的情感，她的隐形伤口变成了情感关系的无形障碍。

记住，真正造成问题的不是你的情感，而是你处理它们的方式，包括你在情感周遭营造出的秘密氛围。秘密氛围会增强耻辱感。保守秘密创造出欺骗，而欺骗在你和你可能想要接近的人之间形成了鸿沟。

霍莉说她一开始对基顿对她分享的情感做出的反应感到失望。

“为什么不和你上周约会的男子更坦诚些呢？”他是这么建议的，“告诉他你所经历过的和正在经历的感受。”

“嗯，对。”她回答道，“你一定是疯了！”

“说真的。你把真相都坦白讲出来。你能失去什么？试试看会怎样。”

“我最好还在身上戴上一个彩色标志，上面写着‘废弃商品’。”她告诉基顿，“这个男人会立马注意到我脸上的疤痕，注意到我是如此不完美，还有所有那些不好的东西。”

“我从来没有注意到你说的这些。”他回复道。

那些与不断出现的恋爱失败经历斗争的人相信，如果他们让别人了解到真实状况，别人只会把关注点放到他们的弱点和不足上。一旦被人注意到这些“红线”，他们就会被抛弃。

霍莉对自己的负面看法是如此强烈，以至于她把基顿的话看作他在安慰自己。

“为什么你能告诉我你的不安全感，而我并没有被你吓跑？”基顿反驳道。

“那是因为我们没有在约会，”霍莉解释说，“如果我们在约会，到现在你已经逃跑了。”

“不，我不会那样，”基顿说，“我不会那样做。事实上，我现在感觉和你在一起更舒服，特别是当你解释之后。只要你不用你的情感向我施压。”

“你还是不明白。”霍莉说，“如果你和我是在试探对方的情感，那么我所有的不安全感都会涌现出来，这些巨大情感压力就会显现。这样的我只要向你望上一眼，你就会跑出门外。”

“你并没有望向我，而我依然坐在这里。”基顿说。

“那只是因为我现在没有对你展现这一面，”她抗议道，“而且我并没有想要和你约会。”

“我想你是觉得我并不值得约会或者是其他原因。”基顿说，“要不要听听我的理论，关于为什么你不把我作为一个可能的约会对象？”

“好啊。”霍莉说。

“这和我有关，和你无关。”他开始说，“我想要更深地了解你，但是我觉得自己有太多不足。无论真假，我感觉我和你不在一个层次，没有你受教育程度高，而且也许没有你聪明。我认为你比我活得更加精致。你去过我没去过的地方。我无法拥有那些你应得的东西。”

“这些就是我的感受。”基顿接着说，“它们都和我有关。这样说也许不准确。但是无论如何，这些都是我坚信的。听我说这些是不是让你想要逃跑？”

“倒真没有。”霍莉回答道。

“好，你听到后是什么感受？

“嗯，我感觉……我不同意你说的……也许……但是我很喜欢听。”她有点词不达意，“我是指你的诚实。因为你对我的信任，我感觉很荣幸。”

“荣幸，是的，但是你会不会因为这而看低了我？”基顿问道。

“我对你印象更好了。”

霍莉和基顿都和我提到了这个对话，从各自不同的角度谈到。霍莉表示惊喜于与别人真实分享情感的良好感受，在基顿和她分享了自己的脆弱时，她感觉到自己和他靠得很近。基顿则告诉我和别人分享真实情感带来的释放感，觉得自己和霍莉是有感应的。他对自己有能力解释自己的情感感觉很棒。“大的你和小的你”的对话起了作用。击破被耻辱感围绕着的秘密氛围帮助他们化解了无形的障碍，至少化解了他们之间的障碍，这是治愈他们的情感关系问题道路上的重要一步。

消除情感关系的障碍

对于许多遗弃幸存者，困惑不在于遇到一个人，而是如何保持高质量的情感关系，并且与关系一起成长。当你努力尝试建立新关系却失败时，你感觉自己又退回到了原点——孤身一人。

耻辱和被强化的遗弃恐惧使你做出对形成长期稳定的情感关系不利的选择。

以下是一些重复经历失去的人可能会踏入的陷阱。我的工作坊成员分享的实例能够帮助你辨识一些陷阱。

遗弃成瘾——对得不到的上了瘾

“我经常循环经历着遗弃，”安德鲁分享说，“我不确定我想要谁。我总是选择那些最后肯定会离开我的人。在我学会如何直接管理‘小的安德鲁’的情感之前，我无法在和这些人的交往中掌控局面。

"'大的你和小的你'的对话帮助了我，但是试着要和那些对我忽冷忽热的女人一直保持积极平和的状态确实是任务繁重。但是，倾听自己的声音有助于让我感觉到自己准备好了，终于准备好了，去寻找到一个真正想要我这样的男人的人。"

通过替代获得自尊

在为受伤的自我寻找认可的过程中，许多人总想要"抓条大鱼"来弥补自己被破坏的自尊。和一个令你感到自豪的成就斐然的人约会，一点都没错。风险在于，你专注于寻找正确形象的人时，可能会忽略了身边极具潜力的且与你情感合拍的伴侣。记住，你是在寻找亲密关系，不是寻找一个自恋的自我延伸形象，以修复你受伤的自我。你也不是在寻找针对情感不安全感的外部解决办法。解决问题的责任在你，而不在别人。

自己的荣耀

"我曾经强烈需要证明自己，"基顿承认，"以至于我不能脚踏实地地接受和我在同一个情感层面的人。我追求的是成为荣耀的一类人。我就想要证明我是个“人物”。我感觉相处得很舒服的女性——那些让我感觉到安全和稳定的女性——正好是有和我一样的不安全感的人，所以她们除了能证明我的可怜，不能证明任何东西。我不会把时间花到她们身上。那时的我只对喜欢炫耀自己的人感兴趣。如果我能够让这样的人喜欢上我——对自己很骄傲的人，那么我会感觉到自己也是个人物。”

选择奉承

“霍华德离开后，”芭芭拉说，“我的性自尊变得很低。我的意思是，我感觉到自己作为女人完全被摧毁了。我需要了解是否还有人会对我感兴趣。我还没有准备好冒险地进入一段新感情关系中。我只是需要被某种关注奉承一下。”

选择通过关联获得价值

“当我大学毕业时，”霍莉说，“我的弟弟已经成为外科医生。所以，我仿佛觉得问题还不够多似的，我决定只和医生约会。这是我通过关联获得价值的一种做法。只有非常成功的医生才够格，不够格的医生会让我觉得好像我没有达到我家人的标准。

“那个时候，即使温暖的伙伴关系砸中我，我可能都不会知道那是什么。那时候我所能做的就是试着让那些非常成功的医生喜欢上我。我就是这样进入了自己一个人主动追求他人，而没人追求我的状态。”

选择分等级的而不是平等的伴侣关系

许多遗弃幸存者被那些在情感上不可企及的人所吸引。你可能遇到过一个从社会角度上看和你很匹配的人，但是在情感上，你们很不匹配。他的情感需要可能和你的不一样；他的遗弃恐惧可能要少一些，自尊要高一些；或者他在拒绝面前的脆弱性比你要低一些。这些情感上的不匹配可能使你们之间形成一种等级关系，身处其中的你会变得从属于别人；也促发了强化遗弃恐惧并且使你自我怀疑的动力。

选择一种强势人格

“我觉得开始时，霍华德最吸引我的就是，”芭芭拉承认说，“他的强势人格。他没有我所拥有的这种不安全感。事实上，他是无所畏惧的。他从来没有被任何人抛弃过，而我在青少年时期和大学时期有过许多心碎的分手经历。霍华德知道我害怕失去他。我比他对失去有更多恐惧的事实使得他感觉对我很有把握——在情感上能够左右我。他的行事方式就像他可以随时毫不费力地把我替换掉。因为他是如此无所畏惧，我总是那个屈服的人、那个讨好者、那个为了维护关系可以做任何事的人。我不认为霍华德意识到了他自己在这么做，但是他利用我对遗弃的恐惧来控制我——是我让他这么做了！”

选择了次一等的地位

“我逐渐认识到这个模式，”迈克尔说，“我总是被那些比我拥有更强大自我的人所吸引，那些比我更自信、对批评更不敏感的人。但是这总是使我处于次一等的地位——情感上的次一等。我所有在职业和投资方面的成就都不重要了。我总是那个卑躬屈膝，乞求被爱的人。我意识到我必须打破这个模式，要对能够在情感上和我匹配的人敞开内心。我需要在下次情感关系中建造一个平等的情感运动赛场。我不准备再扮演那个处于次等情感的角色。我会寻找和我有类似恐惧和需要的人。我为什么要把时间浪费在那些不能和我有共鸣的人身上？”

改变荣耀

“现在，我回望过去，”罗伯塔说，“正是我自己的不安全感让我和特拉维斯这样的人走到了一起，他自己就是一个艺术家。他可能对我的社会形象有提升作用，但他不是‘小的我’的合适对象。我那时一定在他的嘴上戴上了嘴套，因为我对于自己作为一个人最根本的需求毫无概念，也不了解特拉维斯的情感世界。

“和他在一起的时光里，我忙于挣扎着寻求和他相处的平衡点。但是，在情感方面，他占了上风。我肯定当时‘小的我’一直在我耳边轻语，但是我没有倾听。我忙于改变特拉维斯，试图把他变成一个更温暖、更温柔的人，一个能够帮助我驱散不安全感的人。对于我们之间情感不匹配的事实，我甚至根本没有想过。我那时候的期望是不现实的。但是我倾尽全力想改变他，没有对自己的情感负起责任。”

选择一个拥有自己所没有的东西的人

“每当我对某人感兴趣，总是因为他们有我想要的。”桑福德德说，“他们总是比我受教育程度更高，或者来自一个更富有的家庭，或者比我更有魅力、有更多的朋友，或者其他什么……他们有而我却没有的。我试图从他们那里获得我没有的。这样做的负面效果在于，当我和这样的人在一起时，我会感觉到自己有更多的不足，总是担心我是否配得上他们。所以，我总是在选择那些让我自我感觉不好的人。这是对精力的何等浪费！”

选择不像我的人

“我只会被那些在情感关系中有过成功征服经验的人吸引，”霍莉说，“这刚好是我所拥有的反面，因为我没有这方面的成功经历。如果他们在过去经历中是主动离开的那个人，那么我会比之前更被他们吸引。他们吸引我之处是他们被别人渴求，而他们也知道这一点。与此相反的是，如果他们展示出任何那些我也会有的自我厌恶或者失败者迹象，我就对他们完全不再感兴趣。他们会让我想起我自己。我甚至不会考虑认识有明显缺陷的人，特别是明显显现在外的缺陷。如果他们过度肥胖，或者是内八字脚，或者性格古怪，我就不想和他们有任何关系。我无法忍受看到自己的不安全感和不完美都反映在他们身上。如果他们也有我有的同样的很低的自我价值认同，我不会想要和他们生活到老。但是后来，我在想，我难道不是在看不起那些和我有同样问题的人吗？那难道不是另一种对自己的否定和遗弃吗？”

基于历史做出情感选择

吸引你的那些人可能在情感上并不适合你，但是你依然会被他们吸引。他们身上的某种特质——通常并不是非常值得夸赞的——让你想起你的父亲、母亲或者旧情人。这个人可能善于拒绝，或者喜欢批评他人，或者强势、霸道，或者在情感上存在疏离、缺席的问题。当你成人时遇到这样的一个人，你童年产生过的与父母的情感关系中的渴望和不安全感会被唤醒——已经与爱关联在一起的情感饥饿。

“我和特拉维斯疯狂地坠入了爱河，”罗伯塔承认，“因为他是如此自信和运筹帷幄。但是后来我发现他很像我父亲——运筹帷幄、绝对正确、严格要求、自我为中心、压抑、爱拒绝。我总是想要我父亲能够爱我，所以我把我的希望转移到了特拉维斯身上。”

就像罗伯塔的经历所展现的那样，当你遇到一个让你想起过去生活中某个强大人物的人时，受杏仁核驱动的情感记忆被触发，唤醒了深藏的欲望——对爱、养育和接纳的渴望。

能够触发你的深层渴望的人正在按下爱的按钮——那些由童年依附关系建立的情感扳机。你不需要注意到这些生理上的联系，就能够从情感上被他们吸引，就像你曾经这样被你的父母吸引。于是你就开始追求那些唤醒你的负面情感记忆（与爱的正确化学配方关联在一起的情感）的人。你已经成为遗弃成瘾者。

化解之策在于你需要认识到这个行为模式，避免重现你的情感历史。你的目标是寻找扎实的情感关系。

熟悉的情感设置

“我的妻子总是把我推开——从我遇见她的那一天起。”理查德说，“她几乎从来没有说过我的优点，或者鼓励我。这和我母亲没有两样，所以我从来不知道我们之间有更好的相处方式。从来没想过我并没有得到婚姻中我应得的情感支持。

“我想我和妻子走到一起的原因是她的拒绝态度。我那时候忙着去取悦她，没有时间去质疑我是否应该得到更好的对待。那是一种我已经习惯的情感设定。问题在于，我把情感设定成了情感灾难模式。因为有一天，她要我搬出去，从我自己的房子搬出去。她想要自己的空间。现在我已经走出了震惊，我开始质疑为什么我会让自己被如此对待这么长时间。”

选择贬低我的人

“我没有认识到我也有吸引力，这是自我贬低型的人的一个弱点。”托马斯承认，“我不得不以艰难的方式认识到这点——从与那些把我看作低她们一等的女性的约会中认识到。这种经历强化了我的自我认知，那是一生中由父亲恐吓引发的认知。她们对待我越是糟糕，我越是渴望她们，希望被她们接纳。最后，她们把我抛弃了。这时我才最终看到了这种模式——被多次抛弃的模式。现在我认识到这个世界上有许多敏感、关爱和富于支持他人的女性。我要重新训练自己去相信我有权利被欣赏和尊重。”

根据吸引力选择情感关系

被吸引是一种非常强烈的情感。有时候我们因为各种错误因素而被别人吸引：他们唤醒了我们的不安全感和情感饥饿，让我们处于饥渴状态。我们也会因为一些正确原因而被别人吸引：他们支持和滋养我们的需求和情感。这种被吸引感有助于持久的关系纽带的建立。最终，强烈的被吸引感或者被迷恋感渐渐消退，取而代之的是依附关系——一种强大的情感联结。可以说，对某些人来说，迷恋有助于开启一段良好的情感关系，前提是双方都能够在令人着迷的爱的化学反应减弱时依然“挺身而出”。但是正如我们所看到的，很多时候被吸引感会让我们中的一些人受到阻碍，而不是建立健康的依附关系。

当我们对被遗弃成瘾时，我们会被不可获得的人所吸引。

无论你是否害怕进入一段真正的情感关系，对于被吸引感的矛盾感是普遍存在的绊脚石。除非你认识到你易变的被吸引感正在把你引入死胡同，你将被锁在一个恶性循环里。

这个循环把我们带回到情感条件反射这个议题。源自过去的创伤经历已经创造出针对情感危险的自动反应。你的过往经历可能已经让你把被吸引和不安全感关联到一起，形成了条件反射。遗弃恐惧激发的肾上腺素分泌已经被身体误认为对爱情的渴望。你不再能够区分爱与情感饥饿。你不能感受到爱，除非这种爱是被抑制的。

误读情感提示

“五年多没有和任何人交往，”约翰说，“所有未处理的情感不断积累，而我自己却毫不知情。然后我遇到一个我有好感的女人。和她第一次交谈时，我感觉到脖颈上的汗毛都竖了起来。我把这种反应视作她值得追求。我对自己说：‘嗯，我终于有感觉了。这个人很特别，是适合我的人。’我没有认识到，我的汗毛竖起来的原因其实是我感觉到情感危险了。我误读了情感提示。

“这个女人非常自信。我努力去匹配她的自信，但是她似乎并不在乎我的努力。但这却让我认为她是非常特别的人，这本应让我意识到她其实对我并不感兴趣。‘哇，’我对我自己说，‘她确实让我有感觉。’我确实感受到了些什么。后来她不回我电话了。我感觉到自己被抛弃了，就像一个无名小辈，一个失败者。

“现在我终于开始明白自己真实的需求，我怀疑我还会不会对像她那样的人感兴趣。她并不坦诚，对我而言也不够脆弱。她不可能明白我的内心。我不是在挑她的毛病，只是我们处于不同的情感层面。下一次我的汗毛竖起来时，我就知道这是提示我有情感危险，而不是‘我遇到对的人了’。”

被情感危险而吸引

“直到我感觉处于被遗弃的边缘，我都不知道我已经坠入爱河了。”杰奎琳说，“如果我没有完全的渴爱情绪或者处于被抛弃的危险中，我就不会有被点燃的感觉。如果我感觉自己和一个男人在一起时很舒服，那意味着我们只是朋友。我不会和一个喜欢我的男士度过一整天的浪漫时光。如果他很容易就得到了我，那么我的恐惧就还没有被激发，如果我的恐惧还没有被激发，那么我就没什么感觉，如果我感觉不到什么，那么我会认为他只适合做朋友。男人需要让我强烈感觉到不安全，否则我就没有心动的感觉。”

化学反应必须要正确

“我遇到这个女人，”杰说，“我与她之间产生的化学反应是正确的，但事实证明，她与我需要的完全相反。她完全不可靠。她在我们还在相互熟悉的过程中就开始和另一个男人交往，而且没有告诉我。她和我们都保持着亲密关系。当我发现后，整个人都不好了。但是我还是没有放手。这段关系让我欲罢不能，我对她的追求更热烈了。

“我想让我动心的是她所带来的情感挑战。我一直都有不安全感以至于我后来成了她的情感奴隶。这种糟糕局面带来的唯一好消息是，我暂时忘记了卡洛塔。

“但是为什么我需要一个不值得信任的女人加入我的生活呢？我意识到这些可以追溯到我和母亲之间的故事。当母亲和另一个男人私奔时，我才11岁，她再也没有回来过。作为一个少年，我十分思念她，经常想象和她生活在一起会是什么样子。直到结婚前，我都没能发现她的踪迹。现在我离婚了，又在寻找爱，我发现自己对那些具有像我母亲那样遗弃者特点的女性特别感兴趣。我吃了很多苦头，但是我最终意识到了这个弱点。我被“错误”的女性吸引，这是遗弃成瘾的问题所在。”

被坏人所吸引

“只有现在我才认识到，”阿兰娜解释道，“我的爱情生活短路了。如果那个男人是一个坏人、一个骗子，或者一个遗弃者，那么很有可能我会飞蛾扑火般被他吸引；但是如果他很真诚，我就一点感觉都没有。这么多年，我一直都在逃离好男人，同时扑向那些不能给我承诺的男人。但是，我最终明白了：如果我被吸引了，意味着那个男人很可能不是好人。与爱情小说的建议——听从你的内心——刚好相反，我已经学会反其道而行，向反方向奔跑（而不是步行）。

“以后我将不再逃避好男人，这些男人能够给我我想要的。我知道我这么做是因为我害怕自己被伤害，但是这种感觉不像是恐惧，只是感觉自己没有被吸引。我将更加开放，更好地关照‘小的我’，因为我真正意识到，无论我是否有意识，驱动我把情感隐藏起来的正是对遗弃的恐惧。”

远离情感的糖果

“我已经学会要远离情感糖果。现在我需要的是实在的东西，”霍莉说，“不然你怎么才能够打破‘你只是被不合适的人吸引’的怪圈！我唯一要做的是去认识那些和我在同一个情感层面的人——理解我所经历过的事，并且愿意接纳我，愿意和我一起生活的人。”

“我在倾听自己的需求，而不是听从证明自己的需求。”基顿谈道，“我想我已经准备好脚踏实地去认识那些彼此坦诚相对的人，至少我是坦诚的。我正寻找的关系不只依赖于吸引，更依赖于信任和关爱，还有对各自问题的接纳和包容。我们要尊重彼此的情感。”

对迷恋上瘾

等到你意识到自己处在一个破坏性情感关系中，你已经对迷恋上了瘾，而这使你更难打破恶性循环。

迷恋是一种有关心理—生理的唤醒状态。你被迷恋激发的阿片类物质、多巴胺、催产素以及其他神经化学物质影响而处于重度中毒状态，你无法像往常那样控制自己。

迷恋驱使你做出可能破坏长期情感健康的选择。在迷恋影响下，你更可能在情感和生理上冒险（比如进行不安全的性行为）。你对其他人的错误视而不见，陶醉在爱的化学反应中，不能认真考虑自己的决定造成的后果。

浪漫之爱的生化反应激发人的性欲，而性欲当然在涉及种群繁殖时具有极强的适应性。“浪漫中毒症”可以让两个不熟的陌生人在身体上靠得很近，掩盖情感关系中的危险。

寻找情感高潮

“多年以来我都对高潮有瘾。”格温承认，“只要浪漫强度逐渐减弱，而情感高潮也降下来，我就会离开。我知道浪漫的情感是疯狂且短暂的状态，但它确实是我真正渴望的。问题在于，只要我感觉搞定了对方，我对他的性欲就会淡化，我会突然失去兴趣。”

“我还没有准备好去承担情感关系的责任。”她接着说，“当某人真切地和我产生依附关系时，我就会出门去寻找另一个可以吸引我的人，那种很难获得且可以激发情感高潮的人。

“我有两个不同的自我。当我迷恋他时，我会为这个男人做任何事。如果他需要，我愿意砍下我的四肢，或者爬上珠穆朗玛峰。但是只要情感高潮逐渐消散，我就会变得愤怒、急躁，而且很刻薄，就像一个需要救助的瘾君子。我会把所有责任都推到他身上，就好像是他做了什么事让我失去了兴趣。

“当我终于认识到自己的所作作为，我踩下了刹车。但是，改变行为就像是戒毒一样。我的遗弃支持小组给了我帮助。是时候寻找一段持久的情感关系，而不是过去我一直上瘾的短平快的浪漫高潮了。”

选择安全的情感

许多寻找情感实质的遗弃幸存者找到的伴侣看起来似乎对他们的内在儿童很好，但对成人自我并不合适。这种伴侣似乎对“小的你”很好，但对“大的你”一般。

寻找安全的选择

“我从一个极端来到另一个极端。”杰说，“在结束了和一个欺骗我、对我非常糟糕的女人的关系后，我开始和一个截然相反的女人约会。她对我过度忠诚。她依赖我，不自信，对情感的需求比我还多。我在各方面都比她好——教育背景、经济条件、社交能力……

“让我感觉良好的是她对我而言是安全选择。她不会造成情感威胁。事实上，她把我视作了上帝的礼物。这就是我所需要的。嗯，起码‘小的杰’很开心，但这只持续了短暂的一瞬。最终，我们之间的差异开始消耗彼此。我的外在儿童开始挑她的毛病。

“问题的实质在于我们确实不能实现对方想要的东西，并以平等的地位进入到一段感情关系中。我们弄明白了，最后分手了。现在我们只是朋友关系。”

关键在于，在成人自我和儿童自我的情感需求间要达成平衡。这涉及彼此之间意见的交换以及对固有价值观的质疑。重新调整你对于最适合自己的伴侣的看法意味着把来之不易的情感智慧运用起来。

学会包容安全的感觉

“比尔和我在一起很长时间了，”维吉尼亚分享道，“但是后来我决定分手，因为我不认为他有足够的东西来回馈我。那是很多年以前了。但当我几个月前遇到他时，我依然立马觉得和他在一起很舒服。但是回到从前，这种感觉就是问题所在——我和他在一起感觉太安全了。我那时候没有感觉到足够的热情，我还不够成熟，没有意识到一段好的感情关系并不是随时都充满情感的挑战。

“我记得自己那时候对比尔是如此信任，和他在一起总让我觉得安全。很明显我并没有欣赏和接纳这个现实，但是这正是我现在需要的——和一个在情感上可靠的人在一起。我们在一起的那些年里，我没有正视比尔的价值，因为那时我还没准备好去体认我的情感需要。我依然会被别人的地位以及其他外在特征而吸引。我没觉得比尔有我需要的虚荣感和其他东西。我没有认识到比尔的诚实和忠诚如此珍贵。从那以后，我已经从“磨难学院”——遗弃学院毕业了。我经历过如此多破败的情感关系，见识过太多在情感上不完整的人。比尔和我已经开始再次约会，这次我更懂得欣赏他了。”

安定下来

有的人会把维吉尼亚和比尔再次约会的决定视作安定下来，但是她自己并不这么看。

“我不仅仅因为自己意识到对安全感和被爱的需求才安定下来。我过去认为自己对安全感的需求意味着自己有哪里不对劲。但是‘大的你和小的你’的对话帮助我停止了对自己的责难。现在我和能够信任并且依靠的人在一起生活。如果说我选择了和一个有情感实质而不是只有虚荣表相的人在一起，这不是安定下来，这只是一个建立真正感情关系的机会。”

遗弃恢复并不倡导安定下来或者死缠住那些未来会变成“情感下水道”的人。这里的教训是，非常美丽而且能够给予爱的人，可能不会唤醒产生不安全感和令人中毒的爱的化学反应，或者与旧的期望不匹配，也不符合社会观念所认可的般配。你可能在他们那里无法获得情感高潮，感受不到正确的化学反应，也不会因为和他们在一起而获得地位。没有完美的伴侣，有的只是你和一个在情感上有能力的人共同创造的爱、关怀和尊重。

第五个爱克如练习：增强爱的能力

提升阶段是重新建立联结的时刻，无论你是在重新捡起过去的兴趣爱好，和生活中的人形成更紧密的关系，还是寻找一个新的伴侣。联结的能量是具有创造力的生命力量；这种力量把人与人联系在一起，也把我们和身边的世界联系在一起。

当我把自己从遗弃中提升出来，并变得能够给予自己更多滋养时，我也与我对别人的需要与渴望联系上了。我遇到了一个人，和他在一起很舒服。当他和我坦诚地分享他的情感时，我能够很好地理解他。这就是信任带来的礼物。通过和另一个人进行真诚的情感交流，我发现了我所处危机的意义。我找到了我一直在寻找的种子，我感觉到深深的爱和信任。在任何成功的情感关系中，最关键的是在情感上持续保持坦诚和开放。我的经验教会我与我的情感保持联系，包括那些让我不舒服的情感。与他人分享这些情感能够为建立亲密关系打下基础。

我开始思考小时候的某一天，当妈妈告诉我她和父亲是如何把我留在医院的。她很勇敢地坦白了这个让她一直内疚的事，目的就是要与我分享一个有价值的事实。我也在想，还有哪些母亲的情感勇气和慷慨表现是我当时没有意识到的。她在我爱人离开我之后不久就过世了，而我开始思考也许有很多关于母亲的事——那些她隐藏的部分——我没有完全弄清楚。我开始思考生活中其他人的事。在他们的脑海里和心里，到底都在发生着什么？哪些情感的片段是我们可以触及的？哪些是被隐藏起来的？我怎样才能以不同于过往的行为方式和他们建立联结？

带着这些问题和思考，我认识到自己已经从最丰富的生活经验中获得了极有价值的收获。我学到的是：与自我和他人的联系是人生的钥匙。只有爱有意义。

我过去一直知道爱处于中心地位，但是现在我对爱的认识上升到了一个新的层面，爱改变了我的生活。从遗弃中活下来是有意义的。尽管很艰难，但这帮助我明白：遗弃最根本的礼物在于让我们有机会增强爱的能力。

我们所有人都有爱的能力，一种每天都在增强的能力，前提是我们在持续成长。有些人相信我们只运用了人类大脑潜能非常小的一部分，我相信我们在生活中只运用了一小部分潜能来表达和体验爱。

在社会中，我们倾向于狭窄地界定爱。遗弃经历把这种界定拓宽开来，因为爱引领我们和自己的情感建立了联系，迫使我们认识到依附关系的力量。爱教会我们脆弱是人类的基本特征之一；爱把我们的同情心拓展到了周遭的世界。

除非我们让痂痕形成，否则遗弃已经让我们对于他人的需求变得更加敏感，更懂回应，更能克服障碍，建立真正的联系。事实上，许多人道主义者说他们的遗弃经历鼓舞他们选择了自己毕生的职业。例如，奥普拉·温芙蕾（Oprah Winfrey）在为他人提供支持的时候就从她过去的情感经历中汲取了能量。很明显，她并没有与自己的情感隔绝开来。实际上，情感在她需要时随时可以被触摸到。她从这些情感中获得了滋养，并将其运用在她的脱口秀节目中，与访谈嘉宾建立个人的联结。在一个社会意识明确的人心中，总有一个关于爱的更伟大的智慧。

来拜访我的很多人告诉我他们被一种情感空虚折磨——感觉到生活中缺乏爱。他们所指的爱通常是他们和正确的爱人之间的爱情。对于有些人，爱就是在这样的情境下产生的。但是，也有许多其他接触爱的方式。人类强大的纽带远比能突然间淹没你的情感要更广阔深奥。爱是你能创造的东西。

我们大多数人能记得那些爱浸润我们的特别时刻。但是回到更基本的事实，就像我们在“大的你和小的你”的对话里学到那样，即使在你感觉到最与世隔绝的时候，你的内心也能够产生爱。爱是一个行动、一种态度、一个创造性的过程。它能随智慧而成长，通常仰赖于主动性和自律。所以，让自己投入到达成爱所需要的必要行动中去吧！

你的任务是要在生活中努力做到：增强爱的能力，并抛弃旧的情感计划。我的许多客户的情感计划都陷入修补不安全感的需求里了。随着爱的能力不断增强，对以自我为中心的需求被消除。关键在于，我们对自己的情感保持开放态度，和周遭的世界保持坦诚的情感交往。

这就引领我们来到了第五个爱克如练习。该练习的成长机制建基于前面的四个练习——活在当下、管理你的内在儿童（“大的你和小的你”的对话）、梦想情境，以及驯服你的外在儿童。我们将给这四个练习增添上爱的元素。

当你把爱列作练习的目标，你就把它们都汇总到了一个人生计划里。爱，就是把你之前所学到的所有内容整合在一起的基础与载体。

在活在当下的练习中注入爱

你已经明白了进入当下的重要性。当下是你的所有力量之所在——通过五种感官感受生活的力量。进入当下让你能够即时看到和倾听内在和外在世界。现在，当你进入当下，带上爱的能力。每天至少一次，和他人在一起时，有意识地练习进入专注、关爱和开放的状态，无论是和陌生人、亲戚、朋友、孩子，或者是爱人。

“我做这个练习的第一个‘受害者’是我正在吃晚饭的餐厅里的女服务生。”卡里尔解释道，“当她把咖啡端过来时，我准备好和她全面互动，倾我所有来参与到这次平常的相遇中。我不是要让她意识到这是她的不同寻常的经历，我只是和她眼神接触，并且问她当天过得如何，就这些。

“当她端咖啡上来时，她的生活是怎样的，我一点也不知道，她是高兴或是失望，我一无所知。但每一次她帮我满上杯，我都对她的表现保持完全接纳，还开始向她传递积极的思想，祝她安好。我把我所有最关切的意图都带入到和她在一起的当下。这个女人可能都没有意识到，但是已经接收到我在当下能够给予的所有的爱。”

你也能和你认识的人练习进入当下。

“我和最好的朋友一起吃午饭，”罗伯塔分享，“就在色拉端上来的时候，我想到我应该抓住这个机会和她练习进入当下。于是我对她的所有行为都表现出完全关注，包括我和她在一起的感受。那就是一个爱善念的时刻。无论她是否意识到，她都获得了来自我的比以前任何时候都更丰富的全面而无杂念的关注。”

你可能会发现你不太能长时间保有这样强度的爱。人很容易会被杂念干扰，或者过于融入谈话内容，而没有聚焦于当下。这个过程也许只持续了几分钟，但是这是练习如何对你和对你朋友的精神保持开放态度的机会。

正如罗伯塔所说，“你将发现你拥有创造爱的能力。这里的爱被界定为‘在那里’”。

你也能和你的爱人一起练习进入当下。和被自己的情感需求所俘虏或者被发生在周遭的事分散了注意力不同，你把可以爱的能力运用到伴侣身上，无论是激情还是尊重。想象一下如果你们一起做这个练习，会发生什么？你们都从自己的角度去为对方考虑，调适和融入你们共享的当下时刻。

在每天和“小的你”的对话练习中注入爱

为了注入爱，你所需要做的就只是问一问“小的你”：“你在我这里或者其他人那里有何需求？”“有足够的爱吗？”“我想要给你的生活带来更多的爱，我能怎么做？”在和你喜欢的人在一起时你会有什么感受？”“什么样的爱人会让你感觉到安全？”

爱成了“大的你和小的你”强力对话中有利的元素，给你带来了新视野，带动你采取积极的行动。这是加强爱善念原则的一个有力方法。

“我和‘小的我’开启了对爱的讨论。”罗伯塔说，“它开始要我和一个最近在工作上认识的男性走得更近些。不过，我知道他不适合我。所以我解释了。”

大的你：“但是他是那种在情感上缺席的类型，小的你。”

小的你：“我还是想要他。我喜欢他。”

大的你：“但是他不适合我们。他只会让我们感觉到悲伤和需要别人。我想你要的是被爱和被接纳，小的你。”

小的你：“是的。”

大的你：“那我们需要把目标锁定在其他人身上。”

小的你：“我只是想要被爱，一定是外在儿童想要得到那个男人。”

大的你：“你是对的。我很高兴我们当中有一个人发现了这个情况，小的你。因为那个男人只会浪费我们的时间。他还会引发和过去一样的情感饥饿。还记得那种饥饿的感觉吗？”

小的你：“出去寻找能够让我感觉更好的人吧，大的你。别让外在儿童掺和进来！”

确实，外在儿童可以作为你要打破的自我挫败模式的替罪羊。应对之策是要认真听取内在儿童的真正诉求。

记住,“小的你”的根本需要是得到欣赏、接纳、滋养和爱,并且不被遗弃。和“小的你”达成一个协议,确保你将尽你所能把它需要的爱带入你的生活中。

如果“小的你”对某个并不适合你的人放不下,你需要怀疑:是不是外在儿童通过“腹语”的方式把自己装扮成“小的你”。这时候就只是外在儿童试图要引诱你回到过去的模式中去。

你需要每天都和“小的你”相互交流与确认。这个和“小的你”之间的紧密联盟会让那个渴望与不安全的人交往的外在儿童失去信息来源,增强你做出负责任的情感决策的能力。

在你的梦想情境中注入爱

你可以通过想象梦想情境中已经包含了你需要的所有类型的爱,来实现在这个练习过程中注入爱。想象在未来两年后,所有你渴望的情感关系都已经就位,你很开心,也感到很安全。你和“小的你”形成了一个紧密的爱的纽带,并且因为现在拥有了你所需要的所有的爱,你们的关系非常融洽。针对你失去的爱人产生的伤痛和愤怒也得到了释放、谅解和淡忘。这是一个重大任务，一个重要任务。但是在梦想情景视觉化过程中，冲突已被留在身后。你所需要的都在你身边：承诺、安全、亲密、感情、温柔、开放、尊重、信任、崇敬和陪伴。

在你的梦想情境中，想象你因为生活质量越来越好而感到愉悦。你创造爱的能力营造出如此强大的暖意，已经外溢到你生活中的所有人，以一种特别的方式触动着他们。要在脑海里创造出这些情境的景象。

以这样的方式进行视觉化想象的好处是，为你在现实生活中克服实际障碍给出了可行性建议。比如，设定了梦想情境是关于两年后的未来，而且你已经获得了你的爱，你可以从“事后诸葛亮”的角度来回答这些问题，包括：为了到达爱之地我还需要克服哪些内在障碍？我做了什么才克服了这些障碍？从这个角度出发，大多数人会发现他们想象出的答案对自己的帮助出人意料。

现在想象一下——假装你有魔法。你会给生命中其他人送去什么爱的礼物？如果你的魔力是无限的，爱的能力也是无限的，你又会运用魔法给周围的人带来什么资源和好处？你会为世界上未来数代的人带来什么特别礼物？

现在考虑下你的梦想情境中，哪里最适合拓展你和他人的爱与联系。请戴上你的建筑设计师的帽子。为了创造出一个更有利于爱的环境，你还需要做出哪些设计调整？秉着在你生活中加入爱的目的，尽情调整你的梦想情境的空间和位置。把对你来说很重要的人作为访客或者伴侣置入你的房子里。想象你自己成了崭新的、以爱联系一切的人。

“我把我的梦想之屋搬到了一个满是孩子的社区，这里有很多社区活动。”芭芭拉分享道，“我想我是想到了我的孩子的需要，还有我已经做好准备要做一个好邻居，去和外界交往。”

记住，在遗弃恢复中，想象力是更高层次的力量。经过必需的装饰和增删，你的梦想情境现在包括了最根本的爱的要素，你要做的就是每天重温这个情境来增强其效果。你的梦想情境的设计和构造中已经纳入了加以增强爱的能力的内容。这个练习调动了想象力的能量，以实现你的目标。当你持续地调整梦想情境以适应不断变化的需求时，你也扩展了自己的权益感和自信心。

克服外在儿童对爱的阻碍

外在儿童通常会和增强爱的能力的目的发生冲突。实际上，外在儿童是亲密关系的破坏者。你的任务是要辨识外在儿童那些阻挠你把爱带入生活中的行为和态度。

当你试图开启一段新感情，并且感觉到特别脆弱的时候，你的外在儿童会变得尤其麻烦。当你在尝试新感情时，外在儿童可能正在考验你的对象，有时候甚至超过了底线——它会过度反应，沉默不语，或者在明知这个人不适合你的时候仍不放手。

很多来找我寻求帮助的人描述过他们有面对情感摇摆不定的困难，这是进入任何新的关系时都很常见的问题。

“我知道和一个人刚开始来往时摇摆不定是正常的，”玛丽说道，“但是我一直在容忍不确定性方面有困难。尽管不确定这段关系是否会继续下去，我已经觉得被遗弃了——被我自己的情感遗弃了。我会把自己封闭起来。在我逐步了解菲利普的过程中，我感觉自己失去了控制。”

“当我试着去约会，”罗伯塔说，“我的不安全感让我想起和特拉维斯的关系。每一次当我试着和某人约会，就会激起旧的情感尘埃，把我困在一个篮子里。外在儿童试着在整个过程中来阻碍我。我不得不在一段时间内保持低调，以便我有时间给情感中心更多的爱和滋养。我需要变得更强大，强大到能够去冒再次变得脆弱的危险。”

确实，新的情感关系能激发旧的情感记忆，引发令人不舒服的焦虑。你的外在儿童可能行动迅速并且很自然地把你被强化了的脆弱不合时宜地表现出来。它可能创造出不现实的对对方的期望。任何能够让你的内在儿童回想起“岩石上的儿童”的记忆都会让外在儿童进入防御模式。你尝试去管理外在儿童，却并不总是能迅捷到足以防止其占据上风。

对这种干扰的最好防护是保持每天对外在儿童的清单进行梳理并且实施行动。聚焦于外在儿童，试着去预判它的下一个行动。这会给你更多掌控感。让你的成人自我决定如何应对。当外在儿童违抗了你进入一段安全和充满爱的关系时，你的任务是为自己的安全负起责任，克服外在儿童的控制模式。对任何你曾经施以蛮横行为或者发泄过情绪的人，也包括你自己，道个歉。（这也是嗜酒者互诫协会的12步计划中第10步所要求的：在你做错事的时候，立即承认，并且道歉。）这样，你，而不是你的外在儿童，将成为情感关系和生活的决策者。

增强爱的能力

通过为前面四个练习都注入爱，形成一个整合计划：一个旨在增强爱的能力的人生计划。你将在若干层面上增强爱的能力：通过加强体验当下的能力，管理“小的你”的需求和情感的能力、想象并瞄准最根本的目标的能力，以及控制外在儿童自我挫败模式的能力。

记录练习进展将增强你实施这个练习的动力。每天抽出时间来记录你的进展让你更加集中注意力，也使你能够每天规划和实施积极的行动。

你所需要做的就是抽出一点独处的时间，写下自己的想法。记录有多少次你能够和另一个人一起活在当下；表扬自己能够回应“小的你”对爱的需要，勾勒出你准备代表“小的你”采取的行动步骤；记录下你的真实生活如何开始逐步靠近梦想情境中的愿景的点滴；记录和更新一张你发现的外在儿童特点的清单，特别是在那些它破坏你情感关系的时刻；制定一个改变行为的计划，一次一小步。

进展日记可以参照以下格式：

每日进展记录

1. 我是不是能够和另一个人活在当下？我有没有体验到关爱的感觉？______________________________

____

2. 当下的计划：______________________________

____

3. 我有没有对“小的你”真正想要的爱做出回应？_

____

今天以“小的你”的名义跨出的微小进步：________

____

4. 我是不是能够在梦想情境中看到爱的实现？____

____

今天对于梦想情境的设计调整：________________

____

5. 我有没有发现外在儿童？我有没有掌控住局面？______________________________

今天的行动计划：______________________________

---

6. 我有没有把爱设定为每日活动的目标之一？______

当你逐步把这些练习融入每一天的日常行动中，它们的形式开始变得不是很正式，逐步成为日常生活的一部分，作为积极习惯融入行动和思想中。你能够活在当下，自我滋养你最重要的需求和情感，达成新的目标，以成人的方式回应其他人。随着你的成长，你的爱的能力也一起成长。

提升的总结

提升是对不安全感、渴望和悲伤反应的缓解。提升阶段是对遗弃所展现出的情感真相进行的反思，并且对我们一路携带的情感包袱进行评估的阶段。这个阶段的信息是宝贵的，带着丰富的个人智慧。

提升阶段也是一个给情感赋予荣誉的时刻。如果我们能保持情感中心的开放，它的能量能够自我生长，成为持续自我治愈的推动力——推动我们一生的成长和联结。

建立新的联系

无论我们是否已经找到了一段感情，在我们已经获得的情感关系以及将要创造的情感关系中，总还有更多的爱要去拥抱。

五点行动计划

我们已经走完了遗弃的五个阶段的旅程。一路上，我们的经历让我们回想起过去的时光；和我们最原初、最基本的情感变得熟悉，让我们对自己更加了解。遗弃帮助我们意识到情感真相，带我们和最普遍的人生力量接上了头。这个过程是紧张有力的，因为我们都曾经经历过。遗弃如镜子般映射着我们作为儿童所经历的发展阶段，从婴儿期逐步发展，并最终进入家庭以外的世界。

第一阶段：在遗弃的破碎阶段，你被推着从一段撕裂的关系中幸存，然后以一种完全分离的状态重新进入这个世界。婴儿也必须经历出生创伤，经受与子宫分离的颠簸。在第一阶段中，遗弃幸存者和婴儿都作为单独的个体被迫生存了下来。

第二阶段：在人类发展的第二阶段，婴儿与他们的照顾者形成一种纽带，以获得生存所需的照顾、滋养。在遗弃的第二阶段，你也受到了同样的依附关系的驱动，但是你依附的对象已经不在身边。你的需求被抑制，引发了强烈的脱瘾症状。在第二阶段，婴儿和遗弃幸存者都感受到了由阿片类物质驱动的对依附关系的强大需求。

第三阶段：在人类发展的第三阶段，儿童把从与父母的依附关系中获得的安全感内化了。他们把获得的安全感、信任感还有信心都转移到正在形成的自我意识中。在遗弃的第三阶段，你也会内化情感，但是你内化的情感中包含了自己没有价值的信息。和年幼的儿童一样，你把源自主要关系的情感转移到了自己身上。

第四阶段：在人类发展的第四阶段，儿童和青少年在家庭的爱与支持之下感到足够自信，能够确证自己在世界上的位置。而遗弃的第四阶段，被称为暴怒阶段，你也一样回到了外部世界，但是你确证的是受伤的自我。在第四阶段，儿童和恢复中的成人在外部世界中继续前行，寻求情感需要的满足。不同之处在于你要寻求对自我伤害的补偿。

第五阶段：在人类发展的最后阶段，成长中的成人渴求建立主要的纽带关系。在遗弃的最后阶段——提升阶段，你也会产生对再次建立联系的相同渴望。不过，你还有保护自己免于进一步受伤的需求。在第五阶段，年轻的成人和那些正从失爱中恢复的人被推动着去建立新的依附关系。作为遗弃幸存者，你对于一直背负的情感包袱有了极有价值的洞见。

遗弃重现了生命的初始阶段；你重新经历了人生的发展过程。你已经再一次从婴儿期进入成人期，只不过这一次是作为一个完全有认知的成人。你建立了一个新的自我认识，也许还为你的人生设定了新的路线。你已经把遗弃的痛苦转化为个人改变的基石。

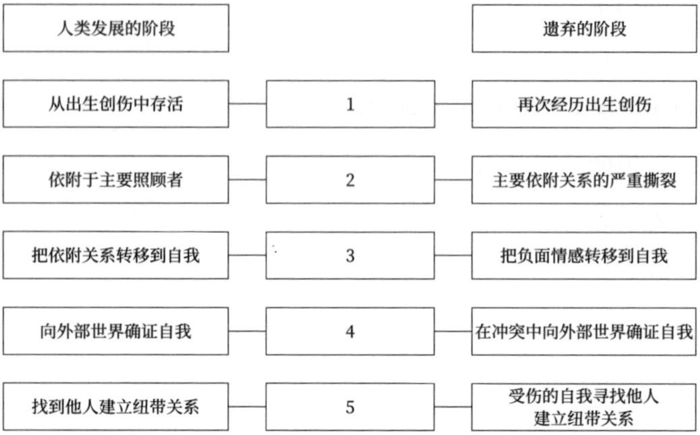

图8　遗弃和人类发展有相同的阶段路径

确实，你已经从你的经历中收获良多。

从破碎阶段中，你获得了力量和自立能力。你从孤单的状态中幸存下来。你直面了把你困在旧模式中的焦虑。你发现了自己处理自累积型伤口（那些来自过去和现在的遗弃伤害）的能力。你学会了运用感官的力量活在当下。

从脱瘾阶段中，你获得了内在情感的智慧。你能辨识出留在旧的情感伤口上的未竟事宜——需求被剥夺引发情感饥饿，以及，也许，不健康的对情感饥饿的处理方式。你学会运用情感智慧来建立一个和内在情感的持续对话。从根本上讲，你直面了自己最基本的情感需求，而不是靠药物、他人、强迫性思维或者强迫性行为来麻醉自己。

从内化阶段中，你学会了表达深埋内心的愿望、价值观和目标，你获得了完整性。你辨识出过去的自我认识被伤害时留下的情感遗憾。你发现了如何把想象力作为治愈的内在资源运用起来。你已经建立起自尊，扩展了视野，瞄准了目标。

从暴怒阶段中，你学会把愤怒重新转化为健康的攻击。你辨识出旧的困惑所遗留的情感包袱。你让那些直到目前为止都在干扰生活和关系的外在儿童的行为都暴露出来。你变得对这类行为很警觉，你学会很坚定地确认自己的需要，实现了对自身态度和行为更强的把控。

从提升阶段中，你学会对自己的脆弱保持开放态度，主动出击，寻求更高层面的爱。你重新唤起失去的希望和梦想，重建与自己和他人的情感联系。你制定了一个人生计划，旨在每天增强爱的能力。

简而言之，你在漩涡中度过了遗弃的五个阶段——破碎、脱瘾、内化、暴怒和提升。再次从遗弃的漏斗云中出现时，你已经拥有了比从前更多的力量、智慧、完整性、自我定位能力和爱。

遗弃恢复的益处

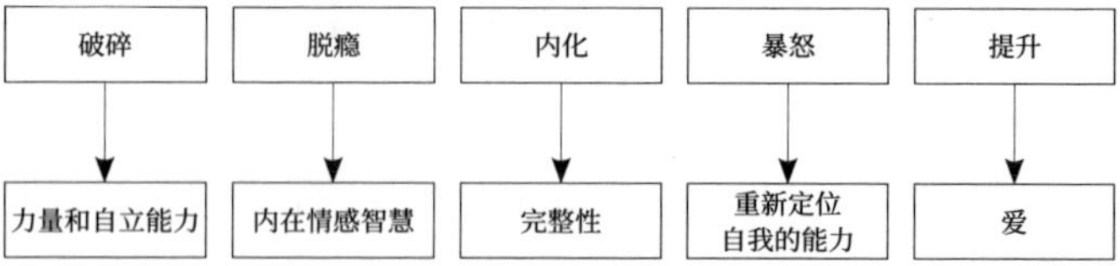

图9 你获得的收益

到目前为止的未来……

我想向那些还在犹豫是否主动出击去建立联系的人再次确认。你可能还不时地感觉到焦虑和不安全，会想到前任，或者还在与你的行为模式做斗争。事实上，你不用在准备好去建立联系前完美解决所有的问题。改善——朝着正确方向的努力——对你的帮助比完美主义更大。通过和别人建立关系，而不是与世隔绝，你继续修正自我、继续成长。

外在儿童把完美主义作为一个借口来阻止你冒险地进入新的情感关系。外在儿童试图说服你必须在开始新关系之前征服你面临的所有问题。例如，你有焦虑的倾向，依赖性强，或者有过度取悦别人的倾向，这些都在过去对你造成了阻碍。我要向你确认，你并没有必要从焦虑和低自尊状态突然跳入到完全安全和自我满足的状态。你所需要的是在这些领域里实施改进措施，这些措施可以带来你所需的变化。例如，在自我认识方面的细微改进（也就是通过“大的你和小的你”的练习）就能够带来足够的改变，让你跨过隐藏的路障，迈入新的情感关系。

外在儿童也会试图把它的完美主义强加到你的潜在伴侣身上，通常的做法是把注意力集中在短处或者把要求标杆抬得很高。这只是外在儿童试着过度保护你的另一种方式。

现在不能再让外在儿童的强迫性回避行为（通过完美主义、拖延，还有遗弃恐惧来实现）妨碍你了。保持一点点地前进，穿过你的焦虑，一路达成微小行动目标。你将实现你的目标。享受改变的过程，在每一个时刻提醒自己，无论是否完美，你都是值得爱的。

建立新联系的五点计划

下面是一个指引改变的大致框架。

◉ 行动一：走出你平时的朋友圈和活动圈，探索新的兴趣爱好，尝试新的角色。

◉ 行动二：和至少十个人建立新的联系，探索那些性格中还没有得到表现的维度。

◉ 行动三：和至少三个新联系人坦诚分享你对于过去

失败情感经历的感受和责任。

◉ 行动四：成为更高层次的你。

◉ 行动五：和你的伴侣们分享更高层次的你。

行动一：跳出你平时的生活经验范围

跳出你平时的朋友圈和活动圈，探索更广阔的世界，发现自己过去被压抑的性格的不同方面和维度。你将发现新的兴趣爱好、力量，还有你过去从没认识到的能力。这将为你达成积极变化提供了最大的机会。下面是和我合作过的人曾抓住的一些机会：

◉ 在重新发现自己对钢琴的兴趣后，约翰决定买一架钢琴。这意味着他要搬到一个能放下钢琴的更大的公寓。他重新焕发的对音乐的兴趣正好促使他购买了音乐会的门票，因此他和罗伯塔一起去看了音乐会。

◉ 罗伯塔报名参加了飞行课，还加入了一个诗歌朗诵小组。

◉ 霍莉加入了一个自行车骑行小组，准备要骑行六周，穿越意大利和法国。

◉ 基顿开始在新社会研究学院上夜课，他的第一节课是关于现代电影的。他计划利用两周假期加入霍莉的骑行之旅。

◉ 理查德报名参加了一个约会服务组织。

◉ 杰开始慢跑，加入了一个志愿者外联组织，在佛罗里达西海岸买了一套度假房。

◉ 芭芭拉去一个厨艺学校学习健康烹饪课程，她用业余时间开了一个小饭馆。

◉ 玛丽完成了航海课程。她继续和菲利普交往。他们买了一艘帆船，计划沿东海岸远航到缅因州。

◉ 迈克尔换了个工作，开始练习壁球。

◉ 卡里尔买了一幢殖民时期的房子，开始进行翻修。他很需要帮忙，然后发现新社区的人对他都很友好；他成了新社区市镇公民协会的负责人之一。

变化的关键在于打开你的生活，迎接新的经历和体验。即使是日常生活中微小的改变也能带来对自我成长的新发现。

"我感觉我困在现在这个工作中已经够久了，"桑福德说，"工作中的同事似乎并没有以我所期望的那样对待我。即使当我以完全不同的方式做事，我所做的改变也没有人注意到。所以我换了个工作。这个过程很费劲。我用所有的业余时间谋划我的新工作，然后重新设计了履历，参加了各种面试。最后，我得到了一份工作。我现在处于一个全新的运动场中。

“我开始站住了脚，给自己设计了全新的形象。好处在于，这里没有人认识我，我能够按照自己的想法从头开始，设计一切。我的同事对我很认同。我也能够更灵活地改变我和别人交往的方式，因为他们不像过去的同事那样带着偏见对待我。”

在你的生活中做出改变，从而为拓展和成长创造出空间。它使得内在的变化能够在新鲜的土壤里生根发芽。你的任务是走出去，尝试新的事情，加入新的团体，改变你的日常生活。给每一段新经历足够的时间来向你展示其蕴藏的美好。

行动二：开启新的联系

开启新的联系帮助你探索那些你并没有表现得很明显的性格维度。我不是说你应该误导别人对你的认识，假装做一个不真实的你，我要说的是，新的局面会向你展示那些你还没有机会表现出来的兴趣爱好。也许你还没有认识到自己的某个才能，或者还没有机会去开发这个才能。也许你还没有遇到能够和你共享某种兴趣爱好的人。许多人把他们的这些维度称为“第二自我”。

无论是通过朋友、通过约会服务组织、通过偶遇，新活动出现时，新的机会也会出现。你将发现成长中的自我的不同方面，并且能够选择新的生活方向。

“我不知道我还能拥有一段真正的分享型的情感关系。”珍妮特说，“这么多年来，我一直和我的丈夫争吵、打闹。发现自己可以如此愉悦和有亲和力是美妙的体验，而这都是因为我遇到一个可以到半路来迎接我的人。”

在你拓展生活圈子的界限时，不要因为你没有立即被某人吸引而把这个人否决。你的目标不是要与谁都一见钟情。你的目标是要通过和不同的人进行社会交往来发现你正在成长的力量。

“我从没意识到自己心里有一个女妖精，”芭芭拉说，“但是我和几个人约会后发现，至少有一个或两个人都被我迷得神魂颠倒。这几个男人都不适合我，当然我也没觉得我已经准备好了。但这是一个令人很愉悦的发现，让我对自己的魅力有全新的认识。”

走出去，和那些与你共享兴趣爱好的人，也和那些能够拓展你的兴趣爱好的人交往。即使最后没有收获爱情又怎样？你可以结识新朋友、创建事业上的新联系，或者收获一段有趣的相识记忆。

“我的一个新朋友很幽默，而且他认为我说的每一句话都挺有趣。”基顿说，“我说的几乎每一句话都能让她笑，而这让我变得更幽默。我发现我的一个“第二自我”其实是喜剧脱口秀演员——唯一的区别是我坐着的时候表现更佳[1]。

这里要提醒一句。当你主动出击时，你可能会发现内在儿童变得没有耐心，充满情感渴望。外在儿童要让你和你遇到的第一个人一直好下去。你应避免在这个时候死磕一个人，要和尽量多的人建立社交联系，以找到更多发现新自我的机会。

行动三：坦承

坦承意味着找到能够与你坦诚相对的人，你能够分享你的情感、经历，更重要的是，分享失败的情感经历中你的原因。

1 美国的喜剧脱口秀演员一般是站着表演的，所以这里提到坐着表演。——译者注在坦承中你的目标有两层：为现在正在经历的困难局面中自己的角色担负起责任；揭示一段人与人的关系能够带来的接纳力量。

“要是我找不到可以信任的人怎么办？”我的客户经常会这样问。

事实上，有很多人值得你信任，而这些人，如果你问他们的意见，他们会以非评判的态度听你说，不会试着要解决问题或者给你建议。但确实有人愿意坦诚相对，也愿意和你分享他们的缺陷和短处。为什么不试试和一个老朋友、一个新朋友，或者你正在约会的人聊聊？

如果当下生活中没有人可以信任，你的任务是走出去，找到他们。他们一定存在。

当你和另一个人坦承，你就打破了耻辱的障碍，展露出最深层次的恐惧和不安全感。

有一次，霍莉在一个遗弃恢复的小组活动里分享道：“我不知道我哪里做得不对，但是我一直都在建立情感关系方面有困难。直到现在，我已经变得对我有这样的问题过于羞耻而不愿承认。现在，我意识到任何经历过我所经历过的危机的人都会有同样的问题。我过去认为自己身上有些什么东西让人想要逃离。现在我知道这和我是否有价值没有关系。甚至和我无关，而是和发生在我身上的事有关。我是有价值的，无论是孤身一人还是和别人在一起。我有很多的爱可以给予，而这让我变得有价值。”

坦承帮助霍莉放下多年的伪装。坦诚面对自己的真实恐惧使得她成为真实的自己。她放弃了强颜欢笑，体验到自我深度的情感和脆弱。

“当我第一次告诉别人我的真实感受，”基顿说，“我感觉极度脆弱，但同时我也感觉到有一个人在接纳我，我感受到了自由。那感觉几乎就像是我一直过着双重生活。最终，我以自己的真实状态被接纳，我和他人坦诚相对。”

如果你运用了外在儿童行为清单的话，你会对于它干预情感关系的行为有具体的了解。对许多人来说，这让应对变得更容易。

“当我告诉别人我的外在儿童的一些特点，”桑福德分享道，“他们都乐了。他们都开始运用这个方法，愉快地自愿分享自己的外在儿童特点。这就为良好的交流打开了大门。”

当你让其他人了解到你的外在儿童的情况时，你能更容易表达出内在儿童的需要。不受外在儿童的阻碍，你能够在情感上更投入、更诚实。当你继续在关系中坦承自己时，你心中被遗弃的儿童就被解绑了。遗弃恢复工作坊就是一个练习坦承的安全场所。不过，要感受到真正的益处，试试和来自支持小组以外的至少三个人坦诚地分享。

和超过一个以上的人分享确保你能够真诚展现自己的情感不同方面，同时也得到不同的回应。如果你只对一个人坦承，你可能会认为这段经验只是一种特别的做法，而不是你能够与其他人坦诚相对的新能力。

与自己和其他人的认真严谨的坦诚相对可以清洗你的遗弃伤口。一旦你能够刺破耻辱的秘密，治愈就开始在更深层次发生。

行动四：把“第二自我”融入你的自我：成为更高层次的你。

“我发现更高层次的自我其实是一个有爱、懂关怀的人。”杰认为，“我在逐步了解我这个商业圈里的一位女性。她刚被确诊患有退行性骨病。她有三个年幼的孩子，她发现自己越来越难以正常生活和工作。这是对一个好人的不幸打击。

“我主动给她帮助。我去和她的保险公司对质，确保她获得应有的经济待遇。我甚至帮助她丈夫找到了一个更好的工作。我为她所做的事，有一半她都不知道。在帮助她的过程中，我发现了一个全新的杰。”

当你继续主动去寻找新的活动，开诚布公地分享自己的经历，你将开始在更多层面上认识到自己的发展。随着对自己作为人的能力有进一步认识，你能够为自己设立新标准，也为即将到来的情感关系设定了新期望。你正在成为更高层次的自己。

“真正让我意识到自己在改变的，”杰继续分享，“是我的大儿子和他的女朋友分手的时候。他一蹶不振，但是他不习惯找他父亲分享自己的感受。过去的杰可能也不知道该怎么回应。新的杰却决定要向儿子了解具体情况。

我确实为孩子着想，我想要他知道我的关心，也希望能帮到他。瞧！突然间我就像一个极其慈爱的父亲！我多么希望在我童年时或者后来和卡洛塔分手时也能有个人在身边。但是，至少我能够为自己的孩子提供支持。现在我想要以新的身份和一个女人一起生活。我已经准备好进入一段真正的情感关系。”

行动五：和他人分享高层次的你

对于那些把寻找到合适的伴侣作为根本目标的人，重要的是避开那些可能会诱使你回到旧的行为模式中的人。

“我遇到这个男人，”罗伯塔分享说，“他非常迷人。他拥有一个小码头，住在他自己设计的驳船房里。他品味很好，也有足够的钱来展现这些品味。到了第五次或第六次约会时，虽然我给了‘小的我’额外的支持，但我仍然花了相当多的精力才能避免自己屈从并且取悦于他，这纯粹就是灾难的处方。我真正需要的是感觉舒服，而不是一直被推压着，足够的舒适意味着我能被自己所打动。我当时想，只要我能够找到一个让我觉得能和约翰在一起同样舒服的人就足够。后来，我就想到了一个新的思路——关于约翰。”

至于罗伯塔，她的目标是要获得一份基于现实且丰富的情感所带来的益处，包括信任感和舒适感，而不是那些可以提升自尊的情感高潮。你正在寻找的人要能够与你互补，并增强你已经获得的情感。

“我告诉罗伯塔我对她有很强烈的感情，”约翰说，“我承认我好像是在再次向她抛出橄榄枝，再次主动寻找在我掌控之外的爱，而这正是我的旧行为模式。但是我确实在乎她，想要对她表达我的关爱，和从前一样。我也知道怎么照顾好我自己——‘大的我’对‘小的我’的关照。‘我只是想表达我对你的情感，’我告诉她，‘没有额外的附带条件。如果你愿意回应我的话，你就回应。如果你不回应的话，我会照顾好我自己。但是，请给我们一些时间。不急。如果我们能成，那很好。如果我们成不了，那也是最好的安排。’”

给爱一次机会是行动五的核心内容。要做到这点，你需要放下过去的失去经历。接纳真实的你。你拥有独一无二的情感和才干。没有哪一个人能评判你，或者控制你的人生轨迹。你的任务是要自己掌控人生。把你的所有都带入当下。自我保护脆弱的情感，希望让它们自动消失，或者因此而自责，都于事无补。这些源自过去经历的脆弱、自我怀疑和耻辱感，就像你的才能和成就一样，都是现实自我的一部分。它们值被分享，也很可能就是某些新结识的人认为和你在一起很舒服的原因。关键在于应该对自己的需要和情感保持开放态度，而不是寄希望于别人会帮你解决问题。

在你所寻求的情感关系中，你应能够开诚布公地展现你的脆弱，不感到羞耻。同时，也请对伴侣的最基本的恐惧、需求和脆弱保持开放态度。你们的内在儿童需要善待彼此并且接纳对方。

“这次我决定了，我要坚持下去。”罗伯塔说，“让我欣慰的是约翰愿意对他自己的情感负起责任，他甚至承认去追求不回应他的人是不健康的行为。但是我喜欢约翰。我尊重他的诚实。他几乎知道我所有的脆弱，而我也知道他的。我们在一起感觉很舒适。我的价值观在改变。现在我在人生中寻找的东西已经不一样了。我知道爱是什么。我更大的疑问是，爱是不是已经找到了我，而我只是还没有发现它？我决定了要继续坚持并且找到爱。”

几乎每一个时刻，我们所有人都在和爱对视。我们中的许多人甚至认为自己已经找到了它。但是，无论我们是否已经找到了一段感情，在我们已经获得的情感关系以及将要创造的情感关系中，总还有更多的爱要去拥抱。

重新建立联系的秘诀在于拥抱和珍惜遗弃带给你的礼物，对你的脆弱保持开放的态度，也对其他人的脆弱保持开放态度。维持一段情感将建造通向真正情感关系的桥梁。

结局

荒诞派戏剧

隐秘和沉默的遗弃对立面是什么？为什么不来个大游行！遗弃的应对之策已经被找到：对爱的承诺。

隐秘和沉默的遗弃对立面是什么？为什么不来个大游行！

年度遗弃日大游行

所有参加这个想象大游行的人都应该是遗弃幸存者；他们所有人都应该戴上伤者的勋章。他们是我们的遗弃同伴。

首先，你会见到看起来衣衫褴褛的一组人走过了街道。但是在数千人的游行队伍中也不乏精致健壮、仪态完美、无可挑剔的强健者。你感受得到人格尊严和胜利的气息，尤其是来自受伤最重的手持横幅的人。他们是本次大游行的英雄。他们身上散发出的令人难以置信的开放、深度，以及人性的力量，让围观的人群激动得落泪。

在大游行中，手持权杖的受伤最重的名誉司仪身后，是坐在轮椅上的人。他们因为过往情感而严重瘫痪，在建立重要情感关系方面有很大困难。他们中许多人独自生活。他们的伤口是隐形的，但是他们获得了“遗弃紫心勋章”。

紧跟在他们后面的是近期被遗弃的人。因为过于痛苦而不能行走，他们坐在游行花车里行进。花车承载着数千个心碎的人穿过景仰而尊重他们的围观人群。

在新近被遗弃的人后面走来的是步行前进的人，许多是拄着拐杖或者相互搀扶着的人。这些是童年时期经历过遗弃的幸存者，他们的成年生活一直被遗弃的恐惧所笼罩着。他们中许多人和不合适的人维持着联结，但是因为怕失去这仅有的一点安全感而不敢放手。其他人则因为进进出出于不同的情感关系而深切了解到被情感折磨的滋味。

围观的人群中也有很多人不确定为什么自己要为游行者鼓掌和喝彩，但是游行者的精神把他们都感动得流泪了。有些围观者几乎已准备要加入到游行队伍中，去庆祝他们自己的伤痕。其他人还是比较谨慎，不愿意接触，不愿意从沉默中把自己的痛苦拉扯出来。他们还没有认识到，最深的伤口也就是最伟大的治愈之所。

有几个围观者的内心被撕扯着。他们清楚自己的痛苦，但是又想要保留自己遗弃别人的权利。他们还没有准备好去对抗遗弃，去宣布遗弃是难以接受的行为。但是他们中的一些人也可能会改变。也许他们会在下一年参加大游行。

在人群视线之外站立着的是造成遗弃的伤害者。他们中的许多人短暂地停了下来，远远地观看大游行，同时思考自己是否缺了什么东西——类似游行者们拥有的某种东西。其他人也许甚至会产生一闪而过的念头，认为自己内心有非常错误的东西导致别人如此痛苦。

硬核的遗弃者们干脆就避开了大游行，自顾干自己的事，对于他们曾经对爱过他们的人造成的痛苦熟视无睹。矛盾的是，他们中许多人也曾经被遗弃过，但是那些经验使他们的心结了老茧，麻木了，不再敏感，而不是变得更具同情心。

在终点线上，名誉总司仪和旗手们集中到一起，游行进行到夜晚。这是让更多受伤者相互碰面的机会。许多永久性的关系在这里诞生。人们发现了各自的可爱之处，并且拒绝因为偏见而分离。他们发誓要通过有爱的关系相互治愈。他们成了遗弃工程师。他们拥有保持深刻的忠诚和热爱的能力，下定决心永不遗弃对方。这是能够给予他人的最伟大的爱的礼物：远离恐惧的自由。

遗弃的应对之策已经被找到：对爱的承诺。

注释

在有关神经生物学的知识方面，我需要感谢罗伯特·萨珀尔斯基、约瑟夫·勒杜、米容·霍费尔、杰克·潘克塞普和丹尼尔·戈尔曼的著作。我已经把他们的清晰解释和深刻见解融入了我的文字中，我没有一次次中断，专门向他们致敬。所以，我要在此特别对他们，以及许许多多研究人类经验基础结构的其他学者致敬。

（读者请注意：注释中引用的参考文献的完整信息请见参考书目。）

遗弃的五个阶段

1. “人也处于最强时刻”来自斯科特・帕瑟瑟（Scott Passeser）。
2. 以下是遗弃小组协调员朱莉・邓恩（Julie Dunn）写给潜在参与者的电子邮件的部分内容：亲爱的——这个小组的成立是为了与从生命中某段时间，无论是过去还是现在，所经历的遗弃创伤中恢复过来的人相互提供支持。认识到这一经历，以及它如何塑造了我们的生活，是一种荣耀。而我们在一起的事实证明我们渴望治愈，并想要进入一个情感健康的未来。我们必须愿意尊重和满足每个人的恢复水平和需要，无论他们的水平和需要如何。
   在会议开始之前，请让你的“外在儿童”在大楼外等候。被遗弃的创伤影响了我们的内在儿童，在外在儿童的干预下我们无法疗愈这些创伤。通过给予你全部注意力来尊重你的内在儿童。”
3. “无形的下水道”：这个词由彼得・耶尔顿（Peter Yelton）提出，我的同事、朋友以及遗弃导师。

破碎

1. 阿尔比的故事：由彼得・耶尔顿友情提供。
2. 西弗（Seiver）和弗鲁希特（Frucht），《新自我观》（*The New View of Self*），第35页。也可查询萨珀尔斯基，《为什么斑马不得溃疡》（*Why Zebras Don't Get Ulcers*）第二和第三章，及戈尔曼的《情商》（*Emotional Intelligence*）第五章和附件C。
3. 塔寇苏博心肌病或“心碎综合征”，“梅奥诊所研究显示，10名患者中就有1人出现‘心碎综合征’复发”，《今日医学新闻》（*Medical News Today*）。
4. 重新被激活的早年分离痛苦：分离痛苦是第一种先天焦虑状态。它是应对与母亲分离的威胁的自适应行动。老鼠对它们第一次分离的经历会有反应。参见霍费尔的《从进化的角度看焦虑》（“An Evolutionary Perspective on Anxiety”），第25-27页。
   我们最初的情感经历（即分离痛苦）会在大脑留下印记，来自生命最初五年的情感记忆可能以强力形式回归。由于这些记忆是在大脑皮层和海马体发育完全之前形成的，童年焦虑重新觉醒的模糊感觉不会有“可匹配的清晰思维组”。参见戈尔曼的《情商》。
5. 产前记忆：根据安东尼・德卡斯帕（Anthony DeCasper）的研究，婴儿更喜欢他们出生前听过的声音——母亲的心跳和声音。参见德卡斯帕和费夫（Fif）的《人类联结》（“Of Human Bonding”）。威廉・斯莫瑟曼（William Smotherman）的研究表明，条件化发生在产前，因此会对早产儿的护理有影响。老鼠胎儿可通过条件化回避它们在出生前接触到的令它们不愉快的蚂蚁气味。参见斯莫瑟曼和罗宾逊（Robinson）的《出生前行为的发展》（“The Development of Behavior before Birth”）。
6. 婴儿平静：杰克・潘克塞普研究了社会联结是如何被大脑的内源性阿片类系统调节的。阿片类药物有助于减轻孤独痛苦。参见杰克・潘克塞普、希伟伊（Siviy）和诺曼赛（Normansell）的《大脑阿片类物质和社会情感》（“Brain Opioids and Social Emotions”）。根据米容・霍费尔的研究，身体接触（例如母老鼠舔它痛苦中的婴儿）刺激了阿片类物质的释放，以安慰幼儿。参见霍费尔的《隐藏的监管者》（“Hidden Regulators”）。
7. 分裂的思考：遗弃是一种情感危机，通常严重到足以产生类似边缘性人格障碍的症状。这种暂时退化的迹象之一是把自我和/或他人看成要么全是好的，要么全是坏的想法和/或看法。科胡特（Kohut）、肯伯格（Kernberg）、马斯特森（Masterson）等人描述了这个“分裂”现象。关于治疗的观点，见克罗尔（Kroll）的《创伤后应激障碍——治疗的边界线》（*PTSD— Borderlines in The Therapy*）。

4\. 共生情感：根据霍费尔的说法，已经发现发生在母婴之间的涉及多层次的生理和心理过程中存在“相互调节”。母亲和婴儿互为对方的外部调节者。见霍费尔《隐藏的监管者》，第29页。

5\. 共生退化：临时边缘功能的另一指标。

6. 和他人在一起的需要：罗伊·F.鲍迈斯特（Roy F. Baumeister）的研究强调，归属感可以减轻分离的应力。见鲍迈斯特和利里（Leary）的《归属的需要》（"The Need to Belong"），第509页。霍费尔说，"社会伙伴通过刺激阿片类物质的释放来寻求某种安慰"。参见霍费尔的《隐藏的监管者》。

7. 唤起旧的情感记忆：参见勒杜的《情感、记忆和大脑》（"Emotion, Memory and the Brain"），第50-57页。

8. 儿童依附于他们的施虐者：哈里斯（Harris），《自然的假设：为什么孩子们会这样》（*The Nurture Assumption: Why Children Turn Out the Way They Do*），第151页。

9. 对某种痛苦成瘾……创伤性纽带：我在《驯服你外在儿童》(*Taming Your Outer Child*)，第157-162和254页和《遗弃恢复手册》(*The Abandonment Recovery Workbook*)，第263-264页，中深入探讨了这个问题。这种由阿片类药物驱动、基于痛苦的纽带关系在霍华德·霍夫曼（Howard Hoffman）的《热情的火鸡和上瘾的小鸭》（*Amorous Turkeys and Addicted Ducklings*）中得到了科学证实。还可参见萨珀尔斯基的《为什么斑马不会得溃疡》和《灵长类动物回忆录》（*A Primate's Memoir*）。

10. 身体的警报系统被触发：参见戈尔曼的《情商》。也参见威尔逊（Wilson）的《一致性：知识的统一》（*Consilience: The Unity of Knowledge*），第113-114页。

11. 免疫系统反应：史蒂芬·迈尔（Steven Maier）说应力对免疫系统有抑制作用。不同的应力源，如"社交失败"或"母婴分离"，会产生自主神经系统活动和荷尔蒙的不同程度的混合。迈尔、沃特金斯（Watkins）和弗莱旭纳（Fleshner），《心理神经免疫学：行为、大脑和免疫力之间的连接》（"Psychoneuroimmunology: The Interface between Behavior, Brain and Immunity"），第1004-1017页。赫伯特·韦纳（Herbert Weiner）解释说，"免疫系统是在交感神经分支的控制下的，包括骨髓、胸腺、脾脏、肠道和淋巴结。韦纳，《扰乱有机体:压力体验的生物学》（*Perturbing the Organism: The Biology of Stressful Experience*），第204页，参见柯寇特-格拉泽（Kiecolt-Glaser）等人，《婚姻质量、婚姻破裂和免疫功能》（"Marital Quality, Marital Disruption, and Immune Function"），第13-34页。

12. 剧烈的内部斗争：见萨珀尔斯基的《为什么斑马不会得溃疡》。

13. 酒精抑制焦虑：罗伊·怀斯（Roy Wise）说，"药物滥用直接且集中地激活大脑积极的强化机制……这可能会比食物、水等环境刺激，或强化自然、艺术或音乐的美，更能强烈地唤醒大脑。见怀斯的《渴求的神经生物学：对认识和治疗成瘾的影响》（"The Neurobiology of Craving: Implications for the Understanding and Treatment of Addiction"），第127页。那些过度消费的人可能会不经意地强化遗弃所引发的抑郁和绝望。威廉·麦金尼（William McKinney）发现酒精缓解了恒河猴的绝望反应；然而，随着饮酒量的增加，绝望反应更强烈了。见麦金尼《分离与抑郁：生物学标记》（*Separation and Depression: Biological Markers*），第215页。

14. 酒精上瘾：罗纳德·鲁登（Ronald Ruden）解释说，"'一定要喝'的冲动导致上瘾，会使伏隔核中产生大量的多巴胺和较低水平的血清素。参见鲁登和拜利克（Byalick）的《渴望的大脑：控制成瘾的生物平衡方法》（*The Craving Brain: The Biobalance Approach to Controlling Addiction*），第5-6页。

15. 耻辱感：耻辱感的理论心理学根源参见克莱因（Klein）的《爱、愧疚、补偿和其他1921-1945年间的著作》（*Love, Guilt, and Reparation and Other Works 1921–1945*），和刘易斯（Lewis）的《神经症中的耻辱感和负罪感》（*Shame and Guilt in Neurosis*）中的讨论。从心理生物学的角度看，参见斯霍勒（Schore）的《情感调节和自我的起源：情感发展的神经生物学》（*Affect Regulation and the Origin of the Self: The Neurobiology of Emotional Development*），第348-354页，第415-430页。还可参见布拉德肖（Bradshaw）的《治愈束缚你的耻辱》（*Healing the Shame That Binds You*）。

16. 理查德的耻辱：从男人的角度来看，读一读《真的，我不想谈论它》（*I Don't Want to Talk about it*）。

17. 对感受痛苦和悲伤的耻辱：杰罗姆·卡根（Jerome Kagan）认为，将痛苦归因于软弱有很长的历史。他引用皮埃尔・珍妮特（Pierre Janet）的话：“悲伤一直是软弱的表现，有时还被视为是生活中软弱的习惯。”参见卡根的《孩子的天性》(*The Nature of a Child*)。也请参阅刘易斯的《羞耻感：暴露的自我》(*Shame: The Exposed Self*) 和布拉德肖的《治愈束缚你的羞耻》。

18. 休克——对周遭的麻木：见凯利的《应激性镇痛》(“Stress-Induced Analgesia”)。

19. 创伤后：范德考克（van der Kolk）、麦克法兰（McFarlane）和维赛斯（Weisaeth）的《创伤性应激：压倒性经验对心理、身体和社会的影响》(*Traumatic Stress: The Effects of Overwhelming Experience on Mind, Body, and Society*)，和赫尔曼（Herman）的《创伤与康复》(*Trauma and Recovery*)。

20. 与遗弃有关的创伤：年龄较大的儿童和早年经历过分离的大龄老鼠一样，不需要实际的失去，就会对即将分离的信号产生反应。这种“条件化作用”具有深远影响，这是创伤后反应的一种表现。参见霍费尔的《隐藏的监管者》，第211页。丹尼尔・戈尔曼在《情商》一书中将创伤后应激障碍称为一种“边缘障碍”，是“一种习得性的恐惧”和“降低的神经设定值”。他写道，“如果一个孩子早期受过创伤，他的杏仁核稍后就会被激活”。

21. 情感劫持：丹尼尔・戈尔曼在他的出版物中始终使用的一个短语。

22. 创伤后的特征清单：我从范德考克、麦克法兰和维赛斯的《创伤性应激》第203、259页的内容得到指引，推断出很多这些特点。

23. 边缘性人格障碍：一些临床医生可能将遗弃综合征的情感高反应性与边缘型人格障碍的特征联系起来。遗弃创伤通常是形成情感失调的病因，而情感失调是诊断两者的标志性特点。由于这些特征的重叠，边缘性人格障碍和遗弃的创伤后应激障碍之间的差异可能存在于“观者眼中”。

然而，边缘性，是一个相对污名化的术语，常被误用，所以我更倾向于用它的系属范畴来指这种情况，包括从轻微到严重的“情感失调”。不可否认的是，遗弃创伤后应激障碍引发慢性杏仁核劫持，会造成严重的现实扭曲，着足以满足边缘型人格障碍的标准。

那些经历过被遗弃后情感末日之人，能够理解所谓的“边缘性”的人所长期感受到的痛苦。

24. 冲动行事：范德考克认为，对于许多创伤后受害者来说，情感直接导致行动，而无需经过一个线性的理性规划过程来避免负面后果。出处同上，第188页。

25. 爆发愤怒是分离创伤的一种迹象，也有充分的研究和记录。弗吉尼亚・科林（Virginia Colin）写道，“对分离的一个创伤性反应是表现出攻击性”。60个正在经历离婚的中产阶级白人研究对象表现出较高概率的攻击性冲动。在某些情况下，所有理性思维的伪装都被抛到脑后——研究对象通过盗窃、给宠物下毒、绑架和挥舞武器的方式攻击过前配偶。”科林，《人的依附》(*Human Attachment*)，第340页。

26. 诱发创伤后应激障碍的因素：杰罗姆・卡根（Jerome Kagan）认为遗传因素在起作用。受抑制的儿童可能遗传了不同的兴奋阈值，这与更高的去甲肾上腺素水平和/或更高的去甲肾上腺素受体在蓝斑中的多样性有关。卡根：《盖伦的预言:人性中的气质》(*Galen's Prophecy: Temperament in Human Nature*)，第51-52页。苏珊・沃恩（Susan Vaughan）认为，“重要的‘他人’在童年早期的缺席或存在可能会直接影响大脑深部核……这可能会导致抑郁症的发展”。沃恩，《谈话疗法：心理疗法背后的科学》(*The Talking Cure: The Science behind Psychotherapy*)，141-142页。参见霍费尔的《从进化的角度看焦虑》(“An Evolutionary Perspective on Anxiety”)，第17-38页。

27. 当前的创伤：遗弃无疑是一种创伤性事件——不论是否会导致创伤后障碍，它是一种持续的情感危机。神经科学指出神经递质去甲肾上腺素在长时间的焦虑的形成中所起的作用，这表明去甲肾上腺素的调节作用在蓝斑（情感大脑或边缘系统的结构）中被解除了。戈尔曼在《情商》一书中写道，“神经递质去甲肾上腺素放松管制涉及以下创伤后应激障碍症状：焦虑、恐惧、过度警觉、容易心烦意乱、容易被唤醒、随时准备‘格斗或逃跑’，以及对强烈情感记忆进行不可磨灭的编码”。西弗和弗鲁希特在《自我的新观点》第35页中写道，恐惧是一种将注意力向外转的状态，因此神经递质去甲肾上腺素上升；反之，当注意力转向内时，神经递质去甲肾上腺素下降。这也许可以解释为什么遗弃的情感危机会让我们的注意力集中在我们失去的关系上。我们被强迫性思考和长时间的高度警觉而折磨。

创伤压力还包括应激激素促肾上腺皮质激素释放因子的增加，导致出汗、发冷、颤抖、回忆和惊吓反应，这是我们最初被遗弃时所经历的痛苦体验。阿片类药物也参与其中，使我们对周围的生活产生了一种广泛的麻木感，伴有脱瘾症状、快感缺乏状态和感觉分离。这些由创伤引起的生化变化的短期优势包括保持警惕、觉醒、随时准备、对疼痛的不敏感、为持续的身体需求做好准备，以及对其他事件漠不关心。

28. 震惊：范德考克、麦克法兰和维赛斯的《创伤性应激》，第227页提到，“经过20年的原初创伤，创伤后应激障碍患者对类似原始创伤的刺激产生了阿片类物质介导的镇痛反应，我们发现内源性阿片类物质的分泌相当于8毫克吗啡。参见潘克瑟普、希伟伊和诺曼赛的《大脑阿片类物质和社会情感》，第5-7页；本顿（Benton）和布莱恩（Brain）的《阿片类机制在社会互动和依附中的作用》（“The Role of Opioid Mechanisms in Social Interaction and Attachment”），第219、220页；以及霍费尔的《进化的视角》（“An Evolutionary Perspective”），第222-223页。也参见凯利的《应激性镇痛》。

29. 人格解体：赫尔曼《创伤与康复》。范德考克、麦克法兰和维赛斯的《创伤性应激》，第51–73, 303–330页。

30. 分离焦虑：埃里克 · 弗洛姆（Eric Fromm）断言分离焦虑是所有心理障碍和痛苦的基础。见弗洛姆的《爱的艺术》（*The Art of Loving*）。霍弗尔将焦虑（类似于分离痛苦）定义为“一种特殊的反应倾向组合，在有机体过去的发展和物种的进化过程中，这种反应倾向导致了类似的危险”。参见霍费尔的《进化的视角》，第36页。

31. 现实扭曲：如此普遍的遗弃情感危机，在珀特（Pert）的《情感分子》（*Molecules of Emotion*）中有解释，第143页。

32. 自我毁灭：倾向于自残和其他自虐行为。参见范德考克、麦克法兰和维赛斯的《创伤性应激》，第189页。

33. 药物滥用和成瘾：许多成瘾者，包括海洛因成瘾者，讲述了早年生活中的遗弃创伤。研究人员发现，困于实验室中的老鼠与母亲分开时，阿片类药物对哭闹的抑制特别敏感。本顿和布莱恩在《阿片类机制》（“Opioid Mechanisms”），第221页，中说：“……到目前为止，阿片类物质对物种在幼年时期因经历分离而产生的痛苦有相对具体的影响。”参见怀斯（Wise）的《渴望的神经生物学》（“The Neurobiology of Craving”），以及鲁登（Ruden）和拜利克（Byalick）的《渴望的大脑》（*The Craving Brain*）。

34. 暴怒作为创伤后应激障碍的症状：见范德考克、麦克法兰和维赛斯的《创伤性应激》，第217页。

35. 类比退伍军人：由遗弃幸存者奇普（Chip）于2013年提出。

36. 遗弃幸存者成为创伤受害者：在我看来，在我们物种进化的自然选择中，一定考虑到了被遗弃/分离对人类生存的威胁。正是同样的装备使我们能够自动对其他类型的危险作出反应，也满足维持人类纽带之需。我们物种最早的生存依赖于这种纽带，也通过这纽带才得以繁衍。当纽带受到威胁的时候，我们产生条件反应：我们的主要依附关系受到任何威胁时，情感大脑会自动发出警告；当我们的依附关系被打破或我们被遗弃，就用焦虑惩罚我们；当我们能够保持稳定和促进生活质量的依附关系时，(以分泌内源性阿片类物质)奖励我们。

这一系列影响深远的反应，我们称之为创伤后应激障碍，它代表了早期条件化——生物体通过经验学习的能力。通过这个过程，我们学习了我们认为是生存所必需的接近/回避机制。就遗弃而言，我们在创伤后经历的侵入性焦虑和抑制可以被视为机体保护人类纽带的方式。

当然，遗弃只是生存的许多潜在威胁之一。还有蛇、敌人、从悬崖上掉下来——所有这些都是由神经解剖学调节的条件化，有时会产生极端的“条件反应”(我们已经将其定义为创伤后应激障碍的症状)。然而，“害怕被遗弃”是经历过离别后自然发生的条件反应，代表情感反应的基线，一种每个人独有的情感平台，在此基础上进一步刻写未来的事件——灰熊、车祸、强奸、与父母分离或心碎。换句话说，早期的分离焦虑为未来的经历奠定了基调。

37. 情感体验塑造大脑：研究人员发现，童年经历有助于塑造儿童成长中的大脑结构。老鼠一旦与母亲分开，在第二次分离时就会更加焦虑。分离影响了老鼠的大脑和生化反应。在分离创伤期间，身体会产生皮质醇，这是一种会导致生长激素下降的应激激素。据推测，这将导致与调节经验有关的重要大脑连接部分（皮质边缘回路）生长缓慢。在童年后期，与迷走神经的来去联系受到了影响。迷走神经是大脑的一部分，负责使身体做出“格斗或逃跑”反应。这会使大脑处于高度反应状态，出现在青春期或成年期的焦虑障碍。压力也会影响学习过程。应该告诉父母和其他成年人，减轻遗弃对儿童的影响是多么重要。

参见马登（Madden）的《神经生物学的学习、情感和影响》（*Neurobiology of Learning, Emotion and Affect*）。概览请参阅马拉诺（Marano）的《抑郁：超越血清素》（“Depression: Beyond Serotonin”）。

38. 杏仁核：约瑟夫 · 勒杜对杏仁核和边缘系统的研究有助于重塑我们对恐惧反应的理解。请参阅勒杜的《情感大脑》（*Emotional Brain*）。参见卡根在《盖伦的预言》中对杏仁核中央核投射到其他目标的描述，第100-107页。

39. 条件反射：参考巴甫洛夫的原文《条件反射》（*Conditioned Reflexes*）。关于免疫反应如何以巴普洛夫的方式被制约的讨论，见迈尔、沃特金斯和弗莱旭纳的《心理神经免疫学》（“Psychoneuroimmunology”），第1007页。关于安慰剂效应如何根据巴甫洛夫条件反射模型运作，参见桑德拉·布莱克斯利（Sandra Blakeslee）的报告，“证实安慰剂如此强大，甚至专家都感到惊讶”。

40. 将遗弃恐惧视为条件反射：在我看来，分离的痛苦和对遗弃的恐惧是早期由杏仁核驱动的情感条件反射的常见来源。与被遗弃相关的强烈情感是一种“完全属于自己”的感觉。潘克塞普认为分离痛苦涉及不同的神经生物系统，引起不同的情感反应（尽管与其他情感状态共享许多神经化学物质）。见潘克塞普，《生物精神病学进展》（*Advances in Biological Psychiatry*），第269页。

我观察到这种情感状态的激活不需要特殊的环境。相反，“害怕被遗弃”是人类普遍的经验;它甚至可以在最平淡无奇的婴儿与照顾者的关系中发生，这是婴儿依赖维持生命来源的结果。这种反应的普遍性告诉我，遗弃/分离是情感大脑所配备的主要回避条件之一。勒杜和范德考克在他们各自的领域，帮助我们理解如被遗弃这样的普遍经历是如何让我们重温最初的恐惧的。遗弃代表了一种真正的情感危机，深刻到足以模仿（至少是暂时的）一些最严重的精神功能障碍的形式，如精神病和重度抑郁。

41. 创伤后应激障碍是一种杏仁核疾病：戈尔曼的《大脑与情商》（*The Brain and Emotional Intelligence*）。

42. 对被遗弃的恐惧：鲍迈斯特和利里认为，死亡焦虑和害怕孤独或分离焦虑之间存在联系。鲍迈斯特和利里，《归属的需要》，第507页。

43. 杏仁核俘虏了你的大脑皮层：同上。

44. 海马体：再次感谢勒杜的《情感大脑》。

45. 杏仁核不是它自己的王国：勒杜解释道:“虽然杏仁核储存着原始信息，但我们不应该认为它是唯一的学习中心。记忆是整个网络的功能。”参见乐道克斯的《情感、记忆和大脑》，第56页。安东尼奥·达玛西奥也警告不要把人类思维过于简单化，他提到了经验—神经和环境多层次的动态互动。参见达玛西奥（Damasio）的《笛卡儿的错误：情感、理性和人类大脑》（*Descartes'Error: Emotion, Reason, and the Human Brain*）。

46. 童年创伤的影响：赫伯特·韦纳（Herbert Weiner）说:“分离……，如果它重现了童年的失去，对于成年人来说尤其悲痛……有严重抑郁症风险的患者（除遗传因素外）包括17岁前与母亲（但不与父亲）发生分离……。”参见韦纳的《扰乱有机体》，第75页。也可以看埃德尔曼（Edelman）的《没有母亲的女儿》（*Motherless Daughters*）。

47. 有些人发展成创伤后应激障碍，有些人则不会：杰罗姆·卡根在讨论受抑制的与不受抑制的儿童时指出，有一些诱发因素促成了深远焦虑向刺激性事件的发展。卡根（Kagan）的《盖伦的预言》，第217-219页。

48. 活在当下：扎卡里·司徒登柔斯（Zachary Studenroth）在一次个人对话中向我强调了活在当下。

49. “过度愉悦并且似乎对自己的状况毫不担忧”：这个讨论摘自丹尼尔·戈尔曼 的《情商》第25-26页，以及他的《大脑和情商》。

50. 通过运用经颅磁性刺激：尼切（Nitsche）等人的《额部经颅直流电刺激的效果》（“Effects of Frontal Transcranial Direct Current Stimulation”）;巴克尼（Balconi）和法拉利（Ferrari）的《反复经颅磁性刺激》（“Repeated Transcranial Magnetic Stimulation”）。

51. 左右比例的钟形曲线：戈尔曼的《大脑和情商》。

52. 比例已经明显地调整为偏重于更有优势的左前额皮质一侧：阅读乔·卡巴金和戴维森的《心灵的自我医生》（*The MIind's Own Physiciam*）。

53. 瑜伽修行者……有更好的发展：戈尔曼，《破坏性情感》（*Destructive Emotions*），第3-19页。

54. 强化瞬间，进入你的感官：许多好书都涉及这个话题，包括默克（Merker）的《沉默》（*Silences*）；阿克曼（Ackerman）的《感官的自然史》（*A Natural History of the Senses*）；波伦（Pollan），《第二自然》（“Second Nature”）；索甲仁波切的《西藏生死书》（*The Tibetan Book of Living and Dying*）；汉恩（Hanh）的《正念的奇迹》（*The Miracle of Mindfulness*）。

55. 疗愈者是那些经历过创伤的人：摘自与彼得·耶尔顿的对话。

脱瘾

1. 阿片类药物为介导的戒断症状：杰克·潘克塞普指出，“麻醉成瘾的主要特征是……依赖、容忍和退缩，与社会联系惊人地相似，特别是由于社会联系的脱离而产生的依附、疏远/断绝和分离痛苦的感觉。在潘克塞普，纳尔逊（Nelson）和贝克戴尔（Bekkedal）的《调解分离痛苦和社会奖励的大脑系统》（“Brain Systems for the Media tion of Separation Distress and Social Reward”），第82页。关于分离痛苦，他说，“没有其他行为能像低剂量的阿片类受体激动剂那样有效和持续地作用”。
潘克塞普、希伟伊和诺曼赛的《大脑阿片类药物》，第6页。米容·霍费尔说，当老鼠们被完全孤立时，会发出一种痛苦的叫声。当母鼠听到哭叫声时，她会到笼子前舔舔小鼠，悲切叫声就停止了。但是如果给小鼠注射阿片类受体阻滞剂（纳洛酮），舔舐并不能阻止哭叫。是舔的过程中分泌的阿片类物质缓解了痛苦，而不是舔本身。见霍费尔《隐藏的监管者》，第23页。参见本顿和布莱恩的《阿片类机制的作用》。

2. 对归属的需要：鲍迈斯特认为悲伤通常是以一种特别严重的抑郁症的形式出现的……“这（不仅）是对失去某人的一种反应，也是对失去与另一个人的联系的一种反应。”参见鲍迈斯特和利里的《归属的需要》。

3. 人们也会因为失去一段糟糕的关系而心碎：参见福姆布罗克（Vormbrock），《依附理论应用于战时和工作相关的婚姻分离》（“Attachment Theory as Applied to Wartime and Job—Relat ed Marital Separation ”）。

4. 背景客体：罗伯蒂埃洛，“紧紧握住他们，然后让他们走……”

5. 视背景对象为理所当然：一个主要关系有助于调节许多隐藏的心理和生理因素。这些“隐藏的监管者”被储存在记忆中，作为“最初建立在早期童年互动上的心理表征，对整个系统的功能起到了监管调节作用。”见霍费尔的《隐藏的监管者》第222页。

6. 当一段关系稳定时体重增加：萨珀尔斯基在《为什么斑马不会得溃疡》一书中讨论了压力导致食欲增加或减少的难题。还请参阅本书第三章的有关“减肥”的内容。

7. 副交感神经系统：参见瑞斯塔克（Restak）的《脑景：神经科学中大脑结构、功能和能力的导论》（*Brainscapes: An Introduction to What Neuroscience Has Learned about the Structure, Function and Abilities of the Brain*）。

8. 孩子需要信任才能独立：参见温尼柯特（Winnecott）的《独处的能力》（“The Capacity to Be Alone”）。

9. 非自愿分离：科林的《人的依附》，第294页。

10. 行为混乱的意愿：这个说法是由小德克斯特·格里菲斯介绍给我的，他是我的哥哥，也是我的自我意识顾问。

11. 没有控制感：被遗弃可能类似于“习得性无助”的状态。受过无法控制应力影响的动物，在之后的各种任务处理上都有困难，比如争夺食物。在这方面，他们可能与生活在“没有控制感”的压力下的人类有许多相同的特征。萨珀尔斯基《为什么斑马不会得溃疡》，第252-255页。参见塞利格曼（Seligman），《无助：论抑郁、发展与死亡》（*Helplessness:On Depression,Development and Death*）

12. 孤独：杰克·潘克塞普推测未来将推出针对孤独状况（从“失去引起的抑郁到日常孤独的绝望”）的精神药物治疗。“开发出一种口服有效配体（一种附着在神经元受体上的神经化学物质），用于大脑中的催产素受体（与社会联系有关），这将被证实是一种针对孤独感和其他形式分离痛苦的有效缓解质，就像鸦片剂有效一样，却没有麻醉药品的临床成瘾性。”潘克塞普、纳尔逊和贝克戴尔的《大脑系统》（Brain Systems”），第85页。

又见安德烈（Andre）的《积极的孤独》（*Positive Solitude*）和斯托尔（Storr）的《孤独：回归自我》（*Solitude: A Return to the Self*）。

13. 与应力有关的性激素变化：参见萨珀尔斯基的《为什么斑马不会得溃疡》，第7章。

14. 提升的性需求：促肾上腺皮质激素是阿片类药物的天然阻滞剂。阿片类药物如海洛因、吗啡和美沙酮是已知的会降低性欲、延迟射精并导致男性阳痿的药物。这可以解释为什么在遗弃危机期间产生的压力(伴随着促肾上腺皮质激素水平的增加)，在阻断阿片类药物效应时，可能会诱发更强的性表达。参见赛拉（Serra）、科勒（Collu）和杰萨（Gessa）的《内啡肽和性行为》（“Endorphins and Sexual Behavior”）。

13. 性脱瘾：除了在性脱瘾中普遍的对存在的向往和渴望，许多被遗弃的幸存者表达了想要为他们失去的爱人进行性服务的愿望。分离是一种强大的情感危机，足以重新激活与杏仁核相关的情感记忆，导致你重新体验一些最早的本能需求，包括吮吸反射。婴儿的吮吸涉及舌头、嘴唇和嘴的内缘——这些都是触觉高度敏感的区域。

吮吸反射是与生俱来的，它有助于建立婴儿和看护者之间的联系。婴儿吮吸母亲的乳汁，而母亲反过来体验她丰满乳房得到放松和愉快刺激的经历。这就是我们一生所渴望的升华合一。而当我们经历遗弃退缩时，最失落的就是这种合一。性服务幻想部分只是生理渴望这一更大问题的一个方面。吮吸反射是在出生前形成的，就像斯莫瑟曼和罗宾逊在《出生前行为的发展》一书中提到的那样。也可以参考沃尔夫（Wolff）的《幼婴的吮吸系列组织》（“The Serial Organization of Sucking in the Young Infant”）。

14. 体重降低：萨珀尔斯基在《为什么斑马不会得溃疡》中解释了压力荷尔蒙对体重降低的影响。赫伯特·韦纳描述“人类有节律地分泌皮质类固醇……在24小时内会有5到7次皮质醇（压力荷尔蒙）爆发”。他解释说：“皮质类固醇在特定的经历中会分泌，通常是在危及生命的情况下（比如在遗弃的情况下），以及在无法避免的实验情况下，遭到不可预测或无法控制的电击（类似于遗弃的痛苦）。”参见韦纳的《扰乱有机体》，第207页。也就是说，遗弃幸存者普遍反映有“无法控制”和“不可逃避的毁灭”感觉。

15. 高度警觉：看萨珀尔斯基的《为什么斑马不会得溃疡》和戈尔曼的《情商》。

16. 悲伤：见库伯勒-罗斯（ Kübler-Ross），《论死亡与临终》（*On Death and Dying*）；鲍尔比（Bowlby）的《失落：悲伤和抑郁》（*Loss: Sadness and Depression*）；《依附与丧失III》（*Attachment and Loss, III*）；安斯沃思（Ainsworth）的《跨越生命周期的依附和其他情感纽带》（“Attachments and Other Affectional Bonds across the Life Cycle”）；科林的《人的依附》。

17. 寻找遗失的物品：鲍尔比的《失落:悲伤和抑郁》；《依附与丧失III》。

18. 等待和观望：过度警觉是由去甲肾上腺素调控的，其作用是抑制背景感觉领域的皮层的神经活动,这样如果发生刺激（威胁），信噪比增加，感觉神经元将更可能应对威胁。参见卡根的《盖伦的预言》，第52页。

19. 身份错误：珀特,《情感分子》，第143页。

20. 在自觉意识下作用的悲伤：根据霍费尔的理论，悲伤包括“人的心理形象”的丧失。“丧亲之痛中出现的一些认知和生理变化与急性感觉剥夺惊人地相似。”参见霍费尔的《隐藏的监管者》，第222页。

21. 梦想：被遗弃者们反映做过妄想的梦，梦见丢失的东西回来了，以及一连串与遗弃相关的其他强烈的感情（恐惧、失落、悲伤、性冲动、情感渴望、休克、恐慌），所有这些都在梦境剧本的怪诞故事中得以上演。艾伦·霍布森（Allan Hobson）讨论了快速眼动睡眠期间一种被称为“PGO波”的脑电图模式，这种脑电波通过大脑的不同部分发送集束，刺激视觉和运动区域，导致梦状态的典型幻觉。“PGO波”也会穿过杏仁核中心的边缘系统，导致梦境内容富含高强度情感（包括恐惧）。他的研究似乎证实了卡尔·荣格（Carl Jung）的理论，即梦反映了储存在记忆缓冲区中的记忆、思想和感觉，并将其分类和检索到与当前经历（即遗弃）相关的内容。霍布森《梦中的大脑》（*The Dreaming Brain*）。

22. 自我纠正机制：我的研究导师罗伯特·高赛特（Robert Gossette）强调了这一点，他引导我查阅了贯穿全文的关于心理生物学系统的许多基础资源。参见高赛特和奥布莱恩（O' Brien）的《理性情感疗法对成人的疗效：临床事实还是心理测量假象?》（“The Efficacy of Rational Emotive Therapy in Adults: Clinical Fact or Psychometric Artifact?”）。

23. 脱瘾是创伤后症状：后遗症在范德考克、麦克法兰和维赛斯的《创伤性应激》中得到了讨论。戈尔曼在《情商》一书中将创伤后交感神经系统的唤醒描述为一种失调的边缘系统。

24. 持续的情感危机：持续的压力是《为什么斑马不会得到溃疡》和《情商》书中探讨的内容。

25. 调适好的状态：霍费尔描述了婴儿所经历的“隐藏的调节互动”，即同步、互惠和温暖（或不协调或沮丧）。这些持续的监管过程构成了我们依附关系的“内部工作模式”，并解释了对损失的“抗议和绝望”反应。见霍费尔的《隐藏的监管者》。内森·福克斯（Nathan Fox）发现，孩子们通过微笑反应和心率来适应他们父母的行为。参见福克斯的《高危婴儿依附行为的先行因素》（“Behavioral Antecedents of Attachment in High-Risk Infants”），第401页。蒂芙尼·菲尔德（Tiffany Field）的研究表明，孩子们参与到同伴群体中后，会被调试得相似。当他们一起玩耍时，他们的昼夜节律开始同步。在周末，他们的规律更接近于他们父母的规律。类似地，情侣们发展出和谐的互动模式——他们的瞳孔放大（自主觉醒的结果），他们的语言模式也变得相似。随着时间的推移，伴侣会形成行为和生理上的协调，创造出一种平衡和亲密的关系。见菲尔德《调谐心理生物关系的依附：在同一波长上》（“Attachment as Psychobiological Attunement: Being on the Same Wavelength”），第45 -48页。

26. 信息激素：见科迪斯（Kodis）、莫兰（Moran）和贝尔里纳（Berliner）的《爱的香味：你的信息激素如何影响你的关系、你的情感和你爱的人》（*Love Scents: How Your Pheromones Influence Your Relationships, Your Moods, and Who You Love*）；蒙提-布洛克（Monti-Bloch ）和B. I. 格罗瑟（B. I. Grosser）的《假定信息激素对人类犁鼻器和嗅上皮电磁活动的影响》（“Effect of Putative Pheromones on the Electrical Activity of the Human Vomero- nasal Organ and Olfactory Epithelium”）。

27. 依附作为一种调节系统：许多研究人员在这一点上观点一致。根据霍费尔的说法，“母亲和婴儿的互动……（是）对许多系统的监管。”参见霍费尔的《隐藏的监管者》，第209页。杰克·潘克赛普说:“不同的神经系统似乎介导了分离痛苦。”见潘克塞普的《生物精神病学进展》，第269页。保罗·麦克（Paul McLean）林认为从属/依附系统位于扣带回内。见麦克林的《进化中的三位一体大脑》（*The Triune Brain in Evolution*），第8页。

28. 导致抑郁或与抑郁共存的因素：三种神经递质与抑郁最为密切相关：降肾上腺素参与唤醒你身体的自卫系统，并维持你高度警觉的状态。主观上你经历的是焦虑和躁动。当降肾上腺素被压力耗尽，结果是抑郁和焦虑混合在一起。多巴胺是一种神经递质，调节大脑的奖励和愉快系统，被认为会受到恐惧和悲伤的影响。血清素与自尊、情感和情感压抑有关。

参见弗拉赫（Flach）的《抑郁的秘密力量》（*The Secret Strength of Depression*）；珀特《情感分子》;克雷默（Kramer）《聆听百忧解》（*Listening to Prozac*）;萨珀尔斯基《为什么斑马不会得

溃疡》;贝克（Beck）《焦虑症和恐惧症》（*Anxiety Disorders and Phobias*）;希利（Healy）《抗抑郁药时代》（*The Antidepressant Era*）。还可参见马拉诺的《抑郁：血清素之外》。

29. 抑郁与去甲肾上腺素：见维斯（Weiss）的《应激诱发的抑郁：关键的神经化学和电生理变化》（"Stress-Induced Depression: Critical Neurochemical and Electro-physiological Changes"）。此外，遭遇应力时分泌的去甲肾上腺素和肾上腺素的作用受到阿片类脑啡肽和内啡肽的反调节。见韦纳的《扰乱有机体》第201页。

30. 关于岩石上的孩子的寓言，请看安德森的《黑天鹅：遗弃恢复的12节课》。

31. 感觉：另一个有助于理解恐惧和悲伤的寓言是赫纳德（Hurnard）的《辛德在高处的脚》（*Hind's Feet in High Places*）。安东尼奥・达马西奥认为，例如恐惧和失落感等初级情感是基于杏仁核的，而懊悔和嫉妒等次级情感则涉及前额叶和躯体感觉皮层。达马西奥的《笛卡儿的错误》，第134页。需要了解感觉的起源，可查询勒杜的《情感大脑》，第50-57页。

32. 猕猴幼崽：参见霍费尔的《进化的视角》，第32页。

33. 海马体：有关记忆研究的详细概述，请参阅霍尔（Hall）的《我们的记忆，我们自己》（"Our Memories, Our Selves."）。也可见勒杜的《情感、记忆和大脑》。理查德・雷斯塔克（Richard Restak）说，四个脑叶的纤维在海马区汇合（"记忆中继站"）。见雷斯塔克的《脑电图》（*Brainscapes*），第14页。

34. 应激激素和记忆：查询坎德尔（Kandel）的《神经科学和行为的要点》（*Essentials of Neural Science and Behavior*）。还有萨珀尔斯基的《为什么斑马不会得溃疡》；勒杜的《情感大脑》《情感、记忆和大脑》。

35. 促肾上腺皮质激素：在探索"重复分离"对动物婴儿影响的研究中，研究人员发现，"促肾上腺皮质激素可以延缓先前强化行为的消退，而皮质醇倾向于促进消退和重新学习"。见寇依（Coe）等人，《非人类灵长类动物对分离和母性丧失的内分泌和免疫反应》（"Endocrine and Immune Response to Separation and Maternal Loss in Nonhuman Primates"），第178页。

36. 爱善意技巧的107个好处：这是一个正在发展的新研究领域。关于爱善意的一些研究中，还需要时间来考量安慰剂、参与者偏见和许多其他与科学严谨性有关的问题，但丹尼尔・戈尔曼报告说，大脑会发生永久性变化的证据似乎越来越有力。一些参考文献包括戈尔曼的《破坏性情感》，第3-19页；戈尔曼:《大脑与情商:新见解》（The Brain and Emotional Intelligence: New Insights）;卡巴金和戴维森《心灵的自我医生》；戴维森《培养同情心：神经科学和行为方法》（"Cultivating Compassion: Neuroscientififififific and Behavioral Approaches"）;索尔兹伯格（Solzberg）的《真正的幸福：冥想的力量》（*Happiness: The Power of Meditation*）。

37. 对自己或他人的同情……激活左额叶：见戈尔曼的《破坏性情感》。
另一个可以被有利操纵的皮层区域，如外科手术般的一种情况，目前处在研究中。神经外科医生已经能够通过在亚膝部25区植入电极来诱导积极的情感。例如，梅伯格（Mayberg）已经证明，控制这一区域可以帮助人们摆脱难以控制的重度抑郁症的发作。见梅伯格等人的《深部脑刺激用于治疗难治型抑郁症》。请参见乔纳森・伯格（Johansen-Berg）等人的《亚属扣带区解剖连接与深部脑刺激治疗难治型抑郁症的目标》（"Anatomical Connectivity of the Subgenual Cingulate Region Targeted with Deep Brain Stimulation for Treatment-Resistant Depression."）。

38. 大的你和小的你：罗伯帝埃洛和柯斯滕的《大的你小的你：分离疗法》（*Big You Little You: Separation Therapy*）。

39. 镜像神经元……增强同理心能力：贾科莫・里佐拉蒂（Giacomo Rizzolatti）在1992年发现了镜像神经元，它将视觉皮层的图像映射到前运动皮层中对应的运动神经元上，让你的大脑通过观察（和想象）来演练运动步骤。通过想象自己正在从事一种熟练的行为（类似于一个孩子看着他的长辈从海里把鱼拉上来），运动神经元会在心理上模拟这个动作，让你"练习"并提高所涉及的技能组的能力。参见伊科博尼（Iacoboni）的《镜像者：我们如何与他人联系的新科学》（*Mirroring People: The New Science of How We Connect with*

Others)，第126-179页。

40. 做运动可以让整个大脑都参与进来：苏珊·沃恩（Susan Vaughan）说，“当我们学习时……我们通过将现有的神经树分枝化，形成新的枝丫（树突），产生新的神经链接……大脑训练（改变异常的大脑结构）需要时间和重复有用的练习”。研究人员通过外科手术将一只猴子的两根手指合在一起，使这两根手指具有相同的功能。“缝合后，第三和第四趾的皮质表征区失去了彼此之间的所有界限——合并为一个……”参见沃恩，《谈话治疗》（*The Talking Cure*），第69-71页。这说明，当我们每天进行定量锻炼时，我们正在萌生新的神经元链接。

41. 写作给你更严格的脑力锻炼：巴伦（Barohn）的《记日记：当笔真的可以更强大的时候》（“Journaling: When the Pen Really Can Be Mightier”）。
大的你和小的你对话的帮助：通过这个过程，在《驯服你的外在儿童》和《遗弃康复手册》中，我提供了实操的一步步指导。

内化拒绝

1. 悲伤的普遍性：达尔文说，成年人失去亲人与非人类婴儿与依附者分离后出现的症状相似。这些症状包括社交退缩、悲伤、食物摄入量减少和睡眠障碍。本顿和布莱恩说，分离的痛苦和与依附对象的戒断的症状相似，包括哭泣、易怒、抑郁、失眠和厌食症。这些症状的相似性表明它们反映了共同的神经机制（包括通过内源性阿片类物质进行调节）。参见本顿和布莱恩的《阿片类机制的作用》。

2. 自恋型伤害：参考科胡特的《自我的恢复》（*The Restoration of the Self*）和肯伯格的《边缘性条件和病态自恋》（Borderline Conditions and Pathological Narcissism）。也可参见刘易斯的《神经官能症中的羞愧与内疚》（*Shame and Guilt in Neurosis*）。

3. 悲伤的失去/痛苦：威廉·麦金尼描述了两种常见的对失去的反应：抗议和绝望。抗议代表一种积极的反应，如哭泣和悲伤的行动示威；绝望（抗议之后的阶段）代表一种安静的、被动的反应，比如变得不活跃和社交孤僻。参见麦金尼的《分离与抑郁》（“Separation and Depression”）。

4. 悲伤的阶段：见库伯勒-罗斯的《论死亡与临终》；鲍尔比的《失落：悲伤和抑郁》;《依附与失去III》;安斯沃斯的《依附和其他贯穿生命周期的情感纽带》；以及科林的《人的依附》。

5. 丧亲者面临的因素：参见霍弗尔的《隐藏的监管者》；科林的《人的依附》；福姆布罗克的《依附理论》;维斯的《孤独：情感和社会孤立的体验》《婚姻分离:婚姻结束后的管理》。

6. 模糊的失去：见博斯（Boss）的《模糊的损失：学会与无法释怀的悲伤共处》（*Ambiguous Loss: Learning to Live with Unresolved Grief*）。

7. 悲伤反应工作——接受失去的痛苦：参见鲍尔比《失落：悲伤和抑郁》《依附与丧失III》;和库伯勒-罗斯的《论死亡与临终》。

8. 认识到一切事物的短暂性：参见索甲仁波切的《西藏生死书》。也可参看丘卓的《当生命陷落时》。

9. 创伤性纽带关系——基于痛苦的纽带：我在《驯服你的外在儿童》中探讨了创伤性纽带，第157-162, 254页，和《遗弃康复手册》第263-264页。还有霍夫曼的《热情的火鸡和上瘾的小鸭》，以及萨珀尔斯基的《为什么斑马不会得溃疡》和《灵长类动物回忆录》。

10. 百忧解：比较研究表明，73%的服用抗抑郁药物所谓患者与只用安慰剂的患者的改善效果相同。参见基尔希（Kirsch）和萨佩思廷（Sapirstein）的《倾听百忧解但听从安慰剂：抗抑郁药物的元分析》（“Listening to Prozac but Hearing Placebo: A Meta-analysis of Antidepressant Medication”）和基尔希的《降低噪音和更清楚地倾听安慰剂》（“Reducing Noise and Hearing Placebo More Clearly.”）。关于反驳观点，请参阅克莱因的《倾听元分析和听力偏差》（“Listening to Meta-analysis and Hearing Bias”）。这三篇文章都收于《预防与治疗》（*Prevention and Treatment*，1998年）。

11. 让自己屈从于遗弃者：关于狒狒的研究出自萨珀尔斯基的《作为高皮质醇症标记的社会

从属条例》（“Social Subordinance as a Marker of Hypercortisolism”），第634-635页。

12. 狒狒在失去社会地位时会积聚应力：同上，第632页。

13. 遗弃的耻辱：遗弃大师彼得·耶尔顿强调了减轻遗弃耻辱的困难。杰罗姆·卡根说耻辱源于两个因素：第一，当一个人认为她没有选择而出现预期偏差（如因为遗弃失去她的情感关系），而第二，当别人知道了这个“违规”行为（比如当朋友注意到缺了某人的伴侣，观察到你的孤独）。负罪感的发展程度要高于耻辱感，因为它是基于认知的。当罪恶感和耻辱感混合在一起时，它们引发了自我折磨的痛苦状态（比如在遗弃的内化阶段所经历的）。参见卡根的《孩子的本性》（*The Nature of a Child*），第145-147页。还有刘易斯的《羞耻感：暴露的自我》《神经官能症中的羞愧与内疚》。对于自助的方法，参看布拉德肖的《治愈束缚你的耻辱》。

14. 在征服任务方面的有限能力：引文摘自巴林特（Balint）的《基本错误：回归的治疗方面》（*The Basic Fault: Therapeutic Aspects of Regression*）。

15. 免疫学问题：见迈尔、沃特金斯和弗莱旭纳的《心理神经免疫学》，第1008页。也见施莱弗尔（Schleifer）等人的《失去亲人后淋巴细胞刺激的抑制》（“Suppression of Lymphocyte Stimulation Following Bereavement.、”）。

16. 不反击的人会得癌症：参见艾森克（Eysenck）的《焦虑、习得性无助和癌症》（“Anxiety, Learned Helplessness and Cancer”）。

17. 造成自尊低下的童年情景：生理因素可能使人倾向于形成较低自尊或对拒绝敏感。克莱因假设存在心理生物学因素，可以导致一个人在面对失去时体验到更强烈的疼痛。参见克莱因的《焦虑重新概念化》（“Anxiety Reconceptualized.”）。罗伯特·克龙宁格（Robert Cloninger）认为，具有过量去甲肾上腺素的人倾向对情感支持和亲密关系具有高度依赖，和对社会暗示和期望反应强烈。见克龙宁格的《人格的统一生物社会理论及其在人格状态中的作用》（A Unified Biosocial Theory of Personality and Its Role in Personality States”），第220-226页。

18. 关于自尊问题的书籍：见桑福德((Sanford）和多诺万（Donovan）的《女人与自尊》（*Women and Self-Esteem*）；布拉顿（Branden）的《尊重自我》（*Honoring the Self*）；库珀史密斯（Coopersmith）的《自尊的前因后果》（*The Antecedents of Self-Esteem*）。

19. 对即时满足的需要：索尔·戈登（Sol Gordon）强调“对即时满足的需要”是低自尊的一个关键特征。参见戈登的《当生命受到伤害》（When Living Hurts）。

20. 相互依存的关系：参见贝蒂（Beattie）的《不再相互依赖》（Codependent No More）和惠特菲尔德（Whitfield）的《相互依赖：治愈人类状况》（*Co-Dependence: Healing the Human Condition*）。

21. 视觉化包括积极运用想象力：参见福克斯的《大脑在正确的信号下产生抗抑郁剂》（“The Brain Can Produce Antidepressants with the Right Signal,、”）和艾克曼（Ekman）的《情感的面部表情：新发现，新问题》（“Facial Expressions of Emotion: New Findings, New Questions.”）。

22. 视觉化：见沃特尔斯（Wattles）的《致富的科学》（*The Science of Getting Rich*）。根据珀特的说法，视觉化可以增加身体部位的血液流动，增加氧气和营养物质的可获性，从而带走毒素，滋养细胞。见珀特，《情感分子》第146页。

23. 难以显现梦想中的房子：原因包括：(1) 你刚刚建造了一座真正的梦想中的房子。(2)你为爱人的去世而悲伤；“生存内疚感”阻止你发泄自己的自私需求和欲望。(3)你或你亲近的人正在与一种疾病作斗争，未来充满不确定性。(4)你之前的经历和创伤会让你对“房子”这个概念产生负面联想。(5) 你对“梦想之屋”所固有的物质主义色彩感到不适。(6)你很难停止“相信”的需求，并发现未来屋太不现实而不“可信”。

24. 刺激那些镜像神经元：伊科博尼的《镜像者：我们如何与他人联系的新科学》。

25. 毒品成瘾的“必须得到”反应：见鲁登和拜利克的《渴望的大脑：控制成瘾的生物平衡方法》

26. 多巴胺……对奖励的预期：寻求药物的行为比药物更有回报（多巴胺神经元学会预测奖

励）。寻求药物涉及多巴胺，而喜爱药物则涉及阿片类药物。格莱比尔（Graybiel）和库伯塔（Kubota）《理解皮质基底神经节网络作为习惯形成系统的一部分》（"Understand- ing Corticobasal Ganglia Networks as Part of a Habit Formation System"）；莱勒（Lehrer）《我们如何决策》（*How We Decide*）；杜希格（Duhigg）的《习惯的力量》（*The Power of Habit*）。

27. 想象力让你的大脑得到充分的锻炼：高塔姆（Gautam）的《想象力的机能：神经基质和机制》（"The Faculty of Imagination：Neural Substrates and Mechanisms"）。

28. 聚焦、解决问题、计划、空间计算等的大脑区域：参见莱勒《我们如何决策》。

29. 成为你人生的工程师和建筑师：参见瑞秋（Richo）的《怎么成为一个成年人》（How to Be an Adult）。

愤怒

1. 暴怒转化为坚定：参见哈特曼（Hartmann）的《寻找自我》（"In Search of Self"）。

2. 理性思维：爱德华·威尔逊（Edward Wilson）提到"并行处理大量编码网络"和"多个感官印象的同步内部映射"，然后断言："大脑中是谁或什么在监视所有这些活动？没人。什么都没有。大脑的其他部分看不到这些场景。就是如此。"威尔逊《一致性：知识的统一》，108-115页。

3. 愤怒：戈尔曼的《情商》，第59-65页。

4. 两波唤醒：见齐尔曼（Zillman）的《愤怒攻击的精神控制》（"Mental Control of Angry Aggression"），第373页。也参见缇斯（Tice）和包梅斯特（ Baumeister）《自我诱发的情感变化》（"Self-induced Emotional Change"），第393-401页。

5. 杏仁核作为"神经元之说出歌名"：见戈尔曼的《情商》，第24页。

6. 杏仁核俘虏了前额叶…超量习得的习惯：戈尔曼的《大脑与情商》。

7. 新皮质：摘自戈尔曼的《情商》，第25页。根据安东尼奥·达马西奥的说法，情感和理智是相互依存的。他说："情感是我们对自己身体状态的直接感知，是身体以生存为导向的调节和意识之间的联系。"参见达马西奥《笛卡儿的错误》。也请参阅在《盖伦的预言》中卡根关于新大脑皮质和额叶的讨论。

8. 紧紧抓住方向盘：借用自戈尔曼的隐喻，《情商》，第59页。

9. 热爱命运：亚洛姆（Yalom,）《尼采哭泣时》（*When Nietzsche Wept*）中的一个概念。在他的小说中，主人公通过学习选择自己的命运（爱情），最终改变了生活。

10. 愤怒使人充满能量：基于戈尔曼的《情商》，第59页。

11. 宽恕：参见阿莫迪欧（Amodeo）和惠特菲尔德（Whitfield）的《爱与背叛》（*Love and Betrayal*）。

12. 表达你的愤怒：这是条有趣但不讨好的信息——根据萨珀尔斯基的理论，当狒狒能够将其愤怒发泄到行列中地位较低的成员身上时，它们的糖皮质激素类水平就会降低。换言之，当它们生气的时候，踢狗对健康有好处。见萨珀尔斯基的《为什么斑马不会得溃疡》。

13. 单独生活的能力：见"作为抵御合并的施虐狂"；罗伯蒂埃洛和加涅尔（Gagnier）、马勒（Mahler）、派恩（Pine）和伯格曼（Bergman）的《人类婴儿的心理诞生》（*The Psychological Birth of the Human Infant*），马勒的《论人类共生与个性化的变迁》（ *On Human Symbiosis and the Vicissitudes of Individuation*）。

14. 进化和现代应力：这个讨论来自萨珀尔斯基的《为什么斑马不会得溃疡》。

15. 抑郁症：如果抑郁确实可以被看作愤怒向内转化，那么，根据萨珀尔斯基的说法，抑郁的个体正在"进行一场巨大而强烈的心理斗争"。这种描述代表了一种高度活跃的状态，包括精神运动迟缓、自杀冲动、应激激素水平升高和代谢率上升；这个人会因为"内心正在经历的情感冲突"而筋疲力竭。所有引用都出自萨波尔斯基的《为什么斑马不会得溃疡》第201、217页。

16. 抑郁和应激激素：塞利格曼的研究探索了无助感（缺乏控制）和抑郁之间的联系。参见塞利格曼的《无助》。也参阅弗拉赫的《抑郁的秘密力量》，第222页；克雷默的《聆听百忧解》，第378页；萨珀尔斯基的《为什么斑马不会得溃疡》，第252页；珀特的《情感分子》，第271-292页；贝克的《焦虑症和恐惧症》；希利的《抗抑郁药时代》。

17. 抗抑郁药物的反应性：分离可以有与内源性抑郁症相同的症状，对相同的药物有反应。参见麦金尼的《分离与抑郁》。

18. 自然药典：佩特的《情感分子》第271页。

19. 应力带来的其他激素变化：见萨珀尔斯基的《为什么斑马不会得溃疡》，第33、39、110、168页。关于糖皮质激素类与免疫反应相关作用的讨论，参见迈尔、沃特金斯和弗莱旭纳的《心理神经免疫学》。

20. 额叶：关于额叶损伤及其对人格的影响已经有很多著述了。正如戈尔曼所说，额叶是大脑的“情感管理者”。这是位于前额后面的区域，你从这里协调和回应广泛的信息。它们从你的杏仁核、记忆库和环境中接收内部信息。在这个区域，你能够理解形势，把握意义，管理你的情感反应，并朝着一个目标组织你的行动。
在一种被称为额叶切除术的过时外科手术中，前额叶被移除或与大脑的其他部分断开。其目的是缓解严重的情感困扰，但不幸的是，这个人对生活完全缺乏情感反应。
你的右额叶是负面情感如愤怒、恐惧、悲伤的区域，而左额叶负责抑制这些负面情感的影响。它们与情感大脑一起工作，调节你的情感生活。患有左额叶中风的人无法调节的愤怒和恐惧，容易产生灾难性的忧虑。如果他们的右额叶受损，他们就会表现为消极的情感缺失，按照戈尔曼的说法，他们“在神经学监测期间过度快乐，开玩笑，看起来对结果漠不关心”。戈尔曼《情商》，第26页。
还可参阅达马西奥的《笛卡儿的错误》，第54-61，71页。他收集的证据显示了情感和工作记忆之间的互动联系。还有萨克斯（Sacks）的《误把妻子当成帽子的男人》（*The Man Who Mistook His Wife for a Hat*）和《火星上的人类学家》（*An Anthropologist on Mars*）。此外，关于这一主题的清晰综合论述可参阅戈尔曼《情商》第25页。

21. 自我挫败模式的后果：作家兼社会营销顾问艾米・米其林（Amy Michelin）提出的短语。

22. 内在儿童：开创性的工作是在柯斯滕和罗伯蒂埃洛的《大的你小的你：分离疗法》。也可以参见布拉德肖的《回家：找回和拥护你内心的孩子》。

23. 外在儿童：遗弃大师彼得・耶尔顿培育了这一概念的发展。

24. 外在儿童有自己的书：即《驯服外在儿童》。

25. 重新编程行为模式的动力工具：我为动力工具提供了一步一步的指导，用于驯化你的外在儿童和遗弃恢复工作手册。

26. 行动…愉悦足以触生多巴胺：格莱比尔和库伯塔《理解皮质基底神经节网络作为习惯形成系统的一部分》普鲁士科夫（Preuschoff）和廓尔兹（Quartz）《人类皮层下结构中预期回报和风险的神经分化》（“Neural Dfferentiation of Expected Reward and Risk in Human Subcortical Structures”）。

提升

27. 放手：可从阅读弗兰克（Frankl）的《人类寻找意义》（*Man's Search for Meaning*）和施瓦茨（Schwartz）的《放手》（*Letting Go*）获得启示。

28. 副交感神经系统：见雷斯塔克的《受体》（*Receptors*）。还有达马西奥的《笛卡儿的错误》。要解释副交感神经系统和乙酰胆碱在睡眠和梦中的作用，请参阅霍布森的《梦中的大脑》。

29. 慢跑者突破到达幸福状态：弗拉赫《抑郁的秘密力量》，第218页。

30. 出生后阿片类物质降低：见潘克瑟普、希伟伊和诺曼赛《大脑阿片类物质和社会情感》。

31. 提升并超越的危险：保罗・埃克曼（Paul Ekman）让实验对象表达面部表情——例如，快乐——这会导致快乐的感觉。但一个重要的发现是，虚假的微笑产生的脑电波模式与真实的微笑不同，这表明内在体验是不同的。这表明，一个人可以通过假装快乐来改善自己的情感，但一个人无法消除自己对生活的真实情感反应。艾克曼的《情感的面部表情：新发现，新问题》。

32. 伤口结痂：弗瑞文（Frewen）和拉尼厄斯（Lanius）的《关于创伤后自我失调、再体验、高度觉醒、分离和情感麻木的心理生物学》（“Toward a Psychobiology of Posttraumatic Self-Dysregulation, Reexperiencing, Hyperarousal, Dissociation, and Emotional Numbing”）和席勒（Schiele）的《上瘾、创伤和分离的神经心理生物学》（“The Neuropsychobiology of Addiction, Trauma and Dissociation”）。

33. 缺乏同理心的提升者：参见麦吉得（Magid）和麦凯尔维（McKelvey）的《高风险：没有良知的孩子》（*High Risk :Children without a Conscience*）。

34. 父母把自己的内在儿童的创伤传递给他们的孩子：见米勒（Miller）的《天才孩子的戏剧》（*The Drama of the Gifted Child*）。跨代动力是家庭治疗师穆瑞·伯温（Murray Bowen）工作的核心。参见伯温的《家庭治疗》（*Family Therapy*）。

35. 父母与自尊：参见哈特（Hart）的《胜利之家》（*The Winning Family*）；吉诺特（Ginott）的《父母与孩子之间》（*Between Parent and Child*）；克莱梅斯（Clemes）和比恩（Bean）《如何培养孩子的自尊》（*How to Raise Children's Self-Esteem*），还有罗伯蒂埃洛的《紧紧抓住他们，然后让他们走》（*Hold Them Very Close, Then Let Them Go*）。关于育儿的观点有些许不同的是刘易斯的《改变命运》（*Altering Fate*）一书，作者在书中指出，孩子的命运不是由生理或父母决定的。关于父母对孩子的成长有多大影响的争论还在继续。参阅哈里斯的《教养的假设》（*The Nurture Assumption*），书中报告了这一看法最初提出者的观点；也可参阅格拉德威尔（Gladwell）的《父母重要吗?》（“Do Parents Matter?”）。

36. 找到自我的迷失部分：见摩尔（Moore）和吉列（Gillette）的《内在的爱人》（*The Lover Within*）；这本书主要是从一个人的运动角度出发来写作，但其原则适用于那些正在恢复他们的能力以体验他们最深层的人类需求和情感的人。

37. 松开纽带联系：摘自韦纳《扰乱有机体》，第76页。

38. 因为感到如此多痛苦而耻辱：卡根在《孩子的本性》一书中讨论了与长期痛苦相关的耻辱。

39. 寻找替代者的决定：鲍迈斯特说，再婚往往会消除离婚的许多负面后果。替代伴侣有助于减轻一个人因分离经历而产生的创伤性痛苦。“当新的关系未能形成时，与（前配偶）相关的情感困扰可能会随着时间的推移而增加而不是减少……意味着替代是一种从关系破裂中恢复的有效方法。鲍迈斯特和利里的《归属的需要》第516页。鲍尔比赞成“取代”或“替代”的概念，他观察到，如果孩子们当时有一个熟悉的人陪伴，他们对与母亲分离的焦虑似乎会大大减轻。

从另一个角度看，福姆布罗克描述了有关“分离悲伤”的支持、绝望和分离循环等内容，他引用了一项研究，该研究表明，当一个主要对象失去时，朋友和家庭不足以缓解与主要对象分离相关的焦虑。参见福姆布罗克的《依附理论》第123页。

40. 放下羞耻：见布拉德肖的《治愈束缚你的耻辱》。

41. 寻找高质量的关系：参见弗洛姆《爱的能力》(*The Ability to Love*) 和斯凯 (Sky)《性和平：超越支配者病毒》(*Sexual Peace: Beyond the Dominator Virus*)。

42. 浪漫的爱情：在生化水平上，浪漫的爱情（除了内源性阿片类物质）涉及催产素，这是一种神经化学物质，被认为是混合的化学物质。它被称为人际荷尔蒙。据约翰·卡皮塔尼奥 (John Capitanio) 说，它与泌乳、子宫收缩和精子输出有关。众所周知，它会破坏记忆的巩固功能（这样女性可以忘记分娩时的剧烈疼痛）；有证据表明，人类婴儿在分娩过程中会释放这种物质。见卡皮塔尼奥、威斯伯格 (Weissberg) 和瑞特 (Reite) 的《母性行为的生物学》("Biology of Maternal Behavior")，第68页。达马西奥补充说，在刺激生殖器和乳头或性高潮时释放催产素……这会影响梳洗、运动、性行为和母性行为。但最重要的是，这促进了社会互动，促进了交配伴侣之间的联系。参见达马西奥《笛卡儿的错误》第122页。

43. 熟悉的情感设置——习惯它：根据萨珀尔斯基的说法，如果一种压力被反复施加，生物体就会适应它，因为那时它是可预测的，引发较小的压力反应。参见萨珀尔斯基的《为什么斑马不会得溃疡》，第213-215页。

44. 沉溺于迷恋：科林认为青少年的浪漫爱情（充斥于我们的文化中）和婴儿对照顾者的依附有相似之处。青少年（或成年人）的情绪取决于他/她钟意的目标对象的反应是积极接受还是拒绝；"就像婴儿的喜与悲取决于母亲对其的反应和与母亲的可及程度一样。"（括号中内容是我加的。）参见科林的《人的依附》，第297页。还可参见菲尔德的《用作心理生物学调谐的依附》("Attachment as Psychobiological Attunement.")。

45. 安全：福姆布罗克认为在人类的纽带中有两种基本的心理-生物系统——照顾系统和依附系统。例如，一个人可能很难依赖别人（回避依附型），但对别人依赖他却觉得很舒服（安全照料型）。依附和照顾风格的结合就代表着某一类成年人的特点，他们往往不主动与对方亲热，除非是伴侣感到无助，需要情感安慰。参见福姆布罗克的《依附理论》。

46. 坠入爱河的合法性：随着时间的推移，两个有意愿的伴侣可以通过身体上的接近、共同的目标和生活使命而彼此协调。包办婚姻在很多非西方国家都很普遍，许多人相信包办婚姻比恋爱婚姻更成功。

47. 爱的能力：见弗洛姆的《爱的艺术》；阿克曼的《爱的自然史》(*A Natural History of Love*)；威廉森 (Williamson)《回归爱情》(*A Return to Love*)；还有亨德里克斯 (Hendrix) 的《得到你想要的爱》(*Getting the Love You Want*)。

48. 建立联系：阅读格林 (Greene) 和温弗瑞 (Winfrey) 的《建立联系：十步改善身心》(*Make the Connection: Ten Steps to a Better Body and Mind*)。

建立新的联系

1. 第二自我：第二自我的概念（字面意思是"其他的眼睛"）可以追溯到西塞罗 (Cicero)，指的是"其他的"或"第二的"自我。

参考书目

以下参考书目中一些是给外行读者看的书，一些是给专业人士看的学术著作，还有一些是我推荐给客户，帮助他们识别自己感受的小说。在某些领域，我收录了两本关于同一主题的著作，代表了正在进行的理论辩论中的不同立场。

Ackerman, Diane. *A Natural History of Love*. New York: Vintage Books, 1995.

———. *A Natural History of the Senses*. New York: Random House, 1990.

———. "Attachments and Other Affectional Bonds across the Life Cycle." In *Attachments across the Life Cycle*. New York: Rout-ledge, 1991.

Ainsworth, Mary D. S. "Infant-Mother Attachment." *American Psychologist* 43 (1979).

Amodeo, John, and Charles Whitfield. *Love and Betrayal*. New York: Ballantine Books, 1994.

Anderson, Susan. *The Abandonment Recovery Workbook: Step-by-Step Guidance through the Five Stages of Abandonment, Heartbreak, and Loss*. New York: Rock Foundations Press, 2013.

———. *Black Swan: The Twelve Lessons of Abandonment Recov-ery*. New York: Rock Foundations Press, 1999.

———. *Taming Your Outer Child: A Revolutionary Program to Overcome Self-Defeating Patterns*. New York: Ballantine Books, 2011.

Andre, Rae. *Positive Solitude*. New York: HarperCollins, 1991. Balconi, M., and C. Ferrari. "Repeated Transcranial Magnetic Stimulation on Dorsolateral Prefrontal Cortex Improves Performance in Emotional Memory Retrieval as a Function of Level of Anxiety and Stimulus Valence." *Psychiatry and Clinical Neurosciences* 67 (2013).

Balint, Michael. *The Basic Fault: Therapeutic Aspects of Regression*. Evanston: Northwestern University Press, 1992.

Barohn, Ellen. "Journaling: When the Pen Really Can Be Mightier." *Newsday*, 19 March 2002.

Baumeister, Roy F., and Mark R. Leary. "The Need to Belong: Desire for Interpersonal Attachments as a Fundamental Human Motivation." *Psychological Bulletin* (1995).

Beattie, Melody. *Codependent No More*. Center City: Hazelden, 1987.

Beck, Aaron. *Anxiety Disorders and Phobias*. New York: Basic Books, 1990.

Benton, David, and Paul F. Brain. "The Role of Opioid Mechanisms in Social Interaction and Attachment." In *Behavioral Processes*, edited by R. J. Rodgers and S. J. Cooper. New York: Wiley, 1988. Blakeslee, Sandra. "Placebo Prove So Powerful Even Experts Are Surprised." *New York Times*, 13 October 1998.

Boggs, Will. "Mystery of Permanent Memory Revealed." *Reuters*, 16 May 2001.

Boraud, Thomas, P. Brown, J. Goldberg, A. Graybiel, and P.

Magill. "Oscillations in the Basal Ganglia." *The Basal Ganglia VIII*, edited by J. P. Bolman, C. Ingham, and P. Magill. New York: Springer Science and Business Media, 2005.

Boss, Pauline. *Ambiguous Loss: Learning to Live with Unresolved Grief*. Cambridge: Harvard University Press, 1999.

Bowen, Murray. *Family Therapy*. New York: Aronson, 1978.

Bowlby, John. "The Nature of the Child' s Tie to His Mother."*International Journal of Psychoanalysis* 39 (1958).

———. *Loss: Sadness and Depression; Attachment and Loss, III*. Basic Books, 1982.

Bradshaw, John. *Healing the Shame That Binds You*. Deerfield Beach: Health Communications, 1988.

———. *Homecoming: Reclaiming and Championing Your Inner Child*. Bantam Doubleday Dell, 1992.

Branden, Nathaniel. *Honoring the Self*. New York: Bantam Books, 1983.

Cahill, Larry. "MRIs Reveal Possible Source of Woman' s Super-Memory." 28 January 2009.

Capitanio, John, Michael Weissberg, and Martin Reite. "Biology of Maternal Behavior." In *Psychobiology of Attachment and Separation*, edited by Martin Reite and Tiffany Field. San Diego: Academic Press, 1986.

Carson, James, F. Keefe, T. Lynch, K. Carson, A. M. Fras, S.

Thorp, and V. Goli. "LovingKindness Meditation for Chronic Low Back Pain." *Journal of Holistic Nursing* 23 (2005).

Cheever, Susan. "Mystery of Love: What' s Oxytocin Got?" *News-day,* 12 March 2003.

Chodron, Pema. *When Thing Fall Apart.* Boston: Shambhala, 1997. Clemes, H. C., and Reynold Bean. *How to Raise Children's Self-*

Esteem. New York: Price Stern Sloan, 1978.

Cloninger, Robert. "A Unified Biosocial Theory of Personality and Its Role in Personality States." *Psychiatric Development* 4, no. 3(1986).

Coe, Christopher, Sandra Wiener, Leon Rosenbert, and Seymour Levine. "Endocrine and Immune Response to Separation and Maternal Loss in Nonhuman Primates." In *The Psychobiology of Attachment and Separation,* edited by Martin Reite and Tiffany Field. San Diego: Academic Press, 1985.

Colin, Virginia A. *Human Attachment.* Philadelphia: Temple University Press, 1996.

Coopersmith, Stanley. *The Antecedents of Self-Esteem.* San Francisco: Freeman, 1967.

Damasio, Antonio. *Descartes' Error: Emotion, Reason, and the Human Brain.* New York: Grosset/Putnam, 1994.

Davidson, Richard. "Cultivating Compassion: Neuroscientific and Behavioral Approaches," 2010.

Debied, Macek, and Joseph LeDoux. "Noradrenergic Signaling in the Amygdala Contributes to the Reconsolidation of Fear Mem-ory: Treatment Implications for PTSD." In *Psychobiology of Posttraumatic Stress Disorder,* edited by Rachel Yehuda. Boston: Blackwell, 2006.

Decasper, A. J., and W. P. Fif. "Of Human Bonding: Newborns Prefer Their Mother' s Voices." *Science* 208, no. 4448 (1980). De Stano, David. "The Morality of Meditation." *New York Times,* 2013.

Doidge, Norman. *The Brain That Changes Itself.* New York: Penguin, 2007.

Duhigg, Charles. *The Power of Habit.* New York: Random House, 2012.

Dutton, Donald G. "The Neurobiology of Abandonment Homicide." Vancouver: University of British Columbia, 21 May 2001.

Edelman, Hope. *Motherless Daughters.* New York: Delta, 1974. Ekman, Paul. "Facial Expressions of Emotion: New Findings, New Questions." *Psychological Science* 3, no. 1 (1992).

Eysenck, J. J. "Anxiety, Learned Helplessness and Cancer." *Journal of Anxiety Disorders* 1 (1987).

Field, Tiffany. "Attachment as Psychobiological Attunement: Being on the Same Wavelength." In *The Psychobiology of Attachment and Separation.* San Diego: Academic Press, 1985.

Flach, Frederic. *The Secret Strength of Depression.* New York: Bantam, 1988.

Fox, Maggie. "The Brain Can Produce Antidepressants with the Right Signal, a Finding That Suggests That Meditation or Going to Your Happy Place Truly Works." *Science News,* October 2008.

———. "Mice Overcome Fear, Depression with Natural Prozac. " *Science News,* 10 October 2008.

Fox, Nathan A. "Behavioral Antecedents of Attachment in High-Risk Infants." In *The Psychobiology of Attachment and Separation,* edited by Martin Reite and Tiffany Field. San Diego: Academic Press, 1985.

Frankl, Viktor. *Man's Search for Meaning.* New York: Pocket Books, 1984.

Freud, Sigmund. *Mourning and Melancholia,* 1917.

Frewen, Paul, and Ruth Lanius. "Toward a Psychobiology of Post-traumatic Self-Dysregulation, Reexperiencing, Hyperarousal, Dissociation, and Emotional Numbing." In *Psychobiology of Posttraumatic Stress Disorder,* edited by Rachel Yehuda. Boston: Blackwell, 2006.

Friday, Nancy. *My Mother/My Self.* New York: Delacorte Press, 1977.

Fromm, Eric. *The Art of Loving.* New York: HarperCollins, 1989. Fromme, Allan. *The Ability to Love.* New

York: Pocket Books, 1965.

Gautam, Sandeen. "The Faculty of Imagination: Neural Substrates and Mechanisms." *Science*, 5 June 2007.

Gershon, Michael D. *The Second Brain*. New York: HarperCol-lins, 1998.

Ginott, Haim, G. *Between Parent and Child*. New York: Avon Books, 1969.

Gladwell, Malcolm. "Do Parents Matter?" *New Yorker*, 17 August 1998.

Glover, Dorie. "Allostatic Load in Women with and without PTSD Symptoms." In *Psychobiology of Posttraumatic Stress Disorder*, edited by Rachel Yehuda. Boston: Blackwell, 2006.

Goleman, Daniel. *The Brain and Emotional Intelligence: New Insights*. North Hampton: More Than Sound, 2011.

———. *Destructive Emotions: A Scientific Dialogue with the Dalai Lama*. New York: Bantam Dell, 2003.

——*Emotional Intelligence*. New York: Bantam Books, 1995.——*Social Intelligence*. New York: Bantam Dell, 2006.

Gordon, Sol. *When Living Hurts*. New York: Dell, 1983.

Gossette, Robert L., and Richard M. O' Brien. "The Efficacy of Rational Emotive Therapy in Adults: Clinical Fact or Psychometric Artifact?" *Journal of Behavior Therapy and Experimental Psychiatry* 23, no. 1 (1992).

———. "Irrational Beliefs and Maladjustment: When Are Psycho-metric Effects Clinically Meaningful?" Paper presented at 1990 Convention of American Psychological Association, Boston, MA, 11 August 1990.

Graybiel, Ann, and Y. Kubota. "Understanding Corticobasal Gan-glia Networks as Part of a Habit Formation System." In *Mental and Behavioral Dysfunction in Movement Disorders*, edited by M. A. Bedard, Y. Agid, S. Chouinard, S. Fahn, A. D. Korczyn, and P. Lesperance. Totowa: Humana Press, 2003.

Greene, Bob, and Oprah Winfrey. *Make the Connection: Ten Steps to a Better Body and Mind*. New York: Hyperion, 1999.

Hall, Joseph. "Erasing Traumatic Memory Possible, Researchers Say." *TheStar/ScienceTech*, 12, March 2009.

Hall, Stephen S. "Our Memories, Our Selves." *New York Times Magazine*, 15 February 1998.

Harris, Judith. *The Nurture Assumption: Why Children Turn Out the Way They Do*. New York: Free Press, 1998.

Hart, Louise. *The Winning Family*. New York: Dodd, Mead, 1987. Hartmann, Heinz. *In Search of Self,In the Service of Others: Reflections of a Retired Physician on Medicine, the Bible and the Jews*. Amherst: Prometheus Books, 1988.

Hassabis, Demis, Dharshan Kumaran, and Eleanor Maguire.

"Using Imagination to Understand the Neural Basis of Episodic Memory." *Journal of Neuroscience*, 26 December 2007.

Healy, David. *The Antidepressant Era*. Cambridge: Harvard Uni-versity Press, 1997.

Hendrix, Harville. *Getting the Love You Want*. New York: Henry Holt, 1988.

Herman, Judith Lewis. *Trauma and Recovery*. Basic Books, 1992. Hobson, J. Allan. *The Dreaming Brain*. New York: Basic Books, 1988.

Hoffman, Howard. *Amorous Turkeys and Addicted Ducklings: A Search for the Causes of Social Attachment*. Boston: Authors Publishing Cooperative, 1994.

Hölzel, B. K., J. Carmody, K. C. Evans, et al. "Stress Reduction Correlates with Structural Changes in the Amygdala." *Social Cognitive and Affective Neuroscience* 5, no. 1 (2010).

Hölzel, B. K., J. Carmody, M. Vangel, et al. "Mindfulness Practice Leads to Increases in Regional Brain

Gray Matter Density." *Psychiatry Research* 191, no. 1 (2011).

Hofer, Myron. "An Evolutionary Perspective on Anxiety." In *Anx-iety as Symptom and Signal,* edited by S. Roose and R. Glick. Hillsdale: Analytic Press, 1995.

———. "Hidden Regulators: Implications for a New Understand-ing of Attachment, Separation, and Loss." In *Attachment Theory: Social, Developmental and Clinical Perspectives,* edited by S. Goldberg, R. Muir, and J. Kerr. Hillsdale: Analytic Press, 1995.

Hurnard, Hannah. *Hind's Feet in High Places.* Carol Stream: Liv-ing Books, 1975.

Iacoboni, Marco. *Mirroring People: The New Science of How We Connect with Others.* New York: Farrar, Straus and Giroux, 2008.

Johansen-Berg, H., D. Gutman, T. Behrens, P. Matthews, M.

Rushworth, E. Katz, A. Lozano, and H. Mayberg. "Anatomical Connectivity of the Subgenual Cingulate Region Targeted with Deep Brain Stimulation for Treatment-Resistant Depression." 2007.

Kabat-Zinn, Jon. *Full Catastrophe Living.* New York: Delta, 1990. Kabat-Zinn, Jon, and Richard Davidson. *The Mind's Own Phy-sician: Scientific Dialogue with the Dalai Lama on the Healing Power of Meditation.* Oakland: New Harbinger, 2011.

Kagan, Jerome. *Galen's Prophecy: Temperament in Human Nature.* New York: Basic Books, 1994.

———. *The Nature of a Child.* New York: Basic Books, 1984. Kandel, Eric. *Essentials of Neural Science and Behavior.* Norwalk: Appleton and Lange, 1995.

Kandel, Eric, James Schwartz, and Thomas Jesse, eds. *Principles of Neural Science.* Norwalk: Appleton and Lange, 1992.

Karten, Yashmin J. G., Ana Olariu, and Heather A. Cameron.

"Stress in Early Life Inhibits Neurogenesis in Adulthood." *National Institute of Mental Health,* 2005.

Kelly, D. D. "Stress-Induced Analgesia." *Annals of the New York Academy of Sciences* (1986).

Kernberg, O. *Borderline Conditions and Pathological Narcissism.* Northvale: Aronson, 1975.

Kiecolt-Glaser, J. K., L. D. Fisher, P. Ogrocki, J. C. Stout, C. E.

Speicher, and R. Glaser. "Marital Quality, Marital Disruption, and Immune Function." *Psychosomatic Medicine* 49, no. 1 (1987). Kirsch, Irving. "Reducing Noise and Hearing Placebo More Clearly."

Prevention and Treatment 1 (1998).

Kirsch, Irving, and Guy Sapirstein. "Listening to Prozac but Hear-ing Placebo: A Meta-Analysis of Antidepressant Medication." *Prevention and Treatment* 1 (1998).

Kirsten, Grace Elish, and Richard C. Robertiello. *Big You Little You: Separation Therapy.* New York: Dial Press, 1977.

Klein, D. F. "Listening to Meta-Analysis but Hearing Bias." *Prevention and Treatment* (1998).

Klein, Donald. "Anxiety Reconceptualized." In *Anxiety: New Research and Changing Concepts,* edited by Donald Klein and Judith Rabkin. Philadelphia: Raven Press, 1981.

Klein, Melanie. *Love, Guilt, and Reparation and Other Works 1921–1945.* New York: Free Press, 1984.

———. "On the Theory of Anxiety and Guilt." In *Envy and Gratitude and Other Works 1946–1963.* New York: Delacorte Press, 1975.

Kliman, Gilbert. "Toward a Unifying Theory of Post-Traumatic Stress Disorder: Integrating Data... Memory, Symptom Forma tion, Physiology, Cerebral Imaging, Psychoanalytic Findings and Evolutionary Theory." American Academy of Psychoanaly 3 May 2008.

Kodis, Michele, David T. Moran, and David Berliner. *Love Scents: How Your Pheromones Influence Your Relationships, Your Moods, and Who You Love.* New York: Dutton, 1998.

Kohut, H. *The Restoration of the Self.* Madison: International Uni-versities Press, 1977.

Koman, Aleta. *How to Mend a Broken Heart.* Raleigh: Contem-porary Publishing, 1997.

Kramer, Peter. *Listening to Prozac.* New York: Penguin Books, 1992.

Kringelbach, M. L. "The Orbitofrontal Cortex: Linking Reward to Hedonic Experience." *Nature Reviews Neuroscience* 6 (2005). Kroll,

Jerome. *PTSD—Borderlines in Therapy: Finding the Balance.* New York: Norton, 1993.

Kübler-Ross, Elisabeth. *On Death and Dying.* New York: Simon and Schuster, 1969.

LeDoux, Joseph. *Emotional Brain.* New York: Simon and Schuster, 1996.

———. "Emotional Memory." *Scholarpedia,* 2007.

———. "Emotion, Memory and the Brain." *Scientific American* (June 1994).

———. *The Synaptic Self.* New York: Viking, 2002.

Lehrer, Jonah. "Head Fake: How Prozac Sent the Science of Depression in the Wrong Direction." 6 July 2008. Available at URL.

———. *How We Decide.* Boston: Houghton Mifflin Harcourt, 2009.

Lewis, Helen Block. *Shame and Guilt in Neurosis.* Madison: International Universities Press, 1971.

———. *Altering Fate: Why the Past Does Not Predict the Future.* New York: Guilford Press, 1998.

Lewis, Michael. *Shame: The Exposed Self.* New York: Free Press, 1992.

Madden, John, ed. *Neurobiology of Learning, Emotion and Affect.* New York: Raven Press, 1991.

Magid, Ken, and Carole A. McKelvey. *High Risk: Children without a Conscience.* New York: Bantam Books, 1987.

Mahler, M. S., R. Pine, and A. Bergman. *The Psychological Birth of the Human Infant.* New York: Basic Books, 1975.

Mahler, Margaret. *On Human Symbiosis and the Vicissitudes of Individuation.* Vol. 1 of *Infantile Psychoses.* Madison: International Universities Press, 1968.

Maier, Steven F., Linda R. Watkins, and Monika Fleshner. "Psychoneuroimmunology: The Interface between Behavior, Brain and Immunity." *American Psychologist* 49 (1994).

Marano, Hara Estroff. "Depression: Beyond Serotonin." *Psy-chology Today*, April 1999.

Mayberg, H., A. Lozano, H. McNeely, D. Seminowicz, C. Hamani, J. Schwalf, and S. Kennedy. "Deep Brain Stimulation for Treatment-Resistant Depression." *Neuron* (2005).

McGovern, M. K. "Habits." *Biology 202* (Spring 2005).

McKinney, William T. "Separation and Depression: Biological Markers." In *The Psychobiology of Attachment and Separation,* edited by Martin Reite and Tiffany Field. San Diego: Academic Press, 1985.

McLean, Paul. *The Triune Brain in Evolution.* New York: Plenum Press, 1990.

Meaney, J. J., D. H. Aitken, S. R. Bodnoff, et al. "The Effects of Postnatal Handling on the Development of the Glucocorticoid Receptor Systems and Stress Recovery in the Rat." *Biological Psychiatry 9, Neuropsychopharmocology.*

Miller, Alice. *The Drama of the Gifted Child.* New York: Basic Books, 1997.

Monti-Bloch, L., and B. I. Grosser. "Effect of Putative Pheromones on the Electrical Activity of the Human Vomeronasal Organ and Olfactory Epithelium." *Journal of Steroid Biochemistry and Molecular Biology* 39, no. 48 (1991).

Moore, Robert, and Douglas Gillette. *The Lover Within.* New York: Morrow, 1993.

Nader, Karim, Glenn E. Schafe, and Joseph E. LeDoux. "Fear Memories Require Protein Synthesis in the Amygdala for Reconsolidation after Retrieval." *Nature* 406 (2000).

Neitsche, M. A., J Koschack, H. Pohlers, S. Hullermann, W. Paulus, and S. Happe. "Effects of Frontal Transcranial Direct Current Stimulation on Emotional State and Processing in Healthy Humans." *Fontiers in Psychiatry*, 1 January 2012.

Ornstein, Robert, and Richard F. Thompson. *The Amazing Brain.* Boston: Houghton Mifflin, 1984.

Panksepp, Jaak. *Advances in Biological Psychiatry*. Vol 1. Green-wich: JAI Press, 1995.

———. "The Emotional Brain and Biological Psychiatry." In *Advances in Biological Psychiatry.* Greenwich: JAI Press, 1996. Panksepp, Jaak, Eric Nelson, and Marni Bekkedal. "Brain Systems for the Mediation of Separation Distress and Social Reward." *Annals of the New York Academy of Sciences* 807 (1997).

Panksepp, Jaak, Stephen M. Siviy, and Lawrence A. Normansell.

"Brain Opioids and Social Emotions." In *The Psychobiology of Attachment and Separation,* edited by Martin Reite and Tiffany Field. San Diego: Academic Press, 1985.

Parkes, C. M., and J. Stevenson-Hinde. *The Place of Attachment in Human Behavior.* New York: Basic Books, 1982.

Parkes, C. M., J. Stevenson-Hinde, and P. Marris. *Attachments across the Life Cycle.* New York: Routledge, 1991.

Pavlov, I. V. *Conditioned Reflexes.* Mineola: Dover, 1922.

Pert, Candace B. *Molecules of Emotion.* New York: Scribner, 1997.———. *A Place of My Own: The Education of an Amateur Builder.*

New York: Dell, 1998.

Pollan, Michael. "Second Nature." *Atlantic Monthly* (1991). Preuschoff, Peter, and Steven R. Quartz. "Neural Differentiation of Expected Reward and Risk in Human Subcortical Struc-tures." *Neuron,* 3 August 2006.

Real, Terrance. *I Don't Want to Talk about It.* New York: Scribner, 1997.

Rensberger, Boyce. *Life Itself: Exploring the Realm of the Living Cell.* New York: Oxford University Press, 1996.

———. *Brainscapes: An Introduction to What Neuroscience Has Learned about the Structure, Function and Abilities of the Brain.* New York: Hyperion, 1996.

Restak, Richard M. *Receptors.* New York: Bantam Books, 1994.

Richo, David. *How to Be an Adult.* New York: Paulist Press, 1991. Rinpoche, Sogyal. *The Tibetan Book of Living and Dying.* San Francisco: Harper, 1994.

Robertiello, Richard. *Hold Them Very Close, Then Let Them Go.* New York: Dial, 1975.

Robertiello, Richard, and Hollace M. Beer. "Bulimia as a Failure in Separation." *Journal of Contemporary Psychotherapy* 23, no. 1 (1993).

Robertiello, Richard, and Terril T. Gagnier. "Sado-Masochism as a Defense against Merging: Six Case Studies." *Journal of Con-temporary Psychotherapy* 23, no. 3 (1993).

Ruden, Ronald A., and Marcia Byalick. *The Craving Brain: The Biobalance Approach to Controlling Addiction.* New York: HarperCollins, 1997.

Sacks, Oliver. *An Anthropologist on Mars.* New York: Knopf, 1995.

———. *The Man Who Mistook His Wife for a Hat.* New York: Summit, 1985.

Salamone, John D. "Antidepressants and Placebos: Conceptual Problems and Research Strategies. *Prevention and Treatment* 5 (2002).

Sanford, Linda Tschirhardt, and Mary Ellen Donovan. *Women and Self-Esteem.* London: Penguin Books, 1985.

Sapolsky, Robert M. *A Primate's Memoir: A Neuroscientist's Uncon-ventional Life among Baboons.* New York: Scribner, 2001.

———. "Social Subordinance as a Marker of Hypercortisolism."

———. *Why Zebras Don't Get Ulcers.* New York: Freeman, 1994. Schiele, Daniel R. "The

Neuropsychobiology of Addiction, Trauma and
Dissociation." Paper presented at the Conference on Multiple
Personality and Dissociation, 10 April 1992.

Schleifer, S. J., S. E. Keller, M. Camerino, J. C. Thornton, and M. Stein. "Suppression of Lymphocyte Stimulation Following Bereavement." *Journal of the American Medical Association* 250, no. 3 (1983).

Schore, Allan. *Affect Regulation and the Origin of the Self: The Neurobiology of Emotional Development.* Mahwah: Erlbaum, 1994.

Schwartz, Morrie. *Letting Go.* New York: Walker, 1996.

Schwartz, Richard C. *Internal Family Systems Therapy.* New York: Guilford Press, 1995.

Seiver, Larry J., and William Frucht. *The New View of Self: How Genes and Neurotransmitters Shape Your Mind, Your Personality and Your Mental Health.* New York: Macmillan, 1997. Seligman, Martin. *Helplessness: On Depression, Development and Death.* San Francisco: Freeman, 1975.

Selye, Hans. *Advances in Psychoneuroimmunology,* edited by Istvan Berczi and Judith Szelenyi. New York: Plenum Press, 1994. Serra, G., M. Collu, and G. L. Gessa. "Endorphins and Sexual Behavior." In *Endorphins, Opiates and Behavioral Processes.* New York: Wiley, 1988.

Sky, Michael. *Sexual Peace: Beyond the Dominator Virus.* Santa Fe: Bear, 1993.

Smotherman, William P., and Scott R. Robinson. "The Development of Behavior before Birth." *Developmental Psychology* 32 (1996).

Solzberg, Sharon. *Real Happiness: The Power of Meditation: A 28-Day Program.* New York: Workman, 2010.

Spitz, Renee A. "Hospitalism: An Inquiry into the Genesis of Psychiatric Conditions in Early Childhood." *Psychoanalytic Studies of the Child* 1 (1945).

Stanford, S. C., and P. Salmon. *Stress: From Synapse to Syndrome.* San Diego: Academic Press, 1993.

Storr, Anthony. *Solitude: A Return to the Self.* New York: Ballantine, 1988.

Suomi, Stephen. "Early Stress and Adult Emotional Reactivity in Rhesus Monkeys." In *The Childhood Environment and Adult Disease.* New York: Wiley, 1991.

———. "Primate Separation Models of Affective Disorders." In *Neurobiology of Learning, Emotion and Affect,* edited by John Madden IV. Philadelphia: Raven Press, 1991.

Talan, Jamie. "The Art of Bouncing Back . . . Why People React Differently to Pressure." *Newsday,* 1 March 2004.

Talbot, Margaret. "Attachment Theory: The Ultimate Experiment." *New York Times Magazine,* 24 May 1998.

Tallis, Frank. *Love Sick: Love as a Mental Illness.* New York: Thunder' s Mouth, 2005.

Tavris, Carol. *Anger: The Misunderstood Emotion.* New York: Touchstone, 1989.

Tice, Diane, and Baumeister, Roy. "Self-Induced Emotion Change." In *Handbook of Mental Control,* edited by C. M. Wegner and J. W. Pennebaker. Englewood Cliffs: Prentice Hall, 1992.

Tully, Tim. "Fruit Flies, Mind, Memory." Lectures at Cold Spring Harbor Lab and Hutton House, LIU Post, 2001–2004.

Van der Kolk, Bessel. "Clinical Implications of Neuroscience Research in PTSD." In *Psychobiology of Posttraumatic Stress Disorder,* edited by Rachel Yehuda. Boston: Blackwell, 2006. Van der Kolk, Bessel A., Alexander C. McFarlane, and Lars Weisaeth. *Traumatic Stress: The Effects of Overwhelming Experience on Mind, Body, and Society.* New York: Guilford Press, 1996.

Vaughan, Susan. *The Talking Cure: The Science behind Psychotherapy.* New York: Grosset/Putnam, 1997.

Vedamtam, Shankar. "Against Depression, a Sugar Pill Is Hard to Beat: Placebos Improve Mood, Change Brain Chemistry in Majority of Trials of Antidepressants." *Washington Post,* 7 May 2002.

Viorst, Judith. *Necessary Losses.* New York: Simon and Schuster, 1986.

Vormbrock, Julia K. "Attachment Theory as Applied to Wartime and Job-Related Marital Separation." *Psychological Bulletin* 114 (1993).

Wapner, S., R. Ciottone, G. Hornstein, O. McNeil, and A. M. Pacheco. "An Examination of Studies of Critical Transitions through the Life Cycle." In *Toward a Holistic Developmental Psychology*, edited by S. Wapner and B. Kaplan. Hillsdale: Erl-baum, 1983.

Wattles, Wallace B. *The Science of Getting Rich.* Pinellas Park: Top of the Mountain, 1996.

Watzlawick, Paul, John Weakland, and Richard Risch. *Change: Principles of Problem Formation and Problem Resolution.* New York: Norton, 1974.

Weiner, H., M. A. Hofer, and A. J. Stunkard. *Brain, Behavior and Bodily Disease.* New York: Raven Press, 1981.

Weiner, Herbert. *Perturbing the Organism: The Biology of Stressful Experience.* Chicago: University of Chicago Press, 1992. Weiss, Jay M. "Stress-Induced Depression: Critical Neurochemical and Electrophysiological Changes." In *Neurobiology of Learning, Emotion and Affect,* edited by John Madden. New York: Raven Press, 1991.

Weiss, R. S. *Loneliness: The Experience of Emotional and Social Isolation.* Cambridge: MIT Press, 1973.

———. *Marital Separation: Managing after a Marriage Ends.* New York: Basic Books, 1975.

West, Jean. "Children' s Drug Is More Potent than Cocaine." *The Observer*, 9 September 2001.

Whitfield, Charles. *Co-Dependence: Healing the Human Condition.* Deerfield Beach: Health Communications, 1991.

Williamson, Marianne. *A Return to Love.* New York: HarperCollins,1996.

Wilson, E. O. *Consilience: The Unity of Knowledge.* New York: Knopf, 1998.

Winnecott, Donald W. "The Capacity to Be Alone." In *The Maturational Processes and the Facilitating Environment: Studies in the Theory of Emotional Development.* Madison: International Universities Press, 1965.

Wise, Roy A. "The Neurobiology of Craving: Implications for the Understanding and Treatment of Addiction." *Journal of Abnormal Psychology* 97, no. 2 (1988).

Wolf, Sharyn. *Guerilla Dating Tactics: Strategies, Tips and Secrets for Finding Romance.* New York: Plume, 1994.

Wolff, P. H. "The Serial Organization of Sucking in the Young Infant." *Pediatrics* 42 (1968).

Yalom, Irvin. *When Nietzsche Wept.* New York: Basic Books, 1992.

Zillman, Dolf. "Mental Control of Angry Aggression" In *Hand-book of Mental Control,* edited by C. M. Wegner and J. W. Pennebaker. Englewood Cliffs: Prentice Hall, 1992.

致谢

我感谢为这本书做出了贡献的来自世界各地的遗弃幸存者。你们通过我的网站、社交媒体和邮箱来分享你们的故事，并要求建立一个疗愈社区。你们从监狱、大学、医院和家里写信给我，描述遗弃的创伤如何影响了你们的生活和未来。感谢我的客户和工作坊成员分享你们最深层的恐惧和最高的希望，用你们的能力激励他人恢复和成长。你们对这项复杂工作给予了开放和诚恳的回应，助力其发展和成长。

感谢伊萨楞、克力帕鲁、布雷顿布什和纽约开放中心，因为你们的热情，工作坊得以安排在你们美丽、宁静的环境中，感谢你们为培育和促进分享过程所做的一切。感谢那些在你们的社区和Skype上运行遗弃支持小组的人们。朱莉 · 邓恩和芭芭拉 · 比特森，你们真是天赐的礼物!

感谢彼得 · 耶尔顿，我的遗弃导师。深刻而又有预见性的彼得，让我自由地采摘他的智慧，对是否得到赞誉不予重视。在很多地方我都用过他的原话。对他来说最重要的是人生经验和人际关系，这是真正优秀的人所优先考虑的。

我很感谢苏珊·戈罗姆从一开始就支持这个项目，并为它找到了一个完美的家；感谢特蕾莎·肯尼迪，她帮我找到了苏珊·戈罗姆；感谢丽萨·孔斯丁，她开拓性的远见和指导使这个项目发展成一本开拓性的书；还有克里斯塔·英格布雷森的宝贵帮助。感谢我目前在伯克利的团队——安迪·阿维拉，他文雅而冷静地为本书的修订过程提供了专业指导；感谢苏珊·艾利森的远见；感谢帕梅拉·巴里克罗、劳拉·罗宾斯、凯西·斯蒙达克和丹妮尔·斯托克利为本书付出的辛勤劳动。

特别感谢嘉莉，她拥有所有孩子都想得到的爱和感情。她激励我超越自己的领域，深入研究脑科学、人类学和哲学的幽深之处，从而试图去理解为什么她会在不经意间自暴自弃。

感谢我的研究导师罗伯特·高赛特博士，他给我提供了最前沿的资料，并教会我如何质疑许多未经证实的结论，尤其是我自己的结论；感谢斯宾塞·佩蒂克鲁·肖克罗斯精心编辑了大量参考书目和注释。

感谢医学博士理查德·罗伯蒂埃洛对这本

书给予的专业支持和鼓励；感谢芭芭拉 · 艾莉斯医学博士帮助我厘清了一些神经生物学方面的内容；感谢亨廷顿公共图书馆的卡罗琳 · 哈斯勒查明了难以找到的参考文献；感谢珠江中学的爱德华 · 坎内尔和弗雷德 · 布罗克曼在我写作初期给予的鼓励；感谢汉娜 · 默克和我的写作团队让我坚持下来；感谢马育米 · 哈亚氏帮助我提炼“爱克如”的概念；感谢我勇敢的摄影师玛西娅 · 杰拉尔迪以及莫妮卡 · 莫汉，她对我的照片的润色修改奇迹般逆转了衰老过程。

感谢米歇尔 · 蒙特佛德、帕特里克 · 鲁品斯基的设计。并感谢鲁品斯基耐心对待我的情绪失控。感谢弗农 · 麦克奥勒所赠的“棍棒和石头”的绘图，它使用点线来表达最细微的情感和手势的变化。

感谢艾米 · 米其林为我的社交网站进行了准确的构思和写作，也感谢拉喇 · 古德曼，她是有执照的社会工作硕士，她主动出击，广泛地宣传这个网站。她对遗弃恢复计划的投入、稳定的支持、临床洞察力和镇定的存在让我坚持了下来。感谢泰勒 · 乔丹作为网站管理员的魔力；感谢道格·卡扎姆披着斗篷，不知从哪里冒出来，把我从没完没了的电脑危机中拯救出来。

感谢我的儿子亚当和我的女儿艾丽卡，感谢你们坚定的爱和联系，给予了我生活的目标；感谢我的父亲德克斯特·格里菲斯，是他赋予了我创造性的决心；还有我的母亲芭芭拉·格里菲斯，她给了我安慰和支持。深切感谢保罗·科恩，作为我翅膀下的风，他给我送上他的爱。也感谢他的孩子们，亚历克斯、杰西、马克和劳拉·科恩，以及他的孙儿，保罗和卢西亚娜。感谢我的妹妹，玛西亚·杰拉尔迪，以及我的兄弟，德克斯特和罗伯特·格里菲斯，感谢你们一直陪伴着我；还有他们的伙伴，马克·杰拉尔迪，兰迪·戴维斯和凯伦·格里菲斯；谢谢我的表兄妹，杰西卡·杰拉尔迪、克里斯蒂、迪伦和布莱恩·格里菲斯。感谢吉尔·麦凯、艾米·瓦普勒、卡洛儿·安普赖斯、帕特·玛隆、吉纳·霍夫曼、希勒斯特·卡林、多纳·卡森、迪德·奥尔森、弗冉·弗列德曼、弗罗伦斯·麦克马努斯、迪丽斯·珀蒂、伊迪丝·德鲁克、琳达·沃尔、帕特·丹尼斯、伊迪丝·温克和德布拉·格林武德。感谢TK Galley——我最喜欢的水边咖啡馆，感谢纳德森、瑞果、旭拉、霍莉、弗朗西斯及所有人，容忍我在角落小桌子上放置各种写作用品。

苏珊·安德森

2013年9月2日

图书在版编目（CIP）数据

重新找回爱的能力 /（美）苏珊·安德森著；杨海宇译. -- 上海：上海三联书店，2023.6
ISBN 978-7-5426-8053-2

I. ①重… II. ①苏… ②杨… III. ①情感 - 通俗读物 IV. ① B842.6-49

中国国家版本馆 CIP 数据核字（2023）第 075901 号

重新找回爱的能力

著　　者　[美]苏珊·安德森
译　　者　杨海宇
总 策 划　李　娟
执行策划　王思杰
责任编辑　杜　鹃
营销编辑　陶　琳
装帧设计　潘振宇
监　　制　姚　军
责任校对　王凌霄

出版发行　上海三联书店
（200030）中国上海市漕溪北路331号A座6楼
邮　　箱　sdxsanlian@sina.com
邮购电话　021-22895540
印　　刷　北京盛通印刷股份有限公司

版　　次　2023年6月第1版
印　　次　2023年6月第1次印刷
开　　本　787mm × 1092mm　1/32
字　　数　248千字
印　　张　14.75
书　　号　ISBN 978-7-5426-8053-2/B · 844
定　　价　69.00元

敬启读者，如发现本书有印装质量问题，请与印刷厂联系15901363985

人啊，认识你自己！